Jörg Neunhäuserer

Chaotische dynamische Systeme

Springer Spektrum

Jörg Neunhäuserer
TU Braunschweig
Braunschweig, Deutschland

ISBN 978-3-662-72388-3   ISBN 978-3-662-72389-0   (eBook)
https://doi.org/10.1007/978-3-662-72389-0

Die Deutsche Nationalbibliothek verzeichnet diese Publikation in der Deutschen Nationalbibliografie; detaillierte bibliografische Daten sind im Internet über https://portal.dnb.de abrufbar.

Planung/Lektorat: Andreas Ruedinger
Springer Spektrum ist ein Imprint der eingetragenen Gesellschaft Springer-Verlag GmbH, DE und ist ein Teil von Springer Nature.
Die Anschrift der Gesellschaft ist: Heidelberger Platz 3, 14197 Berlin, Germany

Wenn Sie dieses Produkt entsorgen, geben Sie das Papier bitte zum Recycling.

Competing Interests Der/die Autor*in hat keine für den Inhalt dieses Manuskripts relevanten Interessenkonflikte.

Inhaltsverzeichnis

Einleitung

Die Theorie der dynamischen Systeme ist heute ein etablierter Teil der modernen Mathematik, der eine Vielfalt von Anwendungen in den empirischen Wissenschaften findet. Pioniere in diesem Gebiet waren Poincaré (1854–1912) in Frankreich, Birkhoff (1884–1944) in den USA sowie Ljapunow (1857–1918) und Kolmogorow (1903–1987) in Russland. In den späten 60er- und 70er-Jahren nimmt das Gebiet die zeitgenössische Gestalt an. Hierfür sind insbesondere Arbeiten von Smale (1930–) und York (1941–) aus den USA, die Arbeiten der Moskauer Schule mit Sinai (1935–), Anosov (1936–2014) und Arnold (1937–2010) sowie die Arbeiten des Franzosen Ruelle (1935–) maßgebend. Heute listet das Zentralblatt der Mathematik fast 150.000 Arbeiten, die einen Bezug zur Theorie der dynamischen Systeme oder zur Ergodentheorie haben.

Dieses Buch behandelt die mathematischen Theorie zeitdiskreter dynamischer Systeme. Wir geben eine Einführung und einen Überblick über ausgewählte Themen dieses Gebietes. Entlang einiger Hauptlinien entwickeln wir die Theorie rigoros mit Definitionen, Sätzen und Beweisen. Weiterführende und tieferliegenden Begriffe und Resultate zitieren wir mit Verweis auf die relevanten Forschungsartikel. In unserer Darstellung stellen wir chaotische dynamische Systeme in den Vordergrund. Fragen, die wir in diesem Buch behandeln, sind demgemäß:

1. Wie werden chaotische dynamische Systeme mathematisch definiert?
2. Wie kann chaotische Dynamik rigoros nachgewiesen werden?
3. Wie lässt sich eine chaotische Dynamik qualitativ beschrieben?
4. Welche Quantitäten charakterisieren eine chaotische Dynamik?
5. Welche computationalen Ergebnisse stellen Indizien für eine chaotische Dynamik dar?

J. Neunhäuserer, *Chaotische dynamische Systeme*, https://doi.org/10.1007/978-3-662-72389-0_1

6. Für welche Systeme aus den empirischen Wissenschaften lässt sich eine chaotische Dynamik nachweisen?
7. Für welche Systeme aus den empirischen Wissenschaften gibt es computationale Indizien für eine solche Dynamik?

Jedes Kapitel des Buches ist mit einer Einführung versehen, in der Lesende genauer erfahren, was sie bei der Lektüre des Kapitels erwartet. Hier geben wir einen kurzen Überblick über die Inhalte der einzelnen Kapitel.

Wir beginnen die Darstellung in Kap. 2 mit der Erläuterung einiger Grundbegriffe der Theorie dynamischer Systeme. Insbesondere definieren wir anziehende, abstoßende und hyperbolische Fixpunkte und periodische Orbits sowie Attraktoren und Repeller. Als Beispiel betrachten wir insbesondere die quadratische Familie, sowohl auf den reellen als auch auf den komplexen Zahlen. Im folgenden Abschnitt führen wir Transitivität, Devaney-Chaos, Li-York-Chaos und zuletzt topologisches Chaos mittels der topologischen Entropie ein. Dies sind grundlegende Definitionen der chaotischen Dynamik, wobei die topologische Entropie Chaos sogar quantifiziert. In Kap. 3 betrachten wir dann symbolische dynamische Systeme, wie Bernoulli- und Markov-Shifts und einige weitere Subshifts. Für diese Systeme lässt sich eine chaotische Dynamik direkt nachweisen und die topologische Entropie bestimmen. Im nächsten Abschnitt nutzen wir symbolische dynamische Systeme, um die Dynamik anderer Systeme zu kodieren und damit nachzuweisen, dass diese chaotisch ist. Wir betrachten hier Abbildungen auf der Geraden und der Ebene sowie Abbildungen auf dem Kreisring und dem Torus. Zum Ende des Kapitels gehen wir noch kurz auf höherdimensionale hyperbolische Systeme ein. In Kap. 3 geben wir eine Einführung in die Ergodentheorie. Die Ergodensätze zeigen, dass ergodische Maße die asymptotische Dynamik chaotischer Systeme beschreiben und diese qualitativ charakterisieren. Wir führen die Entropie ergodischer Maße ein, die eine weitere Größe darstellt, die Chaos quantifiziert und mit der topologischen Entropie zusammenhängt. Im folgenden Kapitel skizzieren wir die Dimensionstheorie dynamischer Systeme. Invariante Mengen chaotischer dynamischer Systeme wie Repeller, Attraktoren und hyperbolische Mengen haben oftmals eine fraktale Geometrie. Dimensionsbegriffe quantifizieren die Größe solcher fraktaler Mengen. In Kap. 7 behandeln wir computationale und numerische Aspekte dynamischer Systeme. Eine Frage, die uns hier beschäftigt, ist, welche Indizien es für eine chaotische Dynamik gibt und wie Abbildungen computationaler Ergebnisse Chaos visualisieren. Im nächsten Kapitel des Buches stellen wir acht Systeme aus den empirischen Wissenschaften vor, in denen wir entweder Chaos rigoros nachweisen können oder computationale Indizien für eine chaotische Dynamik finden. Im letzten Kapitel geben wir eine kurze Einführung in die Theorie der Differentialgleichungen und der zeitkontinuierlichen dynamischen Systeme. Wir beschreiben insbesondere den Zusammenhang solcher Systeme mit zeitdiskreten Systemen, die den Schwerpunkt dieses Buches bilden. Weiterhin enthält dieses Buch einen Anhang, in dem wir die Definitionen einiger im Buch verwendeter Grundbegriffe zusammenstellen.

Das Buch wendet sich an Studierende ab dem zweiten Jahr in einem Bachelorstudiengang der Mathematik, Informatik oder Physik und Studierende entsprechender Masterstudiengänge. Auch für Studierende anderer empirisch orientierter Studiengänge kann das Buch von Interesse sein, wenn mathematische Modellbildung im Vordergrund einer Theorie steht. Lehrende an Hochschulen können das Buch als Grundlage einer Vorlesung oder eines Seminars verwenden. Wir haben selber Vorlesungen zur Theorie dynamischer Systeme bzw. Ergodentheorie in Berlin, Clausthal-Zellerfeld, Dresden und Lüneburg über Themen, die in diesem Buch behandelt werden, erfolgreich durchgeführt. Die Erfahrungen aus diesen Lehrveranstaltungen fließen in unsere Darstellung ein.

Mein besonderer Dank für die Unterstützung beim Erstellen dieses Buches gilt Andreas Rüdinger vom Verlag Springer Spektrum und meiner Ehefrau Katja Hedrich.

Jörg Neunhäuserer
Goslar 2025

Grundbegriffe und erste Beispiele

2

Inhaltsverzeichnis

In diesem einführenden Kapitel definieren wir Grundbegriffe der Theorie dynamischer Systeme, geben erste Beispiele und beweisen einige grundlegende Resultate. Wir definieren im ersten Abschnitt zeitdiskrete dynamische Systeme und deren Orbits. Wir betrachten Fixpunkte und periodische Orbits und definieren insbesondere, wann diese anziehend und abstoßend sind. Weiterhin führen wir die ω-Limesmenge, d. h. die Menge der Häufungspunkte eines Orbits, ein und bestimmen so rekurrente Punkte. Wir erläutern diese Begriffe anhand linearer Abbildungen der Geraden $\mathbb{R}$ und des Kreises $\mathbb{S}^1$. Im zweiten Abschnitt führen wir mit hyperbolischen Fixpunkten und periodischen Orbits Grundbegriffe der Dynamik differenzierbarer Systeme ein. Wir betrachten zunächst eindimensionale differenzierbare Abbildungen und sehen, wie sich mit Hilfe der Ableitung die Eigenschaften von Fixpunkten und periodischen Orbits bestimmen lassen. Daraufhin führen wir hyperbolische Matrizen ein und erhalten eine Klassifikation der Dynamik der korrespondierenden linearen Abbildungen. Für differenzierbare Systeme auf dem $\mathbb{R}^n$ lassen sich die Eigenschaften von hyperbolischen Fixpunkten und periodischen Orbits mit Hilfe der hyperbolischen Jacobi-Matrix bestimmen. Als Beispiel betrachten wir sowohl im eindimensionalen Fall als auch im zweidimensionalen Fall einige rationale Abbildungen. Der dritte Abschnitt ist Attraktoren und Repellern gewidmet. Zunächst definieren wir die Menge der nicht wandernden Punkte, die solche Mengen enthalten, und diskutieren grundlegende Eigenschaften diese Menge. Dann definieren wir sowohl anziehende als auch abstoßende Mengen und hiermit Attraktoren und Repeller. Es handelt sich hier um Verallgemeinerungen von anziehenden bzw. abstoßenden Fixpunkten und

© Der/die Autor(en), exklusiv lizenziert an Springer-Verlag GmbH,
DE, ein Teil von Springer Nature 2026
J. Neunhäuserer, *Chaotische dynamische Systeme*,
https://doi.org/10.1007/978-3-662-72389-0_2

periodischen Orbits. Als Beispiel stellen wir drei Attraktoren und einen Repeller vor, wobei einer der Attraktoren eine fraktale Geometrie aufweist. Im letzten Abschnitt stellen wir eine Reihe von Resultaten über die quadratische Familie $f_c(x) = x^2 + c$ sowohl auf den reellen als auch auf den komplexen Zahlen vor. Zum Teil werden diese Resultate in folgenden Kapiteln bewiesen. Im reellen Falle begegnen wir dem Phänomen der Periodenverdopplung. Neben anziehenden und abstoßenden Fixpunkten und periodischen Orbits erhalten wir abhängig von c auch Attraktoren und Repeller. Im komplexen Fall führen wir Julia-Mengen als den Abschluss der Menge aller abstoßenden periodischen Orbits ein. Julia-Mengen sind Repeller, die eine interessante fraktale Geometrie haben können.

2.1   Orbits

Ein zeitdiskretes dynamisches System (X, T) ist durch einen metrischen Raum X und eine Abbildung $T : X \rightarrow X$ gegeben. Die Punkte in X verstehen wir als Zustände des Systems. Für einen Anfangszustand $x \in X$ verstehen wir $T(x)$ als den Zustand des Systems nach einer Zeiteinheit. Für $n \in \mathbb{N}$ ist

$$T^n(x) = \underbrace{T \circ \cdots \circ T}_{n-\text{mal}}(x)$$

der Zustand des Systems n Zeiteinheiten nach dem Zustand x. Wir setzen $T^0(x) = x$ und

$$T^{-n}(x) = \underbrace{T^{-1} \circ \cdots \circ T^{-1}}_{n-\text{mal}}(x),$$

falls $T : X \rightarrow X$ eine Umkehrfunktion $T^{-1} : X \rightarrow X$ besitzt. $T^{-1}(x)$ verstehen wir als den Zustand des invertierbaren Systems (X, T) eine Zeiteinheit vor dem Eintreten von x und $T^{-n}(x)$ als den Zustand des Systems n Zeiteinheiten vor dem Eintreten von x.

Wir bezeichnen die Metrik auf dem Zustandsraum X durchgängig mit d, d.h., $d(x, y)$ ist der Abstand von zwei Zuständen $x, y \in X$. In der Theorie zeitdiskreter dynamischer Systeme wird allgemein davon ausgegangen, dass X überabzählbar und vollständig ist. Zum Beispiel ist dies für den euklidischen Raum $\mathbb{R}^d$ und alle überabzählbaren abgeschlossenen Teilmengen vollständiger Räume der Fall. In vielen Fällen setzen wir voraus, dass X kompakt ist. Dies ist zum Beispiel für abgeschlossene und beschränkte Teilmengen des euklidischen Raums sowie für kompakte Mannigfaltigkeiten wie die n-dimensionale Sphäre $\mathbb{S}^n$ und den n-dimensionalen Torus $\mathbb{T}^n$ der Fall. Die Abbildungen $T : X \rightarrow X$, die in der Theorie der dynamischen Systeme betrachtet werden, sind in jedem Falle Borel-messbar. Oftmals setzen wir voraus, dass T stetig oder sogar hinlänglich oft stetig differenzierbar ist. In Definitionen und Sätzen, in denen keine Voraussetzungen genannt werden, ist X immer ein vollständiger überabzählbarer metrischer Raum mit Metrik d und $T : X \to X$ Borel-messbar.[1]

Der grundlegende Begriff der mathematischen Theorie zeitdiskreter dynamischer Systeme ist der Begriff des Orbits, den wir nun einführen.

Definition 2.1
Sei (X, T) ein dynamisches System. Der (Vorwärts-)Orbit von $x \in X$ ist die Menge

$$\mathcal{O}_T(x) = \mathcal{O}^+(x) = \{T^n(x) | n \in \mathbb{N}_0\}.$$

Ist $T : X \to X$ invertierbar mit der Umkehrfunktion $T^{-1} : X \to X$, so ist

$$\mathcal{O}_T^-(x) = \{T^n(x) | n \in \mathbb{Z}, n \le 0\}$$

der Rückwärtsorbit von x und

$$\mathcal{O}_T^\pm(x) = \{T^n(x) | n \in \mathbb{Z}\}$$

ist der Gesamtorbit von x.   ◆

Wir können den Orbit des Zustands $x \in X$ als die Gegenwart und Zukunft von x verstehen. Der Rückwärtsorbit ist demgemäß die Gegenwart und Vergangenheit von x. Der Gesamtorbit ist die Vereinigung dieser Orbits

$$\mathcal{O}_T^\pm(x) = \mathcal{O}_T(x) \cup \mathcal{O}_T^-(x).$$

Als erstes Beispiel betrachten wir die lineare Abbildung $L_a : \mathbb{R} \to \mathbb{R}$, gegeben durch $L_a(x) = ax$ für eine reelle Zahl $a \ne 0$. Für alle x gilt

$$\mathcal{O}_{L_a}(x) = \{a^n x | n \in \mathbb{N}_0\} \text{ und } \mathcal{O}_{L_a}^-(x) = \{a^{-n} x | n \in \mathbb{N}_0\}.$$

Im Fall $a = 1$ ist L_a die Identität und wir erhalten

$$\mathcal{O}_{L_a}(x) = \mathcal{O}_{L_a}^-(x) = \{x\}.$$

Im Fall $a = -1$ gilt

$$\mathcal{O}_{L_a}(x) = \mathcal{O}_{L_a}^-(x) = \{x, -x\}.$$

Ist $x \ne 0$ und $|a| < 1$, so konvergiert der Orbit gegen null. Ist $x \ne 0$ und $a > 1$ divergiert der Orbit bestimmt gegen ∞, für $a < -1$ divergiert der Orbit und häuft sich bei ∞ und $-\infty$. Wenn wir a durch a^{-1} ersetzen und den Rückwärtsorbit betrachten, gelten die gleichen Aussagen.

---

[1] Lesenden, die mit den bis hier verwendeten Grundbegriffen nicht vertraut sind, empfehlen wir die Lektüre des Anhangs, in dem wir die hier verwendeten Grundbegriffe erläutern.

Als zweites Beispiel betrachten wir für $b \in \mathbb{N}$ mit $b \geq 2$ die expandierende lineare Abbildung

$$E_b : [0, 1) \to [0, 1) \text{ mit } E_b(x) = \{bx\}$$

des Kreisrings $\mathbb{S}^1$, wobei $\{x\}$ den Nachkommaanteil von x bezeichnet. Zwecks einfacher Notation identifizieren wir hier $[0, 1)$ mit $\mathbb{S}^1$ mittels der Bijektion $\kappa(x) = (\sin(2\pi x), \cos(2\pi x))$ und versehen $[0, 1)$ mit der Kreismetrik

$$d(x, y) = d_{\mathbb{S}^1}(\kappa(x), \kappa(y))/2\pi.$$

Wir stellen nun eine reelle Zahl $x \in [0, 1)$ zur Basis b dar,

$$x = \sum_{i=1}^{\infty} x_i b^{-i},$$

wobei die Ziffern x_i aus $\{0, \ldots, b-1\}$ stammen und die Folge (x_i) nicht mit der konstanten Folge $(b-1, b-1, \ldots)$ endet. Der Orbit von x unter E_b ist

$$\mathcal{O}_{E_b}(x) = \left\{ \sum_{i=1}^{\infty} x_{i+n} b^{-i} \mid n \in \mathbb{N}_0 \right\}.$$

Die Abbildung E_b ist auf dem Kreisring nicht invertierbar, wir haben hier also keine Rückwärtsorbits. Der Shift der Folge der Ziffern, den wir hier beobachten, ist die Grundlage der symbolischen Dynamik chaotischer Systeme, auf die wir in Kap. 4 eingehen.

Wir führen nun Fixpunkte und periodische Orbits dynamischer Systeme ein.

Definition 2.2
$p \in X$ ist ein Fixpunkt des dynamisches Systems (X, T), wenn $T(p) = p$ gilt. Ein Fixpunkt $p \in X$ heißt anziehend, wenn es eine offene Umgebung O von x gibt, sodass für alle $y \in O$

$$\lim_{n \to \infty} T^n(y) = p.$$

Ein Fixpunkt $p \in X$ heißt abstoßend, wenn es eine offene Umgebung O von p gibt, sodass für alle $y \in O$ mit $y \neq p$ ein $n \in \mathbb{N}$ existiert, sodass $T^n(y) \notin O$.   ♦

Der Fixpunkt 0 der linearen Abbildung L_a mit $a \neq 0$ ist anziehend, wenn $|a| < 1$. Er ist abstoßend, wenn $|a| > 1$, siehe Abb. 2.1. Die Fixpunkte der expandierenden linearen Abbildung E_b mit $b \in \mathbb{N}$ und $b \geq 2$ auf dem Kreisring $\mathbb{S}^1$ sind durch

$$\sum_{i=1}^{\infty} j b^{-i} = j/(b-1)$$

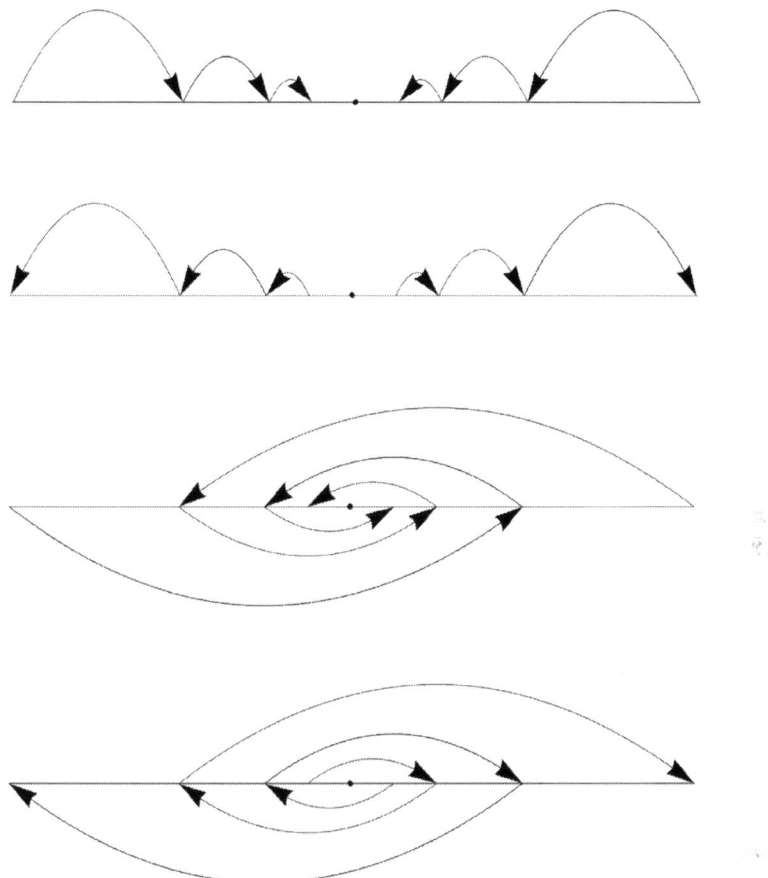

Abb. 2.1 Dynamik von L_a für $a = 1/2$, $a = 2$, $a = -1/2$ und $a = -2$ von oben nach unten

für $j \in \{0, \ldots, b - 1\}$ gegeben. Diese Fixpunkte sind weder anziehend noch absto-ßend. In jeder offenen Umgebung eines Fixpunktes x von E_b finden sich Punkte $y \neq x$, deren Orbit gegen x konvergiert, es finden sich aber auch Punkte $y \neq x$, deren Orbit gegen einen beliebigen anderen Fixpunkt konvergiert.

Wir definieren nun periodische Punkte und Orbits.

Definition 2.3
$p \in X$ ist ein periodischer Punkt der Periode n für ein dynamisches System (X, T), wenn $T^n(p) = p$ gilt und $n \in \mathbb{N}$ mit dieser Eigenschaft minimal ist. Der Orbit

$$\mathcal{O}_T(p) = \{p, T(p), \ldots, T^{n-1}(p)\}$$

heißt in diesem Fall periodischer Orbit. Ein periodischer Orbit heißt anziehend, wenn jedes $x \in \mathcal{O}_T(p)$ ein anziehender Fixpunkt für T^n ist. Er heißt abstoßend, wenn jedes $x \in \mathcal{O}_T(p)$ ein abstoßender Fixpunkt für T^n ist. ◆

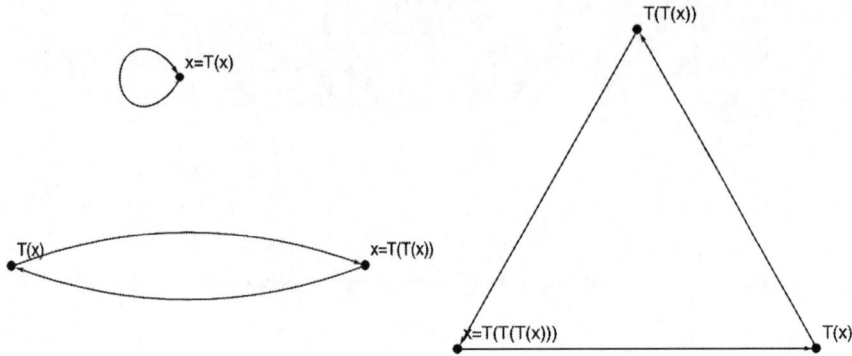

Abb. 2.2 Ein Fixpunkt, ein periodischer Orbit der Periode 2 und ein periodischer Orbit der Periode 3

Fixpunkte sind gemäß dieser Definition periodische Punkte der Periode 1. In Abb. 2.2 zeigen wir einen Fixpunkt und periodische Orbits der Periode 2 und 3. Die lineare Abbildung $L_a = ax$ hat nur dann periodische Punkte, die keine Fixpunkte sind, wenn $a = -1$. In diesem Falle ist jedes $x \neq 0$ ein periodischer Punkt der Periode 2. Die periodischen Punkte der expandierenden Abbildung $E_b(x) = \{bx\}$ sind genau die rationalen Zahlen in $[0, 1)$, deren Ziffern in ihrer Darstellung zur Basis b periodisch sind, also die Punkte

$$\sum_{i=1}^{\infty} x_i b^{-i} \text{ mit } x_{i+n} = x_i$$

für $n \in \mathbb{N}$. Wenn $n \in \mathbb{N}$ mit der Eigenschaft $x_{i+n} = x_i$ minimal ist, handelt es sich um einen periodischen Punkt der Periode n. Orbits dieser periodischen Punkte sind weder anziehend noch abstoßend. Anziehende und abstoßende periodische Orbits werden wir erst im nächsten Abschnitt vorstellen. Hier verbleibt uns, noch die Menge der Häufungspunkte eines Orbits einzuführen.

Definition 2.4
Sei (X, T) ein dynamisches System. Die ω-Limesmenge von $x \in X$ ist die Menge der Häufungspunkte des Orbits $\mathcal{O}_T(x)$, d. h.,

$$\omega_T(x) = \left\{ y \in X \mid \lim_{k \to \infty} T^{n_k}(x) = y \text{ , wobei } n_k \to \infty \right\}.$$

$x \in X$ wird rekurrent genannt, wenn $x \in \omega_T(x)$.   ◆

Für Fixpunkte und periodische Punkte $x \in X$ stimmt die ω-Limesmenge des Punktes mit seinem Orbit überein, $\mathcal{O}_T(x) = \omega_T(x)$. Diese Punkte sind rekurrent. Für die lineare Abbildung L_a gilt $\omega_T(x) = \{0\}$, wenn $|a| < 1$ und $\omega_T(x) = \emptyset$, wenn $|a| > 1$ und $x \neq 0$. Wenn $|a| \neq 1$, ist damit der Fixpunkt 0 der einzige rekurrente Punkt. Für die lineare Kreisabbildung E_b existieren neben periodischen Punkten auch rekurrente Punkte mit dichtem Orbit. Wir zeigen:

Satz 2.1

Für alle ganzen Zahlen $b \geq 2$ existieren $x \in [0, 1)$, sodass $\omega_{E_b}(x) = [0, 1)$.

Beweis Für $i \in \mathbb{N}$ sei s_i eine Folge der Länge ib^i, die alle Folgen in $\{0, \ldots, b - 1\}^i$ enthält. Wir definieren nun eine unendliche Folge mit Einträgen in $\{0, \ldots, b - 1\}$ durch $(x_i) = (s_1 s_2 s_3 \ldots)$ und setzen

$$x = \sum_{i=1}^{\infty} x_i b^{-i}.$$

Wir zeigen, dass der Orbit $\mathcal{O}_{E_b}(x)$ dicht in $[0, 1)$ liegt. Sei $y \in [0, 1)$ und (y_i) die Folge der Ziffern von y in der Darstellung zur Basis b. Für alle $i \in \mathbb{N}$ existiert eine wachsende Folge (n_i) mit $n_i \in \mathbb{N}_0$, sodass $x_{n_i + j} = y_j$ für $j = 1, \ldots, i$. Es folgt $\lim_{i \to \infty} E^{n_i}(x) = y$ und damit $y \in \omega_{E_b}(x)$. $\qquad\square$

Auf dichte Orbits dynamischer Systeme gehen wir in Abschn. 3.1 noch genauer ein. Der zweite Satz, den wir in diesem Abschnitt beweisen wollen, gibt die grundlegenden Eigenschaften der ω-Limesmenge stetiger Systeme auf kompakten Mengen an.

Satz 2.2

Ist (X, T) ein dynamisches System mit kompaktem Zustandsraum X und stetiger Abbildung T, so ist $\omega_T(x)$ nicht leer, abgeschlossen und T-invariant.

Beweis Sei A_k der Abschluss der Menge $\{T^n(x) | n \geq k\}$. Da X kompakt ist und $A_{k+1} \subseteq A_k$, ist $A := \bigcap_{k=0}^{\infty}$ abgeschlossen und nicht leer. Offensichtlich gilt $\omega_T(x) \subseteq A$. Ist $y \in A$, $k \geq 0$ und O eine offene Umgebung von y, so ist $A_k \cap O$ nicht leer. Damit enthält $O \cap A_k$ einen Punkt $T^{n_k}(x)$ mit $n_k \geq k$ und es folgt $y \in \omega_T(x)$, da O beliebig war. Wir erhalten damit, dass $\omega_T(x) = A$ kompakt und nicht leer ist.

Da T stetig ist, ist $T(A_k)$ kompakt, also insbesondere abgeschlossen und wir erhalten $T(A_k) \subseteq A_{k+1}$. Daraus folgt $T(\omega_T(x)) \subseteq \omega_T(x)$. Ist $y \in \omega_T(x)$, so existiert eine Folge (n_k) mit $\lim_{k \to \infty} T^{n_k}(x) = y$. Da X kompakt ist, existiert eine Teilfolge $(\bar{n}_k)$ von (n_k) für die $\lim_{k \to \infty} T^{\bar{n}_k - 1}(x) = z$, also $z \in \omega_T(x)$ und es gilt $T(z) = y$. Wir haben damit $T(\omega_T(x)) = \omega_T(x)$ gezeigt. $\qquad\square$

Wie schon die lineare Abbildung E_b auf $\mathbb{R}$ zeigt, gilt dieses Resultat nicht für vollständige, aber nicht kompakte Räume.

2.2   Hyperbolische Fixpunkte und periodische Orbits

Hyperbolizität ist ein Grundbegriff der differenzierbaren Dynamik. Wir definieren
diesen Begriff zunächst für eindimensionale dynamische Systeme.

Definition 2.5
Sei (U, f) ein dynamisches System, gegeben durch eine stetig differenzierbare
Abbildung $f : U \to \mathbb{R}$ auf einer offenen Menge $U \subseteq \mathbb{R}$. Ein periodischer Punkt
$p \in U$ mit Periode $n \in \mathbb{N}$ wird hyperbolisch genannt, wenn $|(f^n)'(p)| \neq 1$. Dem-
gemäß ist ein Fixpunkt $p \in U$ hyperbolisch, wenn $|f'(p)| \neq 1$.   ◆

Wir merken zu dieser Definition an, dass

$$(f^n)'(f^k(p)) = f'(p) \cdot f'(f(p)) \cdot \ldots \cdot = f'(f^{k-1}(p)) = |(f^n)'(p)|$$

für alle $k \in \mathbb{N}$. Die Ableitung von f^n ist also für jeden Punkt eines periodischen
Orbits der Periode n identisch. Wir können also von hyperbolischen Orbits sprechen.
Der Hauptsatz über hyperbolische Fixpunkte und hyperbolische periodische Orbits
eindimensionaler differenzierbarer Systeme lautet:

Satz 2.3
*Sei (U, f) ein dynamisches System, gegeben durch eine stetig differenzierbare
Abbildung $f : U \to \mathbb{R}$ auf einer offenen Menge $U \subseteq \mathbb{R}$ und $p \in U$ sei ein
hyperbolischer periodischer Punkt der Periode $n \in \mathbb{N}$. Gilt $|(f^n)'(p)| < 1$, so
ist p anziehend. Gilt $|(f^n)'(p)| > 1$, so ist p abstoßend.*

Beweis Da die Ableitung von f^n an den Punkten eines periodischen Orbits identisch ist, reicht es, wenn wir den Satz für $n = 1$, also für Fixpunkte, beweisen. Sei
$|f'(p)| < 1$. Da wir voraussetzen, dass f' stetig ist, gilt $|f'(x)| \leq \lambda < 1$ für alle x
aus einer offenen Umgebung O von p in U. Der Mittelwertsatz der Differentialrechnung liefert

$$|f(x) - p| = |f(x) - f(p)| \leq \lambda |p - x|$$

für all diese x und durch Induktion erhalten wir

$$|f^n(x) - p| = |f^n(x) - f^n(p)| \leq \lambda^n |p - x|$$

und damit $\lim_{n \to \infty} f^n(x) = p$. p ist also anziehend. Ist $|f'(p)| > 1$, gilt $|f'(x)| \geq$
$\lambda > 1$ für alle x aus einer offenen und beschränkten Umgebung O von p. Ist $x \neq p$
und $f^n(x) \in O$ für alle $n \in \mathbb{N}$, so gilt

$$|f^n(x) - p| \geq \lambda^n |p - x|.$$

Dies ist ein Widerspruch dazu, dass O beschränkt ist. Es gibt also ein $n \in \mathbb{N}$, sodass $f^n(x) \notin O$ und p ist abstoßend. $\qquad\square$

Betrachten wir als erstes Beispiel $f(x) = x^2$. Da $|f'(0)| = 0$, ist 0 ein anziehender Fixpunkt und da $|f'(1)| = 2$, ist 1 ein abstoßender Fixpunkt. $f(x) = x^2 - 1$ hat die Fixpunkte $x_{1/2} = (\pm\sqrt{5} + 1)/2$ mit $f'(x_{1/2}) = \pm\sqrt{5} + 1$. Diese sind abstoßend. Der periodische Orbit $\{0, -1\}$ mit $f'(0)f'(-1) = 0$ ist anziehend.

Betrachten wir als drittes Beispiel die Abbildung des Newton-Verfahrens zur Bestimmung von $\sqrt{a}$

$$f(x) = \frac{3}{2}x - \frac{1}{2a}x^3.$$

Es gilt $f(\sqrt{a}) = \sqrt{a}$ und $f'(\sqrt{a}) = 0$, daher ist $\sqrt{a}$ ein anziehender Fixpunkt. Ist die Ableitung, wie hier, gleich null, spricht man auch von einem superanziehenden Fixpunkt.

Ein Fixpunkt oder periodischer Punkt p mit $|f'(p)| = 1$ kann anziehend, abstoßend oder neutral sein. Zum Beispiel ist 0 für $f(x) = x - x^3$ anziehend, für $f(x) = x + x^3$ abstoßend und für $f(x) = x - x^2$ neutral.

Hyperbolische Fixpunkte und periodische Orbits lassen sich auch für mehrdimensionale dynamische Systeme definieren. Zunächst betrachten wir lineare Abbildungen $T_A : \mathbb{R}^d \to \mathbb{R}^d$ mit $T_A(x) = Ax$, wobei $A \in \mathbb{R}^{d \times d}$ eine reelle $d \times d$-Matrix ist.

Definition 2.6
Eine invertierbare Matrix $A \in \mathbb{R}^{d \times d}$ heißt hyperbolisch, wenn sie keinen Eigenwert $\lambda \in \mathbb{C}$ mit $|\lambda| = 1$ hat. $\qquad\blacklozenge$

Auskunft über die Eigenschaften des Fixpunktes $0 \in \mathbb{R}^d$ der Abbildung T_A gibt:

Satz 2.4
Sei $A \in \mathbb{R}^{d \times d}$ eine hyperbolische Matrix. Es existiert eine Aufspaltung von $\mathbb{R}^d$, $\mathbb{R}^d = U^s \bigoplus U^u$, in T_A-invariante lineare Unterräume U^s, U^u, sodass

$$\lim_{n \to \infty} |T_A^n(x)| = 0 \text{ für alle } x \in U^s \text{ und } \lim_{n \to \infty} |T_A^n(x)| = \infty \text{ für alle } x \in U^u,$$

d. h., $0 \in \mathbb{R}^d$ ist ein anziehender Fixpunkt für T_A, eingeschränkt auf U^s und ein abstoßender Fixpunkt für T_A, eingeschränkt auf U^u. U^s wird stabiler Eigenraum und U^u unstabiler Eigenraum zu A genannt.

Beweis U^s sei der Unterraum von $\mathbb{R}^d$, der durch die verallgemeinerten Eigenräume zu Eigenwerten λ von A mit Betrag $|\lambda| \in (0, 1)$ erzeugt wird. U^u sei der Unterraum, der durch die verallgemeinerten Eigenräume zu Eigenwerten mit Betrag $|\lambda| > 1$

erzeugt wird. Wir verwenden nun die jordansche Normalform der Matrix A, siehe
zum Beispiel Bosch (2014). Aus der linearen Algebra ist bekannt, dass ein Basis-
wechsel B existiert, sodass $\tilde{A} = BAB^{-1}$ die Form

$$\tilde{A} = \begin{pmatrix} J_1 & & 0 \\ & \ddots & \\ 0 & & J_k \end{pmatrix}$$

hat. Die Jordan-Blöcke J_i sind durch Eigenwerte A und ihrer geometrischen Viel-
fachheit bestimmt. Ist $\lambda \in \mathbb{R}$, so hat J_λ die Form $D_\lambda + N$, wobei D_λ eine Diago-
nalmatrix mit Einträgen λ und N nilpotent ist, d. h. $N^l = (0)$ für ein $l \in \mathbb{N}$. Sind
$\lambda, \bar{\lambda} \in \mathbb{C} \backslash \mathbb{R}$ zwei konjugierte komplexe Eigenwerte, so hat der korrespondierende
Jordan-Block die Form $J_{\lambda, \bar{\lambda}} = D_{|\lambda|, \alpha} + N$. N ist hier wieder nilpotent und $D_{|\lambda|, \alpha}$
hat eine Diagonalform mit Einträgen

$$\begin{pmatrix} |\lambda| \cos(\alpha) & |\lambda| \sin(\alpha) \\ -|\lambda| \sin(\alpha) & |\lambda| \cos(\alpha) \end{pmatrix}.$$

Sei nun λ ein Eigenwert mit $|\lambda| < 1$, $J = D + N$ der korrespondierende Jordan-
Block mit $D = D_\lambda$ oder $D = D_{|\lambda|, \alpha}$ und $N^l = (0)$. Es gilt

$$|J^n x| = |(D + N)^n x| = \left| \sum_{i=0}^{l-1} \binom{n}{i} \right| \left| D^{n-i} N^i x \right|$$

$$\leq \sum_{i=0}^{l-1} \binom{n}{i} |\lambda|^{n-i} |N^i x| \leq |\lambda|^n \max\{|N^i x| \mid i = 0, \dots, l-1\} \sum_{i=0}^{l-1} \binom{n}{i} |\lambda|^{-i}$$

$$\leq C |\lambda|^n \binom{n}{l-1}$$

und damit $\lim_{n \to \infty} |J^n x| = 0$. Da dies für alle Jordan-Blöcke zu Eigenwerten mit
Betrag kleiner eins gilt, folgt $\lim_{n \to \infty} |\tilde{A}^n x| = 0$ für alle $x \in BU^s$ und $\lim_{n \to \infty} |A^n x|$
$= 0$ für alle $x \in U^s$. Das Argument für $x \in U^u$ hat die gleiche Form. $\square$

Wir betrachten lineare Abbildungen $T_A : \mathbb{R}^2 \to \mathbb{R}^2$ genauer.

- Hat $A \in \mathbb{R}^{2 \times 2}$ nur einen reellen Eigenwert mit $|\lambda| < 1$, so ist $U^s = \mathbb{R}^2$ und der
  Ursprung ein anziehender Fixpunkt. Man kann hier noch zwei Fälle unterscheiden.
  Wenn die geometrische Vielfachheit von λ zwei ist, gilt $Ax = \lambda x$ für alle $x \in \mathbb{R}^2$;
  ist sie eins, gilt $Ax = \lambda x$ nur für x aus einem eindimensionalen Unterraum.
- Hat A nur einen reellen Eigenwert mit $|\lambda| > 1$, so ist $U^u = \mathbb{R}^2$ und der Ursprung
  ein abstoßender Fixpunkt. Auch hier lassen sich wie oben zwei Fälle je nach
  geometrischer Vielfachheit λ unterscheiden.

- Hat A zwei reelle Eigenwerte mit $|\lambda_2| < |\lambda_1| < 1$, so ist $U^s = \mathbb{R}^2$, der Ursprung ein anziehender Fixpunkt und $\mathbb{R}^2$ zerfällt in die eindimensionalen Eigenräume zu den beiden Eigenwerten.
- Hat A zwei Eigenwerte mit $|\lambda_2| > |\lambda_1| > 1$, so ist $U^u = \mathbb{R}^2$, der Ursprung ein abstoßender Fixpunkt und $\mathbb{R}^2$ zerfällt wieder in die eindimensionalen Eigenräume zu den Eigenwerten.
- Hat A zwei reelle Eigenwerte mit $|\lambda_2| < 1 < |\lambda_1|$, so ist U^s durch den Eigenraum zu λ_2 und U^u durch den Eigenraum zu λ_1 gegeben.
- Hat A komplexe Eigenwerte $\lambda, \bar{\lambda} \in \mathbb{C}\backslash\mathbb{R}$ mit $|\lambda| = |\bar{\lambda}| < 1$, so ist $U^s = \mathbb{R}^2$ und der Ursprung ein anziehender Fixpunkt. Es handelt sich hier um eine Kontraktion mit Rotation ohne echten Eigenraum.
- Hat A komplexe Eigenwerte $\lambda, \bar{\lambda} \in \mathbb{C}\backslash\mathbb{R}$ mit $|\lambda| = |\bar{\lambda}| > 1$, so ist $U^u = \mathbb{R}^2$ und der Ursprung ein abstoßender Fixpunkt. Hier handelt es sich um eine Expansion mit Rotation ohne echten Eigenraum.

In Abb. 2.3 und 2.4 veranschaulichen wir einige Fälle. Wir werfen nun noch einen Blick auf den nicht hyperbolischen Fall. Haben wir einen Eigenwert $\lambda = 1$, existiert ein Eigenraum aus Fixpunkten. Ist $\lambda = -1$ ein Eigenwert, so existiert ein Eigenraum aus periodischen Punkten der Periode 2. Für komplexe Eigenwerte mit $|\lambda| = |\bar{\lambda}| = 1$ ist T_A eine Rotation um den Ursprung. In all diesen Fällen ist 0 kein anziehender oder abstoßender Fixpunkt.

Zuletzt betrachten wir noch eine konkrete Abbildung f_A. Sei

$$A = \begin{pmatrix} 2 & 1 \\ 1 & 1 \end{pmatrix}.$$

Das charakteristische Polynom $\chi_A(\lambda) = \lambda^2 - 3\lambda + 1$ von A liefert die Eigenwerte $\lambda_{1,2} = (3 \pm \sqrt{5})$. 0 ist damit ein hyperbolischer Fixpunkt mit einem unstabilen Eigenraum $E^U = < (1, (1 + \sqrt{5})/2)^T >$ und einem stabilen Eigenraum $E^S = < (1, (1 - \sqrt{5})/2)^T >$. Auf dem Torus bestimmt diese Abbildung ein chaotisches System, wie wir in Abschn. 5.2 sehen werden.

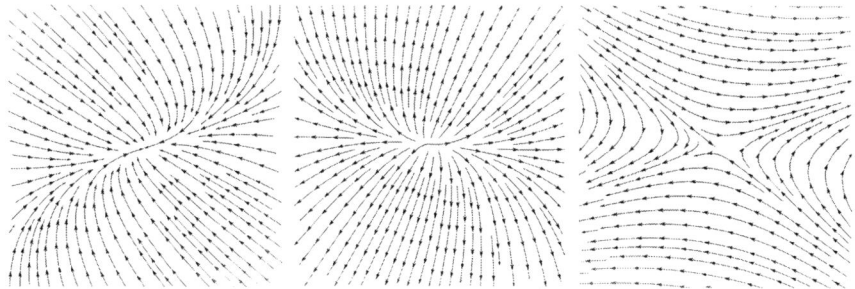

Abb. 2.3 Dynamik von T_A im Falle von zwei reellen Eigenwerten λ_1, λ_2. Links der Fall $0 < \lambda_1, \lambda_2 < 1$, mittig der Fall $1 < \lambda_1, \lambda_2$ und rechts der Fall $0 < \lambda_1 < 1 < \lambda_2$

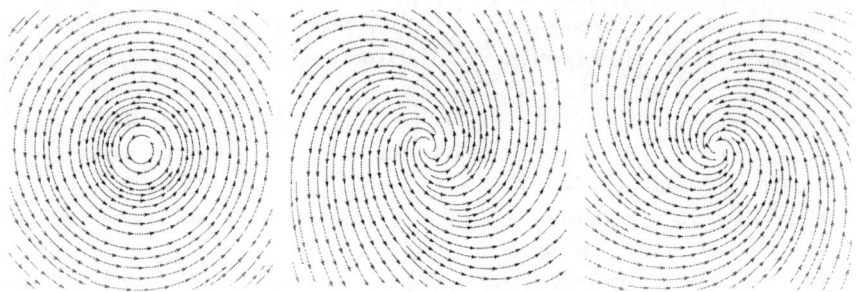

Abb. 2.4 Dynamik von T_A im Falle von zwei komplexen Eigenwerten λ, $\bar{\lambda}$. Links der Fall $|\lambda| = 1$, mittig der Fall $|\lambda| > 1$ und rechts der Fall $|\lambda| < 1$

Nun betrachten wir d-dimensionale differenzierbare dynamische Systeme, die durch Diffeomorphismen, also stetig differenzierbare Abbildungen mit stetig differenzierbarer Umkehrung, gegeben sind.

Definition 2.7
Sei (U, f) ein dynamisches System, gegeben durch einen Diffeomorphismus $f : U \to \mathbb{R}^d$ auf einer offenen Menge $U \subseteq \mathbb{R}^d$. Ein periodischer Punkt $p \in U$ mit Periode $n \in \mathbb{N}$ wird hyperbolisch genannt, wenn die Jacobi-Matrix $Df^n(p)$ hyperbolisch ist. Demgemäß ist ein Fixpunkt $p \in U$ hyperbolisch, wenn $Df(p)$ hyperbolisch ist. Ist p hyperbolisch, so bezeichnet

$$W^s(p) = \left\{ x \in U \mid \lim_{m \to \infty} f^{nm}(x) = p \right\}$$

die stabile Menge von p und

$$W^u(p) = \left\{ x \in U \mid \lim_{m \to \infty} f^{-nm}(x) = p \right\}$$

die unstabile Menge von p.   ◆

Man kann zeigen, dass $W^s(p)$ und $W^u(p)$ lokal glatte Mannigfaltigkeiten sind, deren Tangentialräume in p durch den stabilen Eigenraum E^s bzw. den unstabilen Eigenraum E^u der Jacobi-Matrix $Df^n(p)$ gegeben sind:

$$T_p W^s(p) = E^s \quad \text{und} \quad T_p W^u(p) = E^u.$$

Die Dimension der Mannigfaltigkeiten stimmt insbesondere mit der Dimension der Eigenräume überein. Global kann die Struktur von $W^s(p)$ und $W^s(p)$ verwickelt sein, es handelt sich um Immersionen von Mannigfaltigkeiten. Der Beweis dieser Resultate ist aufwendig, wir präsentieren ihn hier nicht, sondern verweisen auf Kap. 6 in Katok und Hasselblatt (1995). Unter Verwendung von Satz 2.4 folgt:

Satz 2.5
Sei (U, f) ein dynamisches System, gegeben durch einen Diffeomorphimus f : $U \to \mathbb{R}^d$ auf einer offenen Menge $U \subseteq \mathbb{R}^d$. Ein periodischer Punkt $p \in U$ mit Periode $n \in \mathbb{N}$ ist anziehend, wenn die Jacobi-Matrix $Df^n(p)$ nur Eigenwerte mit Betrag kleiner 1 hat. Er ist abstoßend, wenn die Jacobi-Matrix $Df^n(p)$ nur Eigenwerte mit Betrag größer 1 hat. Existieren Eigenwerte vom Betrag größer und kleiner 1, ist der periodische hyperbolische Punkt weder anziehend noch abstoßend.

Wir betrachten hierzu zwei Beispiele. Sei

$$f \begin{pmatrix} x \\ y \end{pmatrix} = \begin{pmatrix} x^2 + y^2 - 2x + y \\ x \end{pmatrix}.$$

Ein Fixpunkt erfüllt $x = y$ und $x^2 = x$. Es gibt also die zwei Fixpunkte $(0, 0)$ und $(1, 1)$ mit

$$Df(0, 0) = \begin{pmatrix} -2 & 1 \\ 1 & 0 \end{pmatrix} \quad \text{und} \quad Df(1, 1) = \begin{pmatrix} 0 & 3 \\ 1 & 0 \end{pmatrix}.$$

Die erste Matrix hat das charakteristische Polynom $\chi(\lambda) = \lambda^2 + 2\lambda - 1$ und die Eigenwerte $\lambda_{1,2} = \pm\sqrt{2} - 1$. Der Fixpunkt $(0, 0)$ ist also hyperbolisch und weder abstoßend noch anziehend. Es gibt lokal eine eindimensionale stabile und eine eindimensionale unstabile Mannigfaltigkeit. Die zweite Matrix hat das charakteristische Polynom $\chi(\lambda) = \lambda^2 - 3$ und die Eigenwerte $\lambda_{1,2} = \pm\sqrt{3}$. Der Fixpunkt $(1, 1)$ ist also hyperbolisch und abstoßend.

Wir betrachten nun noch die Familie von Abbildungen

$$f_a \begin{pmatrix} x \\ y \end{pmatrix} = \begin{pmatrix} 1 + y - a^2 x^2 \\ x \end{pmatrix}$$

mit $a > 0$. Die beiden Fixpunkte sind $\pm(1/a, 1/a)$ mit

$$Df_a(1/a, 1/a) = \begin{pmatrix} -2a & 1 \\ 1 & 0 \end{pmatrix} \quad \text{und} \quad Df_a(-1/a, -1/a) = \begin{pmatrix} 2a & 1 \\ 1 & 0 \end{pmatrix}.$$

Das charakteristische Polynom ist $\chi(\lambda) = \lambda^2 + 2a\lambda - 1$ im ersten und $\chi(\lambda) = \lambda^2 - 2a\lambda - 1$ im zweiten Fall. Im ersten Fall sind die Eigenwerte damit $\lambda_{1,2} = \pm\sqrt{1 + a^2} - a$ und im zweiten Fall $\lambda_{1,2} = \pm\sqrt{1 + a^2} + a$. Beide Fixpunkte sind hyperbolisch und weder abstoßend noch anziehend, sie haben lokal eindimensionale stabile und eindimensionale unstabile Mannigfaltigkeiten.

2.3 Attraktoren und Repeller

Das Konzept anziehender und abstoßender Fixpunkte und periodischer Orbits lässt sich auch auf allgemeinere invariante Mengen wie Attraktoren und Repeller verallgemeinern. Wir definieren zunächst die Menge der nicht wandernden Punkte, die all diese Mengen enthält.

Definition 2.8
Sei (X, T) ein dynamisches System. Ein Punkt $x \in X$ heißt wandernd, wenn eine offene Umgebung O von x existiert, sodass $O \cap T^n(O) = \emptyset$ für alle $n \geq 1$ gilt. Die Menge der nicht wandernden Punkte bezeichnen wir mit $\Omega(T)$. ◆

Grundlegend ist hier folgender Satz für stetige Systeme:

Satz 2.6
Sei (X, T) ein dynamisches System, gegeben durch eine stetige Abbildung $T : X \to X$. Die Menge der nicht wandernden Punkte $\Omega(T)$ ist abgeschlossen vorwärts invariant, $T(\Omega(T)) \subseteq \Omega(T)$ und enthält die ω-Limesmenge $\omega_T(x)$ für alle $x \in X$. Insbesondere enthält $\Omega(T)$ alle rekurrenten Punkte, wie Fixpunkte und periodische Punkte.

Beweis Zu jedem $x \in X \backslash O(T)$ gibt es eine offene Umgebung O von x mit $O \cap T^n(O) = \emptyset$ für alle $n \in \mathbb{N}$. Jedes $y \in O$ ist nach Definition also wandernd. Damit ist $X \backslash \Omega(T)$ offen und $\Omega(T)$ abgeschlossen. Da T stetig ist, ist $\bar{O} = T^{-1}(O)$ eine offene Umgebung von $y \in T^{-1}(\{x\})$. Es folgt

$$T(\bar{O} \cap T^n(\bar{O}) \subseteq O \cap T^n(O) = \emptyset$$

und damit $\bar{O} \cap T^n(\bar{O}) = \emptyset$ für alle $n \geq 1$. y ist also wandernd. Damit gilt $T^{-1}(X \backslash \Omega(T)) \subseteq X \backslash \Omega(T)$ und es folgt $T(\Omega(T)) \subseteq \Omega(T)$.

Sei nun $y \in \omega_T(x)$. Wenn O eine offene Umgebung von y ist, so gibt es eine wachsende Folge n_k mit $T^{n_k}(x) \in O$ für alle $k \geq q$. Aus $T^{n_1}(x) \in O$ folgt $T^{n_2}(x) \in O \cap T^{n_2 - n_1}(x)$. Damit ist y nicht wandernd und es folgt $\omega_T(x) \subseteq \Omega(T)$. $\square$

Für die hyperbolischen linearen Abbildungen aus dem letzten Abschnitt ist nur der Ursprung nicht wandernd. Für lineare Rotationen des $\mathbb{R}^2$ um den Ursprung sind alle $x \in \mathbb{R}^2$ nicht wandernd. Auch für die expandierenden Abbildungen E_b aus Abschn. 2.1 sind alle $x \in [0, 1)$ nicht wandernd. Dies folgt unmittelbar aus dem letzten Satz und Satz 2.1. Es sei angemerkt, dass nicht alle Punkte in $[0, 1)$ rekurrent in Bezug auf E_b sind. Zum Beispiel ist $1/2$ nicht wandernd, aber auch nicht rekurrent in Bezug auf E_2.

Nun führen wir anziehende Mengen und Attraktoren ein.

Definition 2.9

Sei (X, T) ein dynamisches System. Eine kompakte Menge $\Lambda \subseteq X$ wird anziehend genannt, wenn Λ vorwärts invariant ist, d. h. $T(\Lambda) \subseteq \Lambda$ und eine offene Umgebung O von Λ existiert, sodass

$$\omega_T(x) \subseteq \Lambda$$

für alle $x \in O$. Ein minimale anziehende Menge, die keine anziehende nicht leere echte Teilmenge enthält, wird Attraktor genannt. Ist $X \subseteq \mathbb{R}^d$, wird eine vorwärts invariant kompakte Menge Λ maßtheoretisch anziehend genannt, wenn die Menge

$$\{x \,|\, \omega_T(x) \subseteq \Lambda\}$$

positives Lebesgue-Maß hat. Ein minimale maßtheoretisch anziehende Menge, die keine maßtheoretisch anziehende nicht leere echte Teilmenge enthält, wird maßtheoretischer Attraktor genannt. ◆

Zu dieser Definition sind eine Reihe von Anmerkungen geboten. Manche Autoren definieren einen topologischen Attraktor in Analogie zum maßtheoretischen Attraktor dadurch, dass $\{x \,|\, \omega_T(x) \subseteq \Lambda\}$ in einem topologischen Sinne groß ist, aber nicht notwendigerweise eine offene Umgebung enthält. Jeder Attraktor im Sinne unserer Definition ist ein topologischer Attraktor in diesem Sinne, die Umkehrung gilt jedoch nicht. Jeder Attraktor im Sinne unserer Definition ist auch ein maßtheoretische Attraktor, auch hier gilt die Umkehrung offensichtlich nicht. Im Gegensatz zu anderen Autoren erwarten wir nicht, dass ein Orbit in einem Attraktor dicht liegt. Wir sprechen in diesem Falle von einem transitiven Attraktor, siehe hierzu Abschn. 3.1. Zuletzt sei angemerkt, dass sich ein maßtheoretischer Attraktor auch für riemannsche Mannigfaltigkeiten definieren lässt, indem man das Lebesgue-Maß durch das riemannsche Maß ersetzt.

Anziehende Fixpunkte und periodische Orbits sind im Sinne unsere Definition Attraktoren.

Wir stellen nun einige Beispiele von Attraktoren vor. Die Abbildung $T : [0, 1] \times \mathbb{R} \to [0, 1] \times \mathbb{R}$, gegeben durch $T(x, y) = (x, y^2)$, hat den Attraktor

$$\Lambda = \bigcap_{n=1}^{\infty} T^n([0, 1] \times (-1, 1)) = [0, 1] \times \{0\}.$$

Die Dynamik auf dem Attraktor ist durch die Identität gegeben, siehe Abb. 2.5. In vielen Fällen ist die Dynamik auf überabzählbaren Attraktoren interessanter. Betrachten wir $T : \mathbb{S}^1 \times \mathbb{R} \to \mathbb{S}^1 \times \mathbb{R}$ mit $T(x, y) = (\{bx\}, y^2)$. Hier ist der Kreisring wieder durch $[0, 1)$ parametrisiert und $b \geq 2$ eine natürliche Zahl. Der Attraktor der Abbildung ist

$$\Lambda = \bigcap_{n=1}^{\infty} T^n(\mathbb{S}^1 \times (-1, 1)) = \mathbb{S}^1 \times \{0\}$$

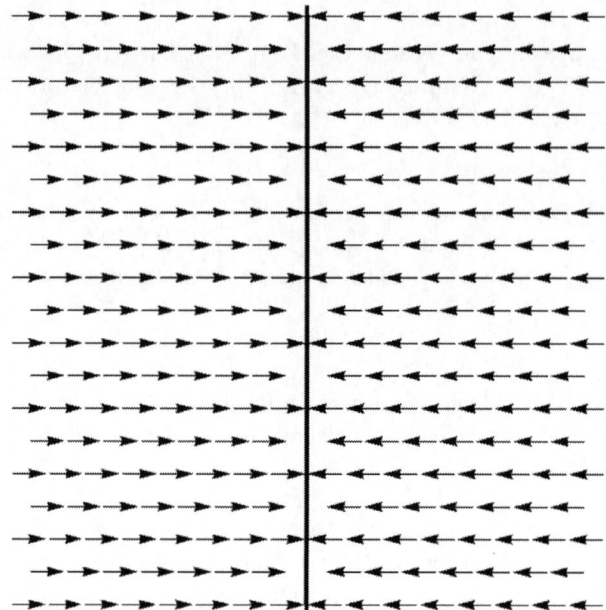

Abb. 2.5 Ein trivialer Attraktor aus Fixpunkten

und die Dynamik auf Λ ist durch die lineare Expansion $E_b(x) = \{bx\}$ gegeben. Als nächstes Beispiel betrachten wir verallgemeinerte Bäcker-Transformationen T_α : $[0, 1] \times \mathbb{R} \to [0, 1] \times \mathbb{R}$ mit

$$T_\alpha(x, y) = \begin{cases} (2x, \alpha y), & \text{wenn } x \in [0, 1/2], \\ (2x - 1, \alpha y + (1 - \alpha)), & \text{wenn } x \in (1/2, 1] \end{cases}$$

mit $\alpha \in (0, 1)$. Der Attraktor der Abbildung ist gegeben durch

$$\Lambda_\alpha = \bigcap_{n=1}^{\infty} \overline{T_\alpha([0, 1]) \times (-2, 2))} = [0, 1] \times \left\{ (1 - \alpha) \sum_{k=0}^{\infty} s_k \alpha^k | s_k \in \{0, 1\} \right\}.$$

Da die Abbildung bei $x = 1/2$ unstetig ist, müssen wir hier den Abschluss verwenden, um einen kompakten Attraktor zu erhalten. Ist $\alpha \in [1/2, 1)$, so ist $\Lambda_\alpha = [0, 1]^2$. Ist $\alpha \in (0, 1/2)$, so ist $\Lambda_\alpha = C \times [0, 1]$ für eine Cantor-Menge C. Im Falle $\alpha = 1/3$ ist C die klassische triadische Cantor-Menge, siehe Abb. 2.6. Dies ist ein einfaches Beispiel eines fraktalen Attraktors. Solchen Attraktoren werden Lesende in diesem Buch noch an einigen Stellen begegnen. Auf die Dimensionstheorie solcher fraktalen Mengen gehen wir ausführlich in Kap. 7 ein. Die Dynamik von T_α auf dem Attraktor Λ_α untersuchen wir in Abschn. 5.3. Maßtheoretische Attraktoren spielen wiederum im nächsten Abschnitt eine Rolle. Hier definieren wir noch Repeller dynamischer Systeme:

Abb. 2.6 Der Attraktor $\Lambda_{1/3}$ von $T_{1/3}$

Definition 2.10
Sei (X, T) ein dynamisches System. Eine kompakte Menge $\Lambda \subseteq X$ wird abstoßend
genannt, wenn Λ vorwärts invariant ist und eine offene Umgebung O von Λ existiert,
sodass für alle $y \in O \setminus \Lambda$ ein $n \geq 1$ existiert, sodass $f^n(y) \notin O$. Eine lokal maximal
abstoßende Menge, die in einer Umgebung keine abstoßende Obermenge enthält,
wird Repeller genannt.   ◆

Wie oben lassen sich auch maßtheoretische und topologische Repeller definieren,
diese Begriffe sind aber wenig gebräuchlich. Auch hier ist wieder anzumerken, dass
manche Autoren verlangen, dass ein Repeller einen dichten Orbit enthält, wir sprechen in diesem Fall von einem transitiven Repeller, siehe Abschn. 3.1.
    Abstoßende Fixpunkte und periodische Orbits sind in Sinne unserer Defini-
tion Repeller. Wir geben hier noch ein Beispiel eines überabzählbaren Repellers.
Wir betrachten die quadratische Abbildung $f(z) = z^2$ auf den komplexen Zahlen
$\mathbb{C} = \{z = x + yi \,|\, x, y \in \mathbb{R}\}$. Für $|z| < 1$ gilt $\lim_{n \to \infty} f^n(z) = 0$ und für $|z| > 1$ gilt
$\lim_{n \to \infty} |f^n(z)| = \infty$. Der Einheitskreis $J = \{z \in \mathbb{C} \mid |z| = 1\}$ in den komplexen
Zahlen ist ein Repeller für f. Für $z = e^{\alpha i} \in J$ erhalten wir

$$f(z) = z^2 = (e^{\alpha i})^2 = e^{2\alpha i}.$$

Die Dynamik auf J, parametrisiert durch den Winkel $\alpha \in [0, 2\pi)$, ist also durch die
lineare Verdopplungsabbildung E_2 gegeben. J ist eine spezielle Julia-Menge. Wir
führen solche Mengen im nächsten Abschnitt ein.

2.4   Die quadratische Familie

Die quadratische Familie $f_c(x) = x^2 + c$ ist sowohl auf den reellen als auch auf den komplexen Zahlen für die Entwicklung der Theorie dynamischer Systeme von großer Bedeutung. Diese einfachen Abbildungen zeigen überraschende dynamische Komplexität und sind daher paradigmatische Beispiele. Wir stellen in diesem Abschnitt einige Hauptereignisse über die quadratische Familie zusammen. Dabei geht es uns nicht um den Beweis dieser zum Teil tief liegenden Resultate, sondern um die Erläuterung der bisher eingeführten Begriffe anhand von Beispielen.

Für $c \in \mathbb{R}$ betrachten wir zunächst $f_c : \mathbb{R} \to \mathbb{R}$. Die Gleichung

$$f_c(x) = x^2 + c = x$$

hat die Lösungen

$$p_1 = \frac{1 - \sqrt{1 - 4c}}{2} \quad \text{und} \quad p_2 = \frac{1 + \sqrt{1 - 4c}}{2}.$$

Ist $c > 1/4$, existiert also kein reeller Fixpunkt. Es ist leicht zu sehen, dass in diesem Falle

$$\lim_{n \to \infty} f_c^n(x) = \infty$$

für alle $x \in \mathbb{R}$ gilt. Für $c = 1/4$ haben wir den Fixpunkt $p_1 = p_2 = 1/2$. Dieser Fixpunkt ist neutral, es gilt

$$\lim_{n \to \infty} f_c^n(x) = \infty \text{ für } x > 1/2 \text{ und } \lim_{n \to \infty} f_c^n(x) = 1/2 \text{ für } x \in (0, 1/2).$$

Für alle $c < 1/4$ existieren zwei reelle Fixpunkte, deren Stabilität durch

$$f'(p_1) = 1 - \sqrt{1 - 4c} \text{ und } f'(p_1) = 1 + \sqrt{1 - 4c}$$

bestimmt ist. p_2 ist offenbar abstoßend für alle $c > 1/4$ und p_1 ist anziehend für $c \in (-3/4, 1/4)$. Es gilt

$$\lim_{n \to \infty} f^n(x) = p_1 \text{ für alle } x \in (-p_2, p_2).$$

Für $c < -3/4$ sind allerdings beide Fixpunkte p_1 und p_2 abstoßend. In diesem Falle bestimmen wir einen periodischen Orbit der Periode 2 durch

$$(f_c(x))^2 = (x^2 + c)^2 = x.$$

Außer den beiden Lösungen p_1, p_2 hat diese Gleichung die Lösungen

$$q_1 = -\frac{1}{2} - \sqrt{\frac{3}{4} - c} \quad \text{und } q_2 = -\frac{1}{2} + \sqrt{\frac{3}{4} - c}$$

mit $f_c(q_1) = q_2$ und $f_c(q_2) = q_1$. Wir haben

$$(f_c^2)'(q_1) = (f_c^2)'(q_2) = (f_c)'(q_1)(f_c)'(q_2) = 4 + 4c.$$

Der periodische Orbit $\{q_1, q_2\}$ ist damit für $c \in (-5/4, -3/4)$ anziehend, wird allerdings für $c < -5/4$ abstoßend. Numerisch stellt man fest, dass für $c \in (-1{,}3680989, -1{,}25)$ ein anziehender periodischer Orbit der Periode 4 und für $c \in (-1{,}3940462, -1{,}3680989)$ ein anziehender periodischer Orbit der Periode 8 existiert. Siehe Abb. 2.7. Wie Feigenbaum (1978) numerisch feststellt, findet hier eine Periodenverdopplung statt, die universell für glatte unimodale Abbildungen ist.

Satz 2.7
Es existiert eine fallende Folge (c_i) mit

$$\lim_{i \to \infty} \frac{c_i - c_{i+1}}{c_{i+1} - c_i} = \delta = 4{,}66920 \ldots$$

und

$$\lim_{i \to \infty} c_i = c_\infty = -1{,}40115 \ldots,$$

sodass f_c einen anziehenden periodischen Orbit der Periode 2^i für $c \in (c_i, c_{i+1})$ hat.

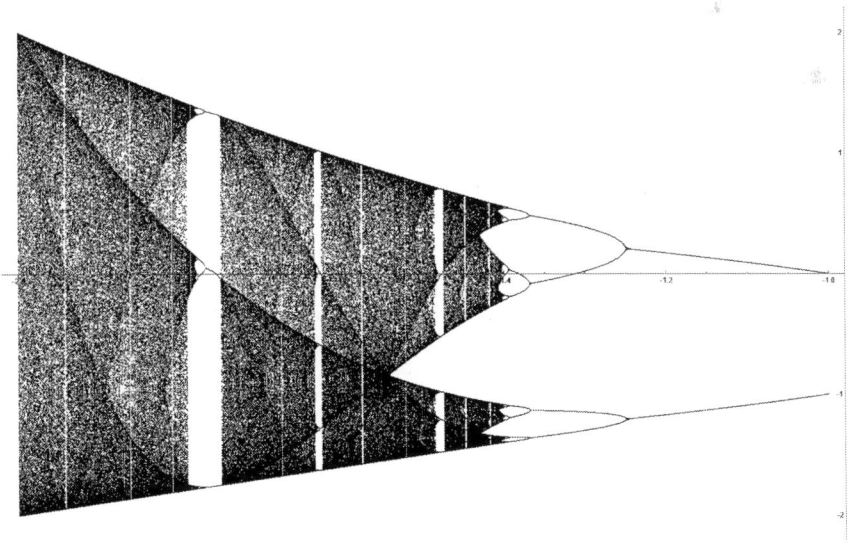

Abb. 2.7 Orbits der Abbildung $f_c(x) = x^2 + c$ für den Startwert $x = 0$, 1 und $c \in [-2, -1]$

δ wird Feigenbaumkonstante und c_∞ Feigenbaumparameter der Familie f_c genannt. Die Feigenbaumkonstante ist universell in dem Sinne, dass sie für die Periodenverdopplung aller Familien hinlänglich glatter unimodaler Abbildungen identisch ist. Numerische Untersuchungen legen dies nahe, der Beweis ist jedoch diffizil und nutzt fortgeschrittene Techniken wie den Renormalisierungsoperator, siehe Lyubich (1999). Der Feigenbaumparameter wiederum hängt von der Familie von Abbildungen ab, die wir betrachten und lässt sich numerisch approximieren.

Für $c \in K := (-2, c_\infty]$ ist die Dynamik von f_c vielfältig, siehe Abb. 2.7. Eine Beschreibung gibt folgender Satz:

Satz 2.8

(1) *Es existiert eine offene und dichte Menge $A \subset K$ mit positiven Lebesgue-Maß, sodass f_c für alle $c \in A$ einen eindeutigen maßtheoretischen Attraktor hat, der aus einem periodischen Orbit besteht.*

(2) *Es existiert eine Menge $B \subset K$ mit positiven Lebesgue-Maß, sodass f_c für alle $c \in B$ einen eindeutigen Attraktor hat, der ein Intervall enthält.*

(3) *Es existiert eine überabzählbare Menge $C \subset K$ mit $c_\infty \in C$ mit Lebesgue-Maß null, sodass f_c für alle $c \in C$ einen eindeutigen Attraktor hat, der aus Cantor-Menge besteht.*

Dies sind die einzigen Fälle, die auftreten, also $A \cup B \cup C = K$.

Ein vollständiger Beweis dieses Satzes liegt außerhalb der Reichweite dieses Buches, wir verweisen auf Jakobson (1981), Graczyk und Swiatek (1997) und Lyubich (2002). Auf die Dynamik im zweiten und dritten Fall gehen wir allerdings in Kap. 6 und 7 noch genauer ein. Zum ersten Fall sei hier noch angemerkt, dass ein anziehender periodischer Orbit der Periode 3 für $c \in (-1{,}791, \, -1{,}758)$ existiert. Ein anziehender periodischer Orbit der Periode 5 existiert für $c \in (-1{,}632, \, -1{,}624)$.

Für $c \leq -2$ hat f_c keinen Attraktor, stattdessen erhält man:

Satz 2.9
Für f_{-2} ist das Intervall $[-2, 2]$ ein Repeller und für $c < -2$ ist eine Cantor-Menge ein Repeller für f_c.

In Kap. 5 beschreiben wir die Dynamik von f_c für $c \leq -2$ symbolisch und stellen fest, dass diese chaotisch ist.

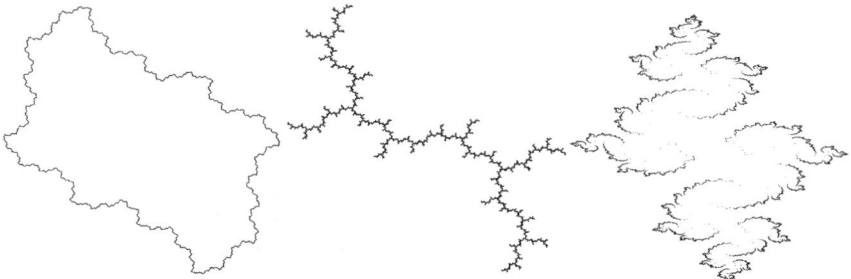

Abb. 2.8 Die Julia-Menge J_c für $c = 0{,}5i$, $c = i$ und $c = -0{,}8 + 0{,}2i$

Nun betrachten wir die Abbildung $f_c : \mathbb{C} \to \mathbb{C}$ mit $f_c(z) = z^2 + c$ für eine komplexe Zahl $c \in \mathbb{C}$.

Definition 2.11
Für $c \in \mathbb{C}$ ist die Julia-Menge J_c der Abschluss der Menge aller abstoßenden periodischen Punkte von f_c,

$$J_c = \overline{\{z \in \mathbb{C} \mid f^n(z) = z, \ |(f^n)'(z)| > 1\}}.$$

Das Komplement der Julia-Menge heißt Fatou-Menge, $F_c = \mathbb{C} \backslash J_c$ (Abb. 2.8). ◆

Gemäß dieser Definition sind anziehende periodische Orbits Teil der Fatou-Menge. Unter Verwendung fortgeschrittener Funktionentheorie zeigt man:

Satz 2.10
Für alle $c \in \mathbb{C}$ ist die Julia-Menge J_c ein nicht leerer, vorwärts und rückwärts invarianter Repeller von f_c.

Ein Beweis findet sich in Milnor (2006). J_0 ist, wie am Ende des letzten Abschnitt gesagt, der Einheitskreis in $\mathbb{C}$ und die Dynamik von f_0 auf J_0 ist durch die Verdopplungsabbildung E_2 gegeben. Auf Eigenschaften der Dynamik von f_c auf J_c für beliebiges $c \in \mathbb{C}$ gehen wir im nächsten Kapitel genauer ein. Die Geometrie von Julia-Mengen ist vielgestaltig. In Abb. 8.8 stellen wir $J_{0{,}5i}$, J_i und $J_{-0{,}8+0{,}2i}$ dar. Im ersten Fall handelt es sich um eine einfach geschlossene Kurve, im zweiten Fall um einen Dendriten[2] und im dritten Fall um eine total unzusammenhängende

---

[2] Dies ist ein lokal zusammenhängender Raum ohne geschlossene Kurven.

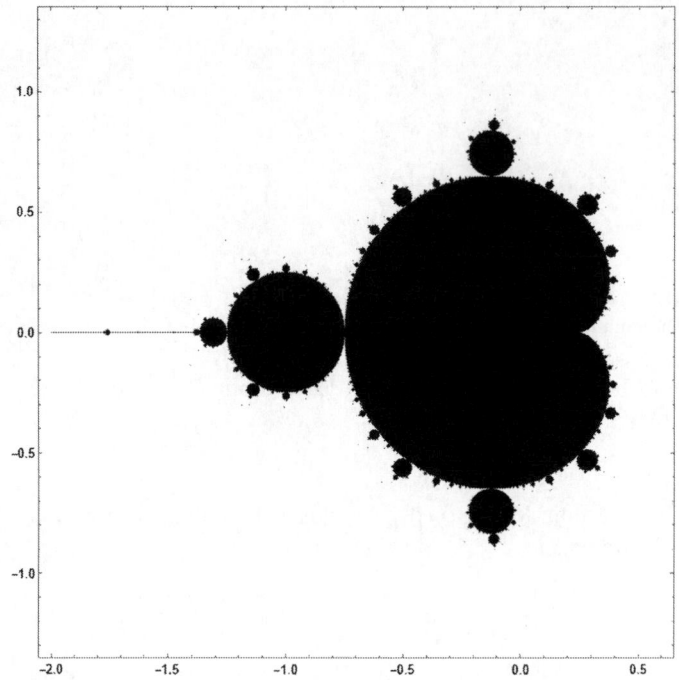

Abb. 2.9 Die Mandelbrot-Menge $\mathfrak{M}$

Menge. Auf die numerische Bestimmung von Julia-Mengen, die diesen Abbildungen zugrunde liegen, gehen wir in Abschn. 8.5 ein. Es lässt sich zeigen, dass die Julia-Menge J_c für alle c aus der Mandelbrot-Menge

$$\mathfrak{M} = \{c \in \mathbb{C} \,|\, (f_c^n(0))_{n \in \mathbb{N}} \text{ ist beschränkt}\}$$

zusammenhängend ist, sonst ist sie total unzusammenhängend. Wir verweisen wieder auf Milnor (2006) für einen Beweis dieser Aussage. Abb. 2.9 zeigt die Mandelbrot-Menge.

Chaos

3

Inhaltsverzeichnis

In diesem Kapitel führen wir den Begriff der chaotischen Dynamik ein, der in diesem Buch eine zentrale Rolle spielt. Wir geben drei Definitionen und untersuchen, wie diese zusammenhängen. Im ersten Abschnitt definieren wir mit minimalen, transitiven und mischenden Systemen grundlegende Begriffe der topologischen Dynamik. Wie erläutern den Zusammenhang der Begriffe und geben Beispiele. Im zweiten Abschnitt definieren wir Devaney-chaotische Systeme als transitive und sensitive Systeme mit einer dichten Menge periodischer Orbits. Es stellt sich heraus, dass die Bedingung der Sensivät immer redundant ist und dass es ausreicht, für Intervallabbildungen nur Transitivität zu fordern. Wir sehen, dass expandierende Abbildungen auf dem Kreisring, die Zeltabbildung und die logistische Abbildung auf dem Intervall und die quadratischen Abbildungen auf ihrer Julia-Menge Devaney-chaotisch sind. Im dritten Abschnitt definieren wir Li-York-Chaos und beweisen, dass ein periodischer Orbit der Periode drei einer Intervallabbildung für Li-York-Chaos hinreichend ist. Ein einfaches Beispiel zeigt, dass aus Li-York-Chaos Devaney-Chaos nicht folgt. Devaney-Chaos impliziert aber Li-York-Chaos. Im nächsten Abschnitt führen wir die topologische Entropie ein, die Chaos topologisch quantifiziert und nennen Systeme mit positiver topologischer Entropie topologisch chaotisch. Mit Hilfe eines einfachen Kriteriums sehen wir, dass viele dynamische Systeme, die wir bisher eingeführt haben, tatsächlich topologisch chaotisch sind. Topologisches Chaos impliziert Li-York-Chaos, aber nicht Devaney-Chaos, wie ein einfaches Beispiel zeigt. Angemerkt sei, dass sich sowohl Devaney-chaotische als auch Li-York-chaotische Systeme mit Entropie null konstruieren lassen. Im letzten Abschnitt studieren wir, wie sich topologische Konjugationen und Semikonjugationen, die Faktorsysteme bestimmen, auf eine chaotische Dynamik auswirken. Wir sehen zum einen, dass der Faktor eines Devaney-chaotischen Systems Devaney-chaotisch ist. Enthält anderseits ein System einen topologisch chaotischen Faktor, so ist das System selber topologisch chaotisch. Auf konjugierte Systeme überträgt sich sowohl Devany- als auch topologisches Chaos.

3.1   Transitivität und Mischung

Wir führen hier zunächst mit den Begriffen Transitivität und Minimalität Grundbegriffe der topologischen Dynamik ein und kommen dann auf mischende Systeme zu sprechen.

Definition 3.1
Ein dynamisches System (X, T) wird transitiv genannt, wenn ein $x \in X$ existiert, dessen Orbit $\mathcal{O}_T(x)$ dicht in X liegt. Liegt jeder Orbit dicht, so spricht man von einem minimalen dynamischen System.   ◆

In manchen Definitionen wird die Transitivität eines chaotischen Systems gefordert. Wir kommen hierauf im nächsten Abschnitt zurück.

Aus Satz 2.1 wissen wir schon, dass die Dynamik der expandierenden linearen Abbildung $E_b(x) = \{bx\}$ auf dem Kreisring $\mathbb{S}^1$ transitiv ist. Da periodische Orbits für das System existieren, ist es jedoch nicht minimal. Auch die Abbildung $f(z) = z^2$ auf dem Einheitskreis in $\mathbb{C}$ ist transitiv, aber nicht minimal. Als Beispiel eines minimalen Systems betrachten wir eine irrationale Rotation $R_\alpha(x) = \{x + \alpha\}$ des Kreisrings $\mathbb{S}^1$, parametriert durch $[0, 1)$.

> **Satz 3.1**
> *Ist α irrational, so ist das dynamische System $(\mathbb{S}^1, R_\alpha)$ minimal, also insbesondere transitiv.*

Beweis Wir zeigen zunächst, dass der Orbit $\mathcal{O}_{R_\alpha}(0) = \{\{n\alpha\} | n \in \mathbb{N}_0\}$ dicht liegt. Für $\epsilon > 0$ wähle $M \in \mathbb{N}$, sodass $2/M < \epsilon$ ist. Nach dem Schubfachprinzip gibt es zwei Zahlen $n_1, n_2 \in \{1, 2, ..., M + 1\}$, sodass $n_1\alpha$ und $n_2\alpha$ sich in dem gleichen Unterteilungsintervall der Länge $1/M$ der Länge zwischen zwei aufeinanderfolgenden ganzen Zahlen befindet. (Es gibt nur M solche Intervalle!) Formal ausgedrückt existieren also $p, q \in \mathbb{N}$ und $k \in \{0, 1, ..., M - 1\}$ mit

$$n_1\alpha \in \left(p + \frac{k}{M}, \ p + \frac{k+1}{M}\right), \quad n_2\alpha \in \left(q + \frac{k}{M}, \ q + \frac{k+1}{M}\right).$$

Hieraus folgt

$$n\alpha := (n_2 - n_1)\alpha \in \left(p - q - \frac{1}{M}, \ p - q + \frac{1}{M} \right)$$

und somit $\{n\alpha\} < 2/M < \epsilon$. Wir sehen also, dass 0 ein Häufungspunkt der Folge $\{n\alpha\}$ ist. Für ein beliebiges $p \in (0, 1)$ wählen wir M und n wie oben. Wenn $p \in [0, 1/M)$ gilt, ist nichts mehr zu zeigen. Wenn nicht, gilt $p \in (j/M, (j+1)/M]$ für $j \in \{1, ..., M-1\}$. Wir definieren $k := \sup\{r \in \mathbb{N} | r\{n\alpha\} < j/M\}$ und erhalten so

$$|(k+1)n\alpha - p| < 2/M < \epsilon.$$

Ein beliebiger Orbit $\mathcal{O}_{R_\alpha}(x)$ ist durch $R_x(\mathcal{O}_{R_\alpha}(0))$ gegeben. Da die Rotation R_x isometrisch ist, folgt, dass jeder Orbit dicht liegt. $\qquad\square$

Eine andere Charakterisierung transitiver Systeme, die zuweilen auch als Definition verwendet wird, gibt folgender Satz:

Satz 3.2
Sei X ein vollständig separabler Raum ohne isolierte Punkte und $T : X \to X$ stetig. Das dynamische System (X, T) ist transitiv, genau dann, wenn es für alle nicht leeren offenen Mengen $U, V \subseteq X$ ein $n > 0$ gibt, sodass $T^n(U) \cap V \neq \emptyset$.

Beweis Seien $U, V \subseteq X$ offen und $(T^i x)$ eine X dichte Folge. Da X keine isolierten Punkte hat, existieren Indizes n_1, n_2, sodass $T^{n_1}(x) \in V$ und $T^{n_2}(x) \in U$. Ohne Beschränkung der Allgemeinheit nehmen wir an, dass $n_2 \leq n_1$. Damit ist $T^{n_1}(x) \in T^{n_1 - n_2}(U)$ und $T^{n_1 - n_2}(U) \cap V \neq \emptyset$.

Da X vollständig separabel ist, haben wir eine abzählbare Basis $\{U_i | i \in \mathbb{N}\}$ der Topologie von X. Sei Δ die Menge aller dichten Orbits von T in X. Wir schreiben Δ als folgenden abzählbaren Schnitt

$$\Delta = \bigcap_{i=1}^{\infty} \bigcap_{N=1}^{\infty} \bigcup_{n>N} T^{-n}(U_i).$$

Die Mengen $\bigcup_{n>N} T^{-n}(U_i)$ sind offen in X, da T stetig ist. Aus der gegebenen Bedingung für die Transitivität folgt, dass diese Mengen auch dicht in X sind. Wir haben also gezeigt, dass sich Δ als abzählbarer Schnitt offener und dichter Mengen schreiben lässt. Aus dem baireschen Kategoriensatz folgt nun, dass Δ dicht in X liegt und damit insbesondere nicht leer ist. $\qquad\square$

Im Anschluss an diesen Satz liegt folgende Definition, die die Transitivität eines dynamischen Systems verschärft, nahe.

Definition 3.2
Ein dynamisches System (X, T) heißt mischend, wenn es für alle nicht leeren offenen Mengen $U, V \subseteq X$ ein $N > 0$ gibt, sodass $T^n(U) \cap V \neq \emptyset$ für alle $n \geq N$.   ◆

Als erstes Beispiel betrachten wir stetig differenzierbare expandierende Abbildungen $T : \mathbb{S}^1 \to \mathbb{S}^1$, hierzu gehören insbesondere die linear expandierenden Abbildungen E_b mit $b \geq 2$.

Satz 3.3
Ist $T : \mathbb{S}^1 \to \mathbb{S}^1$ stetig differenzierbar und expandierend, d. h.,

$$\min\{|T'(x)| \mid x \in \mathbb{S}^1\} = \lambda > 1,$$

dann ist das dynamische System $(\mathbb{S}^1, T)$ mischend, also insbesondere transitiv.

Beweis Für offene Intervalle I in $\mathbb{S}^1$ mit Länge $|T|$ gilt

$$|T(I)| \geq \min\{|\mathbb{S}^1|, \lambda|I|\}$$

und damit

$$|T^n(I)| \geq \min\{|\mathbb{S}^1|, \lambda^n|I|\}.$$

Da $\lambda^n \to \infty$, gibt es ein $N \geq 0$ mit $T^n(I) = \mathbb{S}^1$ für alle $n \geq N$. Da die offenen Intervalle eine Basis der Topologie bilden, folgt für alle nicht leeren offenen Mengen U, V die Aussage $T^n(U) \cap V \neq \emptyset$, wenn n hinlänglich groß ist.   □

Es ist unschwer einzusehen, dass eine irrationale Rotation R_α des Einheitskreises nicht mischend ist. Mit einigem Aufwand lassen sich allerdings auch minimale mischende Systeme konstruieren, siehe hierzu Peterson (1970). Ein transitives nicht minimales und nicht mischendes System ist leicht anzugeben. (X, T) mit $X = \mathbb{S}^1 \times \{1, -1\}$ und $T(x, y) = (\{2x\}, -y)$ ist ein solches System.
    Als zweites Beispiel betrachten wir die Dynamik der Abbildung $f_c(z) = z^2 + c$ auf der Julia-Menge $J_c \subseteq \mathbb{C}$, die wir am Ende des letzten Kapitels eingeführt haben.

Satz 3.4
Für alle $c \in \mathbb{C}$ ist das System (J_c, f_c) mischend, also insbesondere transitiv.

Beweis Wir zeigen eine stärkere Aussage: Für alle offenen Mengen $U \subseteq \mathbb{C}$ mit $U \cap J_c \neq \emptyset$ gilt $J_c = f_c^n(U \cap J_c)$ für alle hinlänglich großen n. Hieraus folgt unmittelbar $T^n(\bar{U}) \cap \bar{V} \neq \emptyset$ für offene Mengen $\bar{U}$ und $\bar{V}$ in J_c, wenn n groß genug ist.

Sei nun $x \in U \cap J_c$ ein Punkt mit abstoßendem periodischen Orbit der Periode p und $g := f^p$. Ein solcher Punkt existiert, da abstoßende periodische Orbits gemäß unserer Definition von J_c dicht liegen. In der Funktionentheorie wird ein Punkt normal in Bezug auf die Familie $\{g^n | n \in \mathbb{N}_0\}$ genannt, wenn es eine Umgebung des Punktes gibt, sodass eine Teilfolge der Familie gleichmäßig gegen eine holomorphe Funktion auf U konvergiert. Da x ein abstoßender Fixpunkt für g ist, ist x nicht normal. Wir wählen nun eine offene Menge V mit $x \in V \subseteq U$ und $V \subseteq g(V) \subseteq g^2(V) \subseteq \ldots$ Aus der Umkehrung des Satzes von Montel aus der Funktionentheorie, siehe hierzu zum Beispiel Remmert (2007), folgt

$$J_c = \bigcup_{i=0}^{\infty} g^i(V \cap J_c).$$

Da J_c kompakt ist, folgt $J_c = g^n(V \cap J_c) = g^n(U \cap J_c)$ für hinlänglich großes n. Hieraus ergibt sich die Aussage für f_c. $\qquad\Box$

3.2 Devaney-Chaos

Wir präsentieren hier die Definition chaotischer Dynamik, die von Devaney (1989) eingeführt wurde.

Definition 3.3
Ein dynamisches System (X, T) ist sensitiv, genau dann, wenn es eine Konstante $c > 0$ gibt, sodass es für alle $x \in X$ und jede offene Umgebung U von x ein $y \in U$ und ein $n \geq 1$ gibt, sodass $d(T^n(x), T^n(y)) > c$.

Das System ist chaotisch im Sinne von Devaney, wenn es transitiv und sensitiv ist und die periodischen Orbits von T dicht in X liegen. ◆

Banks et al. (1992) haben festgestellt, dass die Bedingung der Sensitivität in dieser Definition redundant ist:

Satz 3.5
Ein transitives dynamisches System (X, T) mit stetiger Abbildung T, dessen periodische Orbits dicht liegen, ist sensitiv und damit chaotisch im Sinne von Devaney.

Beweis Seien $\{a, f(a), \ldots, f^{n-1}(a)\}$ und $\{b, f(b), \ldots, f^{m-1}(b)\}$ zwei disjunkte periodische Orbits. Wir setzen

$$c = \frac{1}{8} \min\{d(f^i(a), f^j(b)) \mid 0 \le i \le n-1, \ 0 \le j \le m-1\}.$$

Für jedes $x \in X$ gilt entweder $\min\{d(x, y) \mid y \in A\} \ge 4c$ oder $\min\{d(x, y) \mid y \in B\} \ge 4c$. Wir nehmen Ersteres an, der zweite Fall lässt sich genauso behandeln. Da periodische Orbits dicht liegen, gibt es für alle $0 < \epsilon < c$ ein $w \in X$ mit $w = f^N(w) \in B_\epsilon(x)$. Sei $V = \bigcap_{i=1}^n T^{-i}(B_c(f^i(a))) \ne \emptyset$. Da T transitiv ist, gibt es ein $k \ge 1$, sodass $f^k(B_\epsilon(x)) \cap V \ne \emptyset$. Es existiert also ein $y \in B_\epsilon(x)$ mit $f^k(y) \in V$. Für $j \ge 1$ mit $k + N \ge jN \ge k$ erhalten wir

$$d(f^{jN}(w), f^{jN}(y)) = d(w, f^{jN}(y)) \ge d(x, f^{jN}(y)) - d(x, w)$$
$$\ge d(x, f^{jN-k}(a)) - d(f^{jN}(y), f^{jN-k}(y)) = d(x, w) \ge 2c.$$

Aber es gilt $y, w \in B_\epsilon(x)$ und damit entweder $d(f^{jN}(w), f^{jN}(x)) \ge c$ oder $d(f^{jN}(y), f^{jN}(x)) \ge c$. $\square$

Die Bedingung der Transitivität ist nicht redundant. Es lassen sich sensitive Systeme mit dichter Menge periodischer Orbits konstruieren, die nicht transitiv sind, siehe Assif und Gadbois (1992).

Es ist offensichtlich, dass die periodischen Orbits der linearen expandierenden Abbildung E_b dicht in $\mathbb{S}^1$ liegen und wir wissen aus Satz 2.1 (oder Satz 3.3) schon, dass das System transitiv ist, damit folgt:

Satz 3.6
Für alle ganzen Zahlen $b \ge 2$ ist das dynamische System $(\mathbb{S}^1, E_b)$ chaotisch im Sinne von Devaney.

Wir werden in Kap. 5 mit Hilfe einer symbolischen Codierung der Dynamik sehen, dass dies für alle stetig differenzierbaren expandierenden Abbildungen des Kreisringes gilt.

Da wir die Julia-Menge $J_c \subseteq \mathbb{C}$ als Abschluss der Menge der abstoßenden periodischen Orbits der Abbildung $f_c : \mathbb{C} \to \mathbb{C}$, gegeben durch $f(z) = z^2 + c$, definiert haben, folgt aus Satz 3.4 und 3.5 unmittelbar:

Satz 3.7
Für alle $c \in \mathbb{C}$ ist das System (J_c, f_c) chaotisch im Sinne von Devaney.

Vellekoop und Berglund (1994) stellen fest, dass die periodischen Orbits einer stetigen transitiven Intervallabbildung dicht liegen. Wir erhalten daher:

Satz 3.8
Sei $T : I \to I$ eine stetige Abbildung auf einem abgeschlossenen Intervall I. Das System (I, T) ist transitiv genau dann, wenn es chaotisch im Sinne von Devaney ist.

Beweis Wir zeigen zunächst durch Widerspruch: Wenn $J \subseteq I$ keine periodischen Orbits enthält und $x, T^m(x), T^n(x) \in J$ mit $n > m > 0$, so gilt

$$x < T^m(x) < T^n(x) \quad \text{oder} \quad x > T^m(x) > T^n(x). \quad (\star)$$

Nehmen wir an, es gibt ein $x \in J$ mit $x < T^m(x)$ und $T^m(x) > T^n(x)$ und definieren $G(x) = T^m(x)$, also $x < G(x)$. Wir erhalten durch Induktion $x < G(x) < G^{k+1}(x)$ für alle $k \geq 1$. Wäre $G^{k+1}(x) < G(x)$, so hätte die Funktion $G^k(x) - x$ einen positiven Wert für das Argument x und einen negativen Wert für das Argument $G(x)$. Aus dem Zwischenwertsatz würde die Existenz eines periodischen Orbits in J folgen, was unserer Annahme widerspricht. Setzen wir nun $k = n - m > 0$, so folgt $x \leq f^{(n-m)m}(x)$. Analog erhält man $f^m(x) \leq f^{(n-m)m}(f^m(x))$. Damit hätte die Funktion $f^{(n-m)m}(x) - x$ einen positiven Wert für das Argument x und einen negativen Wert für das Argument $f^m(x)$ und gemäß des Zwischenwertsatzes würde ein Orbit der Periode $(n - m)m$ in J existieren. Dies ist ein Widerspruch. Der Fall $x > T^m(x)$ und $T^m(x) < T^n(x)$ für ein $x \in J$ lässt sich genauso zu einem Widerspruch führen.

Nehmen wir nun an, die periodischen Punkte von T liegen nicht dicht in I. In diesem Fall gibt es ein Intervall J, das keine periodischen Punkte enthält. Für einen inneren Punkt y von J wählen wir eine offene Umgebung N in J und ein offenes Intervall E in $J \setminus N$. Da f transitiv ist, gibt es ein m mit $f^m(N) \cap E \neq \emptyset$. Es gibt also ein $z \in J$ mit $f^m(z) \in E \subseteq J$ und $z \neq f^m(y)$, da J keine periodischen Orbits enthält. Da f stetig ist, gibt es eine Umgebung U von y mit $U \cap f^m(U) = \emptyset$. Benutzen wir die Transitivität erneut, ergibt sich die Existenz eines $n > 0$ und eines $x \in U$ mit $f^n(x) \in U$, aber $f^m(z) \notin U$. Da $n > m > 0$, steht dies im Widerspruch zu $(\star)$. Die periodischen Punkte von T liegen also dicht in I und der Satz folgt aus Satz 3.5. $\square$

Der Beweis dieses Satzes ist abhängig vom Zwischenwertsatz, eine Verallgemeinerung auf höherdimensionale Systeme ist daher nicht möglich.

Einfache Beispiele transitiver und damit Devaney-chaotischer Intervallabbildungen sind die Zeltabbildung

$$t : [0, 1] \to [0, 1] \text{ mit } t(x) = 1 - 2|x - 1/2|,$$

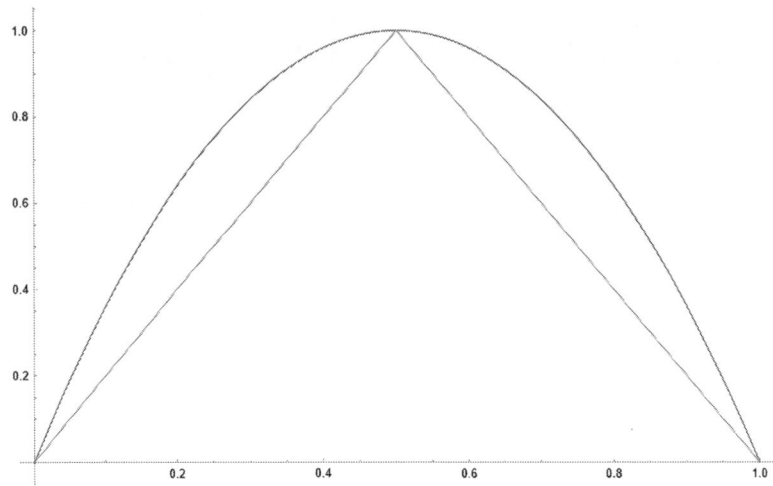

Abb. 3.1 Die Zeltabbildung t und die logistische Abbildung l

die logistische Abbildung

$$l : [0, 1] \rightarrow [0, 1] \text{ mit } l(x) = 4x(1 - x)$$

oder die quadratische Abbildung

$$f : [-2, 2] \rightarrow [-2, 2] \text{ mit } f(x) = x^2 - 2.$$

Siehe hierzu Abb. 3.1. Wir werden in Abschn. 3.5 sehen, dass diese Abbildung die gleiche Dynamik im topologischen Sinne haben.

3.3 Li-York-Chaos

Die erste mathematische Definition chaotischer Dynamik stammt soweit wir wissen von Li und York (1977).

Definition 3.4
Ein dynamisches System (X, T) ist chaotisch im Sinne von Li und York, wenn eine überabzählbare Menge $S \subset X$ existiert, sodass für alle $x, y \in S$ mit $x \neq y$

$$\limsup_{n \to \infty} d(T^n(x), T^n(y)) > 0$$

und

$$\liminf_{n \to \infty} d(T^n(x), T^n(y)) = 0.$$

◆

Wir geben hier das Hauptereignis aus Li und York (1977) an und reproduzieren den Originalbeweis in leicht modernisierter Notation.

Satz 3.9
Sei $T : I \to I$ eine stetige Intervallabbildung auf einem kompakten Intervall I. Gibt es einen periodischen Orbit der Periode 3 für T in I, so ist (I, T) chaotisch im Sinne von Li-York.

Beweis Wir nehmen an, dass es ein $a \in I$ mit $d = T^3(a) \leq a$ und $a < T(a) = b < T^2(a) = c$ gibt. Es ist leicht zu sehen, dass aus der Voraussetzung des Satzes diese Bedingung oder die Bedingungen mit umgekehrten Ungleichungen folgen.

Sei $K = [a, b]$ und $L = [b, c]$. $\mathfrak{M}$ sei die Menge der Folgen von Intervallen (M_k) mit $M_k = K$ oder $M_k \subset L$, $M_{k+1} \subset T(M_k)$, wobei $M_k = K$, wenn k eine Quadratzahl ist. Für $(M_k) \in \mathfrak{M}$ sei $P((M_k), n)$ die Anzahl der Zahlen i in $\{1, \dots, n\}$ mit $M_i = K$. Für jedes $r \in (3/4, 1)$ wählen wir eine Folge (M_k^r) in $\mathfrak{M}$ mit

$$\lim_{n \to \infty} P((M_k^r), n^2)/n = r.$$

Die Menge $\mathfrak{M}_0 = \{(M_k^r) | r \in (3/4, 1)\} \subset \mathfrak{M}$ ist offenbar überabzählbar. Für jedes (M_k^r) aus dieser Menge gibt es ein x_r mit $T^n(x_r) \in M_n^r$ für alle n. Die Menge $S = \{x_r | r \in (3/4, 1)\}$ ist offenbar auch überabzählbar. Für $x \in S$ sei $P(x, n)$ die Anzahl der i in $\{1, \dots, n\}$ mit $T^i(x) \in K$. Es gilt $P((M_k^r), n) = P(x_r, n)$ und damit:

$$\rho(r) = \lim_{n \to \infty} P(x_r, n)/n^2 = r.$$

Wir behaupten:

Für alle $p, q \in S$ mit $p \neq q$ existieren unendliche viele n mit $T^n(p) \in K$ und $T^n(q) \in L$ oder umgekehrt. $\quad (\star)$

Nehmen wir an, dass $\rho(p) > \rho(q)$, dann gilt $\lim_{n \to \infty} P(p, n) - P(q, n) = 0$ und damit gibt es unendliche viele n mit $T^n(p) \in K$ oder $T^n(q) \in L$.

Nun zeigen wir, dass

$$\limsup_{n \to \infty} |T^n(p) - T^n(q)| > 0$$

für $p, q \in S$. Da $F^2(b) = d \leq a$, gibt es ein $\delta > 0$ mit $T^2(x) < (b + d)/2$ für alle $x \in [b - \delta, b] \subset K$. Wenn $p \in S$ und $T^n(p) \in K$, gilt $T^{n+1}(x), T^{n+2}(x) \in L$. Damit gilt $T^n(p) < b - \delta$. Wenn $T^n(q) \in L$, gilt $T^n(q) \geq b$, also

$$|T^n(p) - T^n(q)| > \delta.$$

Die Aussage folgt nun aus $(\star)$.

Um

$$\limsup_{n \to \infty} |T^n(p) - T^n(q)| = 0$$

zu zeigen, müssen wir die Auswahl der Folgen (M_k) von Intervallen verfeinern. Sei $b_0 = b$ und $c_0 = c$. Wir wählen zunächst induktive Intervalle $[b_n, c_n]$ mit $[b_{n+1}, c_{n+1}] \subset [b_n, c_n]$ und $F((b_{n+1}, c_{n+1})) \subseteq (b_n, c_n)$ sowie $F(b_{n+1}) = c_n$, $F(c_{n+1}) = b_n$. Sei $A = \bigcup [b_n, c_n]$, $b^* = \inf A$, $c^* = \sup B$. Es folgt $F(b^*) = c^*$ und $F(c^*) = b^*$. Wenn $M_k = K$ für $k = n^2$ und $k = (n+1)^2$ in obiger Konstruktion, setzen wir $M_k = [b_{2n-(2j-1)}, b^*]$ für $k = n^2 + (2j-1)$, $M_k = [c^*, c_{2n-2j}]$ für $k = n^2 + 2j$, wobei $j = 1, \ldots, n$. Für die verbleibenden k setzen wir $M_k = L$. Für alle $r, r^* \in (3/4, 1)$ gibt es unendliche viele n mit $M_k^r = M_k^{r^*} = K$ für $k = n^2$ und $k = (n+1)^2$. Sei nun $x_r, x_{r^*} \in S$. Für jedes $\epsilon > 0$ gibt es nach der Konstruktion ein $N > 0$ mit $|b_n - b^*| < \epsilon$, $|c_n - c^*| < \epsilon$ für alle $n \geq N$. Für diese n gilt

$$F^{n^2+1}(x_r) \in M_k^r = [b_{2n-1}, b^*]$$

mit $k = n^2 + 1$ und

$$F^{n^2+1}(x_r), F^{n^2+1}(x_{r^*}) \in [b_{2n-1}, b^*].$$

Damit gilt

$$|F^{n^2+1}(x_r) - F^{n^2+1}(x_{r^*})| < \epsilon.$$

Da es unendlich viele n mit dieser Eigenschaft gibt, folgt die Behauptung. $\square$

Es hat sich gezeigt, dass es in der Voraussetzung dieses Satzes hinreicht, die Existenz eines periodischen Orbits einer Periode, die keine Potenz von 2 ist, zu fordern, siehe Ruette (2017).

Betrachten wir als Beispiel die Abbildung $g : [0, 1] \to [0, 1]$, gegeben durch

$$g(x) = \begin{cases} 3x, & x \in [0, 1/3] \\ 1, & x \in (1/3, 2/3) \\ 3(1-x), & x \in [2/3, 1] \end{cases}$$

siehe Abb. 3.2. Die Abbildung g hat den periodischen Orbit $\{3/28, 9/28, 27/28\}$, damit ist das System chaotisch im Sinne von Li-York. Offensichtlich ist das System aber nicht transitiv und damit nicht chaotisch im Sinne von Devaney. Devaney-Chaos folgt nicht aus Li-York-Chaos. Die Umkehrung gilt jedoch:

Satz 3.10

Sei $T : X \to X$ stetig. Ist (X, T) chaotisch im Sinne von Devaney, so ist das System chaotisch im Sinne von Li-York.

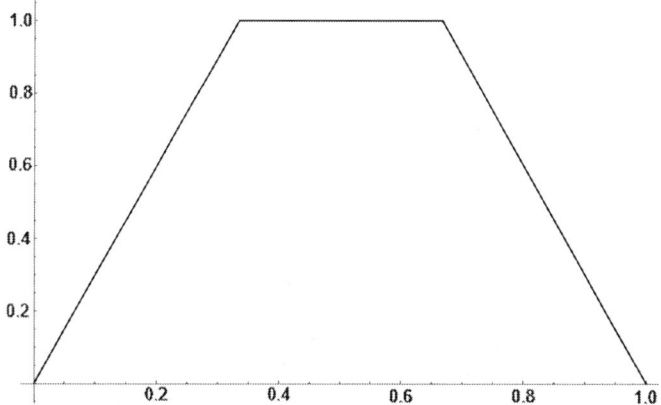

Abb. 3.2 Eine Li-York-, aber nicht Devaney-chaotische Abbildung

Dieser Zusammenhang wurde viele Jahre vermutet, der recht aufwendige Beweis gelang Huang und Ye (2002). Lesende, die an dem Beweis interessiert sind, verweisen wir auf diese Arbeit.

3.4 Topologische Entropie und topologisches Chaos

Wir führen in diesem Abschnitt die topologische Entropie ein, die die Komplexität der Dynamik eines Systems beschreibt. Die topologische Entropie kann als quantitative Beschreibung des Chaos verstanden werden.

Sei X im Folgenden kompakt und $\mathfrak{U}$ eine offene Überdeckung von X. Die Entropie dieser Überdeckung ist $H(\mathfrak{U}) = \log(\sharp\mathfrak{U})$, wobei $\sharp\mathfrak{U}$ die kleinste Anzahl von Elementen in $\mathfrak{U}$ ist, die gebraucht werden, um X zu überdecken. Für zwei Überdeckungen $\mathfrak{U}_1, \mathfrak{U}_2$ von X bestimmen wir die gemeinsame Verfeinerung durch

$$\mathfrak{U}_1 \vee \mathfrak{U}_2 = \{O_1 \cap O_2 | O_1 \in \mathfrak{U}_1, O_2 \in \mathfrak{U}_2\}.$$

Trivialerweise erhöht eine Verfeinerung einer Überdeckung deren Entropie. Wir haben nun die notwendigen Notationen, um topologische Entropie und topologisches Chaos definieren zu können.

Definition 3.5
Sei X kompakt und $T : X \to X$ stetig. Die Entropie des Systems (X, T) in Bezug auf eine Überdeckung $\mathfrak{U}$ ist

$$h(T, \mathfrak{U}) = \lim_{n \to \infty} \frac{1}{n} H(\mathfrak{U} \vee T^{-1}(\mathfrak{U}) \vee \cdots \vee T^{-n+1}(\mathfrak{U}))$$

und[1] die topologische Entropie des Systems ist

$$h(T) = \sup\{h(T, \mathfrak{U}) \mid \mathfrak{U} \text{ ist eine offene Überdeckung von } X\}.$$

Ist $h(T) > 0$, so nennen wir (X, T) topologisch chaotisch.   ◆

Aus dieser Definition ergeben sich folgende strukturelle Eigenschaften der Entropie.

Satz 3.11
Sei X kompakt und $T : X \to X$ stetig. Es gilt $h(T^k) = kh(T)$ für alle $k \in \mathbb{N}$.
Für alle abgeschlossenen Mengen A mit $T(A) \subseteq A$ gilt $h(T) \geq h(T_{|A})$. Ist
T invertierbar, so gilt $h(T) = h(T^{-1})$ und $h(T^k) = |k|h(T)$ für alle $k \in \mathbb{Z}$.

Beweis Für jede offene Überdeckung $\mathfrak{U}$ gilt

$$h(T^k) \geq h(T^k, (\mathfrak{U} \vee T^{-1}(\mathfrak{U}) \vee \cdots \vee T^{-k+1}(\mathfrak{U})) = kh(T, \mathfrak{U})$$

und damit $h(T^k) \geq kh(T)$. Auf der anderen Seite ist die offene Überdeckung

$$\mathfrak{U} \vee (T^k)^{-1}(\mathfrak{U}) \vee \cdots \vee (T^k)^{-nk+1}(\mathfrak{U})$$

eine Verfeinerung von

$$\mathfrak{U} \vee (T^k)^{-1}(\mathfrak{U}) \vee \cdots \vee (T^k)^{-n+1}(\mathfrak{U})$$

und hat damit größere Entropie. Es folgt $h(T, \mathfrak{U}) \geq h(T^k, \mathfrak{U})/k$ und $h(T^k) \leq kh(T)$.

Eine offene Überdeckung $\mathfrak{U}_A$ von A hat die Form $\{A \cap O_i \mid i = 1, \ldots, l\}$, wobei die Mengen O_i offen in X sind. Erweitern wir das Mengensystem $\{O_i \mid i = 1, \ldots, l\}$ zu einer endlichen offenen Überdeckung $\mathfrak{U}$ von X, so erhalten wir $h(T, \mathfrak{U}) \geq h(T_{|A}, \mathfrak{U}_A)$ und damit folgt $h(T) \geq h(T_{|A})$.

Ist T invertierbar, so gilt für jede offene Überdeckung $\mathfrak{U}$

$$H(\mathfrak{U} \vee T^{-1}(\mathfrak{U}) \vee \cdots \vee T^{-n+1}(\mathfrak{U})) = H(T^{n-1}(\mathfrak{U} \vee T^{-1}(\mathfrak{U}) \vee \cdots \vee T^{-n+1}(\mathfrak{U})))$$

$$= H(\mathfrak{U} \vee T(\mathfrak{U}) \vee \cdots \vee T^{n-1}(\mathfrak{U})) = H(\mathfrak{U} \vee (T^{-1})^{-1}(\mathfrak{U}) \vee \cdots \vee (T^{-1})^{-n+1}(\mathfrak{U}))$$

und damit $h(T, \mathfrak{U}) = h(T^{-1}, \mathfrak{U})$, also $h(T) = h(T^{-1})$.   □

---

[1] Der Grenzwert existiert, da $a_n = H(\mathfrak{U} \vee T^{-1}(\mathfrak{U}) \vee \cdots \vee T^{-n+1}(\mathfrak{U}))$ eine subadditive Folge ist, d. h. $a_{n+m} \leq a_n + a_m$.

Unsere Darstellung orientiert sich hier an Adler, Konheim und McAdrew (1965). Ein anderer Ansatz, der die Verallgemeinerung der topologischen Entropie auf System mit nicht kompaktem Zustandsraum erlaubt, findet sich in Bowen (1973).

Auf die Bestimmung der topologischen Entropie gehen wir in den nächsten beiden Kapiteln ein. Hier geben wir eine einfache hinreichende Bedingung für topologisches Chaos.

Satz 3.12

Sei X kompakt und $T : X \rightarrow X$ stetig. (X, T) ist topologisch chaotisch, wenn es disjunkte, abgeschlossene Mengen $A, B \subset X$ mit nicht leerem Inneren und ein $n \in \mathbb{N}$ gibt, sodass

$$A \cup B \subseteq T^n(A) \text{ und } A \cup B \subseteq T^n(B).$$

In diesem Fall gilt $h(T) \geq \log(2)/n$.

Beweis Wir setzten $G = T^n$

$$\Lambda = \bigcap_{i=0}^{\infty} G^{-i}(A \cup B)$$

und schätzen die Entropie des Systems (Λ, G) ab. Zu A und B existierten disjunkte offene Umgebungen U, V mit

$$A \cap \Lambda = U \cap \Lambda \text{ und } B \cap \Lambda = V \cap \Lambda.$$

$\mathfrak{U} = \{A \cap \Lambda, B \cap \Lambda\}$ ist daher eine offene Überdeckung von Λ in Bezug auf die Unterraumtopologie. Wir erhalten für diese Überdeckung

$$\sharp(\mathfrak{U} \vee G^{-1}(\mathfrak{U}) \vee \cdots \vee G^{-n}(\mathfrak{U})) \geq 2^n$$

und damit $h(G) \geq h(G, \mathfrak{U}) \geq \log(2)$ sowie

$$h(T) = h(T^n)/n \geq h(T^n_{|\Lambda})/n = h(G)/n \geq \log(2)/n. \qquad \square$$

Mit Hilfe dieses Satzes zeigt man leicht, dass das expandierende System auf dem Kreis $(\mathbb{S}^1, E_b)$ topologisch chaotisch ist. Im Lichte des Beweises von Satz 3.4. erhält man aus Satz 3.12 auch, dass die quadratischen Abbildungen $f(z) = z^2 + c$ auf ihrer Julia-Menge J_c topologisch chaotisch sind. Weiterhin erhält man, dass das nicht transitive System $([0, 1], g)$ aus dem letzten Abschnitt topologisch chaotisch ist. Topologisches Chaos impliziert Devaney-Chaos nicht. Auch die Umkehrung dieser Implikation gilt nicht. Es lassen sich Devaney-chaotische Systeme mit Entropie null konstruieren. Zum Beispiel erhält man aus Weiss (1971) ein solches System auf einer Cantor-Menge, es lassen sich allerdings auch Devaney-chaotische Systeme mit Entropie null auf speziellen zusammenhängenden kompakten Räumen konstruieren, siehe Balibrea und Snoha (2003). Für Intervallabbildung erhält man immerhin folgenden Satz.

Satz 3.13
Sei $T : I \rightarrow I$ eine stetige Abbildung auf einem abgeschlossenen Intervall I. (I, T) ist topologisch chaotisch genau dann, wenn es eine überabzählbare Menge $A \subseteq I$ mit $T(A) \subseteq A$ gibt, sodass (A, T) Devaney-chaotisch ist.

Der umfangreiche Beweis dieses Satzes findet sich in Ruette (2017). Für das topologisch chaotische System $([0, 1], g)$ aus dem letzten Abschnitt erhält man zum Beispiel, dass (C, g) Devaney-chaotisch ist, wobei

$$C = \bigcap_{i=0}^{\infty} g^{-i}([0, 1/3] \cup [2/3, 1]) \subset [0, 1]$$

eine Cantor-Menge bildet. Auf Chaos in Teilsystemen gehen wir in Kap. 5 weiter ein.

Wie der Zusammenhang zwischen Devaney-Chaos und Li-York-Chaos war der Zusammenhang zwischen topologischem Chaos und Li-York-Chaos viele Jahre ungeklärt. Der Durchbruch gelang Blanchard et al. (2002):

Satz 3.14
Sei X kompakt und $T : X \rightarrow X$ stetig. Ist (X, T) topologisch chaotisch, so ist das System auch Li-York-chaotisch.

Die Umkehrung dieses Satz gilt nicht. Es gibt Systeme, die Li-York-chaotisch sind, aber Entropie null haben, siehe Smital (1986).

3.5   Konjugierte Systeme

Topologisch konjugierte Systeme haben aus topologischer Sicht die gleiche Dynamik. Wir verwenden folgende Definition.

Definition 3.6
Seien (X, T) und (Y, G) zwei dynamische Systeme. (Y, G) ist (topologisch) semi-konjugiert zu (X, T), wenn es eine surjektive stetige Abbildung $\pi : X \to Y$ mit

$$g \circ \pi = \pi \circ f$$

gibt. (Y, G) wird in diesem Fall ein Faktor von (X, T) genannt. Ist π ein Homöo-morphismus, so heißen die Systeme (topologisch) konjugiert.   ◆

Als Beispiel zeigen wir, dass die Zeltabbildung $t(x) = 1 - 2|x - 1/2|$, die logistische Abbildung $l(x) = 4x(1 - x)$ auf $[0, 1]$ und die quadratische Abbildung $f(x) = x^2 - 2$ auf $[-2, 2]$ konjugiert sind. Für $\pi(x) = \sin^2(\pi x/2)$ gilt

$$\pi(t(x)) = \sin^2(\pi x) = 4\sin^2(\pi x/2)\cos^2(\pi x/2) = l(\pi(x)),$$

damit sind t und l konjugiert. Für $\pi(x) = -4x + 2$ gilt

$$f(\pi(x)) = 16x^2 - 16x + 2 = \pi(l(x)),$$

also sind f und l konjugiert. In Kap. 5 werden wir Konjugationen und Semikonjugationen von dynamischen Systemen zu symbolischen Systemen diskutieren.

Konjugationen erhalten topologische Eigenschaften dynamischer Systeme. Wir zeigen zunächst:

Satz 3.15
Ist (Y, G) ein Faktor von (X, T), so gilt:

1. *Ist (X, T) transitiv, so ist (Y, G) transitiv.*
2. *Ist (X, T) minimal, so ist (Y, G) minimal.*
3. *Ist (X, T) mischend, so ist (Y, G) mischend.*
4. *Ist (X, T) Devaney-chaotisch, so ist (Y, G) Devaney-chaotisch.*

Sind die Systeme konjugiert, so sind diese Implikationen Äquivalenzen.

Beweis Sei $\mathcal{O}_T(x)$ ein dichter Orbit vom T in X, d. h., für den Abschluss des Orbits gilt $\overline{\mathcal{O}_T(x)} = X$. Da die Semikonjugation $\pi : X \to Y$ stetig ist, erhalten wir:

$$\overline{\mathcal{O}_G(\pi(x))} = \overline{\{G^n(\pi(x))|n \in \mathbb{N}_0\}} = \overline{\{\pi(T^n(x))|n \in \mathbb{N}_0\}}$$
$$= \pi(\overline{\{T^n(x)|n \in \mathbb{N}_0\}}) = \pi(X) = Y,$$

d. h., $\mathcal{O}_G(\pi(x))$ liegt dicht in Y. Hieraus erhalten wir die ersten beiden Aussagen.

Sind U und V offen in Y, so sind $\pi^{-1}(U)$ und $\pi^{-1}(V)$ offen in X. Wenn (X, T) mischend ist, gibt es ein $N > 0$ und für jedes $n \geq N$ ein $x_n \in X$ mit

$$x_n \in T^n(\pi^{-1}(U)) \cap \pi^{-1}(V).$$

Es folgt

$$\pi(x_n) \in \pi(T^n(\pi^{-1}(U))) \cap \pi(\pi^{-1}(V)) = G^n(\pi(\pi^{-1}(U))) \cap \pi(\pi^{-1}(V))$$
$$\subseteq G^n(U) \cap G^n(V).$$

Also ist (Y, G) mischend.

Ist $\mathcal{O}_T(x)$ ein periodischer Orbit von T in X, so ist offenbar $\mathcal{O}_G(\pi(x))$ ein periodischer Orbit von G in Y. Liegt die Menge der periodischen Orbits $P(T)$ von T dicht in X, so liegt $\pi(P(T))$ dicht in Y, da π stetig. Da $\pi(P(T)) \subseteq P(G)$, liegen die periodischen Orbits $P(G)$ von G dicht in Y. Hieraus und aus der ersten Behauptung folgt die vierte Behauptung des Satzes.

Sind (X, T) und (Y, G) konjugiert, so ist (X, T) ein Faktor von (Y, T) und (Y, T) ein Faktor von (X, T). Die letzte Behauptung des Satzes folgt also unmittelbar aus den vorhergehenden Behauptungen. $\qquad\square$

Im nächsten Satz geben wir an, wie sich Semikonjugationen und Konjugationen dynamischer Systeme auf deren topologische Entropie auswirken.

Satz 3.16
Ist (Y, G) ein Faktor von (X, T), so gilt $h(G) \leq h(T)$. Ist (Y, G) topologisch chaotisch, so ist (X, T) topologisch chaotisch. Sind die Systeme konjugiert, gilt $h(G) = h(T)$. (Y, G) ist topologisch chaotisch genau dann, wenn (X, T) topologisch chaotisch ist.

Beweis Sei $\pi : X \to Y$ eine Semikonjugation von (Y, G) zu (X, T). Ist $\mathfrak{U}$ eine offene Überdeckung von Y, so ist $\pi^{-1}\mathfrak{U}$ eine offene Überdeckung von X. Da Verfeinerungen von Überdeckungen deren Entropie erhöhen, folgt weiterhin

$$H(\mathfrak{U} \vee G^{-1}(\mathfrak{U}) \vee \cdots \vee G^{-n+1}(\mathfrak{U}))$$
$$\leq H(\pi^{-1}(\mathfrak{U} \vee G^{-1}(\mathfrak{U}) \vee \cdots \vee G^{-n+1}(\mathfrak{U})))$$
$$\leq H(\pi^{-1}(\mathfrak{U}) \vee \pi^{-1}(T^{-1}(\mathfrak{U})) \vee \cdots \vee \pi^{-1}(T^{-n+1}(\mathfrak{U})))$$
$$\leq H(\pi^{-1}(\mathfrak{U}) \vee T^{-1}(\pi^{-1}(\mathfrak{U})) \vee \cdots \vee T^{-n+1}(\pi^{-1}(\mathfrak{U})))$$

und damit $H(T, \pi^{-1}(\mathfrak{U})) \geq H(G, \mathfrak{U})$. Da dies für jede offene Überdeckung $\mathfrak{U}$ von Y gilt, folgt $h(T) \geq h(G)$. Die anderen Aussagen des Satzes sind nun offensichtlich. $\qquad\square$

Eine Semikonjugation $\pi : X \to Y$ von T und G, die keine Konjugation ist, senkt die Entropie nicht in jedem Falle. Es gilt folgender nützliche Satz:

Satz 3.17
Sei (Y, G) ein Faktor von (X, T) und $\pi : X \to Y$ die Semikonjugation. Ist $\pi^{-1}(y)$ für alle $y \in Y$ endlich, so gilt $h(T) = h(G)$.

Dieses Resultat folgt aus Bowen (1973). Da in dieser Arbeit eine äquivalente, aber kompliziertere Definition der topologischen Entropie verwendet wird, verzichten wir auf den Beweis des Satzes. Beispiele von Entropie-erhaltenden Semikonjugationen geben wir in Kap. 5.

Wir haben in diesem Abschnitt gezeigt, dass Devaney-Chaos und topologisches Chaos invariant gegenüber topologischer Konjugation sind. Lesende mögen sich nun fragen, ob dies auch für Li-York-Chaos der Fall ist. Es lassen sich exotische Systeme konstruieren, die konjugiert sind, obwohl das eine System Li-York-chaotisch ist, das andere jedoch nicht, siehe Lu et al. (2013). Im Hinblick auf Satz 3.10 und 3.14 sind solche Systeme allerdings nicht Devaney- oder topologisch chaotisch.

Symbolische Dynamik

4

Inhaltsverzeichnis

Wir geben in diesem Kapitel eine kurze Einführung in die symbolische Dynamik, die ein wichtiges Instrument der Theorie chaotischer dynamischer Systeme ist. Wir führen im ersten Abschnitt Bernoulli-Shifts, d. h. Verschiebungen auf Folgenräumen, ein. Wir zeigen, dass diese Devaney-chaotisch und damit auch Li-York-chaotisch sind. Die topologische Entropie von Bernoulli-Shifts ist positiv; sie sind daher auch topologisch chaotisch. Im zweiten Abschnitt definieren wir Markov-Shifts und geben eine Bedingung an, unter der auch diese Shifts Devaney- und Li-York-chaotisch sind. Wir bestimmen die topologische Entropie von Markov-Shifts unter dieser Bedingung und stellen fest, dass positiv ist. Im letzten Abschnitt des Kapitels skizzieren wir die Theorie der Sofic-Shifts, β-Shifts und Substitutions-Shifts. Wir stellen einige Ergebnisse über die Dynamik dieser Systeme ohne Beweis vor. Für einen tieferen Einstieg in die vielfältige Theorie der symbolischen Dynamik empfehlen wir das schöne Buch von Buin (2022).

4.1 Bernoulli-Shifts

Wir fixieren in diesem Abschnitt eine ganze Zahl $b \geq 2$. Die Grundlage der symbolischen Dynamik ist die Menge der einseitigen Folgen

$$\Sigma_b = \{1, 2, \ldots, b\}^{\mathbb{N}} = \{(s_k)_{k \in \mathbb{N}} | s_k \in \{1, \ldots, b\}\}$$

und die Menge der zweiseitigen Folgen

$$\tilde{\Sigma}_b = \{1, 2, \ldots, b\}^{\mathbb{Z}} = \{(s_k)_{k \in \mathbb{Z}} | s_k \in \{1, \ldots, b\}\}.$$

Wenn keine Missverständnisse auftreten können, schreiben wir für eine Folge $(s_k)_{k\in\mathbb{N}}$ bzw. $(s_k)_{k\in\mathbb{Z}}$ abkürzend (s_k). Mit der Metrik

$$d((s_k),(t_k)) = \sum_{k=1}^{\infty} |s_k - t_k| b^{-k}$$

bzw.

$$d((s_k),(t_k)) = \sum_{k=-\infty}^{\infty} |s_k - t_k| b^{-|k|}$$

sind Σ_b bzw. $\tilde{\Sigma}_b$ kompakte, total unzusammenhängende, metrische Räume ohne isolierte Punkte, also Cantor-Mengen im topologischen Sinne. Eine Basis der Topologie dieser Räume bilden die Zylindermengen

$$[t_1,\ldots,t_l]_m = \{(s_k) | s_{m+k} = t_{k+1} \text{ für } k = 0,\ldots,l-1\},$$

wobei $m \in \mathbb{N}$, bzw. $m \in \mathbb{Z}$ und $t_k \in \{1,\ldots,b\}$. Zylindermengen sind offen und abgeschlossen. Eine nicht leere Menge ist offen genau dann, wenn sie eine Zylindermenge enthält.

Die Shift-Abbildung $\sigma : \Sigma_b \to \Sigma_b$ bzw. $\sigma : \tilde{\Sigma}_b \to \tilde{\Sigma}_b$ ist gegeben durch $\sigma((s_k)) = (s_{k+1})$. Diese Abbildung ist offenbar stetig, da das Urbild einer Zylindermenge unter σ wieder eine Zylindermenge ist. Nun geben wir die grundlegende Definition der symbolischen Dynamik.

Definition 4.1
Das topologische dynamische System (Σ_b, σ) wird einseitiger Bernoulli-Shift und das topologische dynamische System $(\tilde{\Sigma}_b, \sigma)$ wird zweiseitiger Bernoulli-Shift genannt. ◆

Bernoulli-Shifts sind die einfachsten Modelle der chaotischen Dynamik. Es gilt:

Satz 4.1
(Σ_b, σ) und $(\tilde{\Sigma}_b, \sigma)$ sind mischend, Devaney-chaotisch und damit auch Li-York-chaotisch.

Beweis Seien $[t_1,\ldots,t_l]_m$ und $[\bar{t}_1,\ldots,\bar{t}_{\bar{l}}]_{\bar{m}}$ zwei Zylindermengen. In Σ_b gilt $\sigma^n([t_1,\ldots,t_l]_m) = \Sigma_b$ für alle $n > m + l$ und damit

$$\sigma^n([t_1,\ldots,t_l]_m) \cap [\bar{t}_1,\ldots,\bar{t}_{\bar{l}}]_{\bar{m}} \neq \emptyset$$

für diese n. In $\tilde{\Sigma}_b$ gilt $\sigma^n([t_1,\ldots,t_l]_m) = [t_1,\ldots,t_l]_{m-n}$. Ist $n > m - \bar{m} + l$, gilt

$$[t_1,\ldots,t_l]_{m-n} \cap [\bar{t}_1,\ldots,\bar{t}_{\bar{l}}]_{\bar{m}} \neq \emptyset.$$

Da die Zylindermengen eine Basis der Topologie sind, folgt hieraus, dass sowohl (Σ_b, σ) als auch $(\tilde{\Sigma}_b, \sigma)$ mischend sind.

Wir definieren nun eine Folge (s_k), indem wir endliche Folgen $t_1, \ldots, t_l$ periodisch aneinanderreihen. Offensichtlich ist der Orbit dieser Folge periodisch unter σ und es existiert ein n mit $\sigma^n((s_k)) \in [t_1, \ldots, t_l]_m$. Periodische Orbits unter σ liegen damit dicht und die Systeme sind Devaney-chaotisch. Aus 3.10 wissen wir, dass Devaney-Chaos Li-York-Chaos impliziert.   □

Bernoulli-Shifts werden eingesetzt, um die Dynamik topologischer dynamischer Systeme (X, T) zu codieren, wir kommen hierauf im nächsten Kapitel zurück. Insbesondere kann man mit Hilfe einer symbolischen Codierung ein chaotisches Verhalten nachweisen, da wir aus Satz 4.1 und 3.15 folgendes Resultat erhalten:

Satz 4.2
Ist (X, T) ein Faktor von (Σ_b, σ) oder $(\tilde{\Sigma}_b, \sigma)$, so ist (X, T) mischend, Devaney-chaotisch und Li-York-chaotisch.

Um die topologische Entropie von Bernoulli-Shifts zu bestimmen, brauchen wir einige Vorarbeiten.

Satz 4.3
Sei X kompakt $T : X \to X$ stetig. Weiterhin sei $\mathfrak{U}_k$ eine Folge von offenen Überdeckungen von X, sodass $\mathfrak{U}_{k+1}$ eine Verfeinerung von $\mathfrak{U}_k$ ist und

$$\lim_{k \to \infty} |\mathfrak{U}_k| = 0,$$

wobei

$$|\mathfrak{U}_k| = \max\{\sup\{d(x, y)|x, y \in U\}|U \in \mathfrak{U}_k\}$$

der Durchmesser der Überdeckung ist. Dann gilt

$$\lim_{k \to \infty} h(T, \mathfrak{U}_k) = h(T).$$

Beweis Wir zeigen, dass, unter den Voraussetzungen des Satzes, für jede offene Überdeckung $\mathfrak{U}$ von X ein k existiert, sodass $\mathfrak{U}_k$ eine Verfeinerung von $\mathfrak{U}$ ist. Hieraus folgt $h(T, \mathfrak{U}_k) \geq h(T, \mathfrak{U})$ und

$$\lim_{k \to \infty} h(T, \mathfrak{U}_k) = \sup\{h(T, \mathfrak{U}) \mid \mathfrak{U} \text{ ist eine offene Überdeckung von } X\} = h(T).$$

Zum Beweis der Aussage verwenden wir das Lemma von Lebesgue: Für jede offene Überdeckung $\mathfrak{U}$ eines kompakten metrischen Raumes X existiert ein $\delta = \delta(\mathfrak{U}) > 0$, sodass jede Teilmenge $A \subseteq X$ mit $|A| < \delta$ in einer Überdeckungsmenge $U \in \mathfrak{U}$ enthalten ist.

Ist nun k so groß gewählt, dass $|\mathfrak{U}_k| < \delta$, so ist jedes $A \in \mathfrak{U}_k$ in einem $U \in \mathfrak{U}$ enthalten, d. h. aber, dass $\mathfrak{U}_k$ eine Verfeinerung von $\mathfrak{U}$ ist.   □

Aus diesem technischen Satz erhält man unter Verwendung der offenen Überdeckungen durch Zylindermengen problemlos:

Satz 4.4
(Σ_b, σ) und $(\tilde{\Sigma}_b, \sigma)$ sind topologisch chaotisch mit $h(\sigma) = \log b$.

Beweis Wir betrachten die Folge

$$\mathfrak{U}_k = \{[t_1, \ldots t_k]_1 | t_i \in \{1, \ldots, b\}\}$$

von offenen Überdeckungen von Σ_b durch Zylindermengen und die Folge

$$\tilde{\mathfrak{U}}_k = \{[t_{-k}, \ldots, t_0, t_1, \ldots t_k]_{-k} | t_i \in \{1, \ldots, b\}\}$$

von offenen Überdeckungen von $\tilde{\Sigma}_b$. Offensichtlich verfeinert jede folgende Überdeckung die vorhergehende und aus der Definition der Metrik, die wir auf Σ_b und $\tilde{\Sigma}_b$ verwenden, folgt unmittelbar

$$\lim_{k \to \infty} |\mathfrak{U}_k| = \lim_{k \to \infty} |\tilde{\mathfrak{U}}_k| = 0.$$

Weiterhin erhalten wir

$$h(\sigma, \mathfrak{U}_k) = \lim_{n \to \infty} \frac{1}{n} H(\mathfrak{U}_k \vee T^{-1}(\mathfrak{U}_k) \vee \cdots \vee T^{-n+1}(\mathfrak{U}_k)) = \lim_{n \to \infty} \frac{\log(b^{k+n})}{n} = \log b$$

und

$$h(\sigma, \tilde{\mathfrak{U}}_k) = \lim_{n \to \infty} \frac{1}{n} H(\tilde{\mathfrak{U}}_k \vee T^{-1}(\tilde{\mathfrak{U}}_k) \vee \cdots \vee T^{-n+1}(\tilde{\mathfrak{U}}_k)) = \lim_{n \to \infty} \frac{\log(b^{2k+1+n})}{n} = \log b.$$

In beiden Fällen folgt $h(\sigma) = \log b$.   □

Kombinieren wir Satz 3.16, 3.17 und 4.4, so ergibt sich zusammenfassend:

Satz 4.5
Ist (X, T) konjugiert zu (Σ_b, σ) oder $(\tilde{\Sigma}_b, \sigma)$, so ist das System topologisch chaotisch mit $h(T) = \log(b)$. Das Gleiche gilt, wenn (X, T) ein Faktor von (Σ_b, σ) oder $(\tilde{\Sigma}_b, \sigma)$ ist und die Semikonjugation nur endliche viele Argumente auf den gleichen Wert abbildet. Ist (Σ_b, σ) oder $(\tilde{\Sigma}_b, \sigma)$ ein Faktor von (X, T), so gilt $h(T) \geq \log(b)$ und (X, T) ist topologisch chaotisch.

Wir werden diesen Satz in Kap. 5 mehrfach anwenden.

4.2 Markov-Shifts

Wir benötigen in diesem Abschnitt einige Begriffe aus der linearen Algebra, die wir in folgender Definition einführen.

Definition 4.2
Eine Matrix $A \in \mathbb{R}^{p \times p}$ ist nilpotent, wenn es ein $k \in \mathbb{N}$ gibt, sodass A^k die Nullmatrix ist. A heißt irreduzibel, wenn es zu jedem Index $(i, j) \in \{1, \dots, p\}^2$ ein $k \in \mathbb{N}$ gibt, sodass $a_{i.j}^k > 0$, wobei $a_{i.j}^k$ der Eintrag mit Index (i, j) in A^k ist. Die Matrix A heißt transitiv, wenn es ein $k \in \mathbb{N}$ gibt, sodass alle Einträge in A^k positiv sind. ◆

Im Folgenden gehen wir davon aus, dass $p \geq 2$ eine ganze Anzahl und $A \in \{0, 1\}^{p \times p}$ eine nicht nilpotente $p \times p$-Matrix mit Einträgen in $\{0, 1\}$ ist. Wir definieren

$$\Sigma_A = \{(s_k) \in \Sigma_p | a_{s_k s_{k+1}} = 1, k \in \mathbb{N}\},$$
$$\tilde{\Sigma}_A = \{(s_k) \in \tilde{\Sigma}_p | a_{s_k s_{k+1}} = 1, k \in \mathbb{Z}\}.$$

Σ_A ist ein kompakter Unterraum von Σ_p und $\tilde{\Sigma}_A$ ist ein kompakter Unterraum von $\tilde{\Sigma}_p$. Da diese Unterräume invariant unter der Shift-Abbildung σ sind, erhalten wir topologische dynamische Systeme (Σ_A, σ) sowie $(\tilde{\Sigma}_A, \sigma)$, die von großer Bedeutung in der symbolischen Dynamik sind.

Definition 4.3
Das topologische dynamische System (Σ_A, σ) wird einseitiger Markov-Shift und das topologische dynamische System $(\tilde{\Sigma}_A, \sigma)$ wird zweiseitiger Markov-Shift genannt. ◆

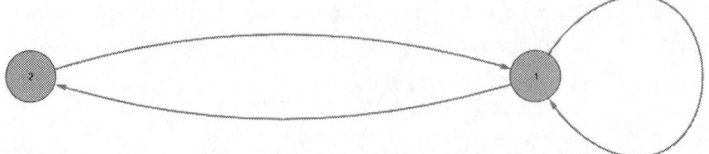

Abb. 4.1 Graph des goldenen Shifts

Ein Beispiel eines Markov-Shifts ist der goldene Shift (Σ_G, σ) mit

$$G = \begin{pmatrix} 1 & 1 \\ 1 & 0 \end{pmatrix},$$

bei dem auf jeden Eintrag 2 in der Folge (s_k) der Eintrag 1 folgt, siehe Abb. 4.1. Aus Sicht der chaotischen Dynamik ist folgender Satz über Markov-Shifts auschlaggebend.

Satz 4.6
Ist A irreduzibel, so sind (Σ_A, σ) und $(\tilde{\Sigma}_A, \sigma)$ Devaney-chaotisch. Ist A transitiv, so sind die Systeme zusätzlich mischend.

Beweis Wir nennen eine Folge $(t_1, \ldots, t_l)$ mit Einträgen in $\{1, \ldots, b\}$ erlaubt in Σ_A (bzw. in $\tilde{\Sigma}_A$), wenn $a_{t_i t_{i+1}} = 1$ für $i = 1, \ldots, l-1$ gilt. Wenn die Matrix A irreduzibel ist, so gibt es für alle $i, j \in \{1, \ldots, b\}$ eine erlaubte Folge, die mit i beginnt und mit j endet. Wir können also zwei erlaubte endliche Folgen $(t_1, \ldots, t_l)$ und $(\bar{t}_1, \ldots, \bar{t}_{\bar{l}})$ zu einer in Σ_A erlaubten Folge $(t_1, \ldots, t_l, v_1, \ldots, v_m, \bar{t}_1, \ldots, \bar{t}_{\bar{l}})$ verbinden. Damit konstruiert man induktiv eine Folge $(s_k) \in \Sigma_A$ (bzw. in $(s_k) \in \Sigma_A$) die alle endlichen erlaubten Folgen $(t_1, \ldots, t_l)$ jeder Länge l enthält. Der Orbit dieser Folge liegt dicht und (Σ_A, σ) bzw. $(\tilde{\Sigma}_A, \sigma)$ sind transitiv. Zu jeder erlaubten Folge $(t_1, \ldots, t_l)$ lässt sich in gleicher Weise eine periodische Folge $(t_1, \ldots, t_l, v_1, \ldots, v_m, t_1, \ldots, t_l, v_1, \ldots) \in \Sigma_A$ konstruieren. Periodische Orbits liegen damit dicht und die Systeme sind Devaney-chaotisch.

Sei A nun transitiv und k so gewählt, dass A^k nur positive Einträge hat. Sei $[(t_1, \ldots, t_l)]_0$ nun eine Zylindermenge in Σ_A. Für jedes $i \in \{1, \ldots, b\}$ existiert ein erlaubtes Wort der Länge k, das mit t_l beginnt und mit i endet. Hieraus folgt $\sigma^{l+k}([(t_1, \ldots, t_l)]_0) = \Sigma_A$. Damit ist $[\bar{t}_1, \ldots, \bar{t}_{\bar{l}}] \subseteq \sigma^n([(t_1, \ldots, t_l)]_0)$ für hinlänglich großes n. Da die Zylindermengen eine Basis der Topologie bilden, folgt, dass (Σ_A, σ) mischend ist. Betrachten wir $(\tilde{\Sigma}_A, \sigma)$, so gilt die gleiche Aussage für hinlänglich großes n, obwohl $\sigma^n([(t_1, \ldots, t_l)]_0)$ in diesem Falle nicht ganz $\tilde{\Sigma}_A$ ist. □

Wir werden im nächsten Kapitel Markov-Shifts verwenden, um die Dynamik geometrischer dynamischer Systeme zu codieren. Analog zu Satz 4.2. übertragen sich die Eigenschaften der Markov-Shifts in Satz 4.6. auf ihre Faktoren.

Um die topologische Entropie von Markov-Shifts zu bestimmen, benötigen wir den Satz von Perron-Frobenius aus der linearen Algebra, siehe Minc (1988).

Satz 4.7
Ist A eine transitive Matrix mit nicht negativen Einträgen, so hat A einen einfachen Eigenwert $\lambda > 1$ und alle anderen Eigenwerte haben einen kleineren Betrag. Außerdem gibt es einen Eigenvektor zu λ, der positive Einträge hat.

Mit Hilfe dieses Satzes zeigen wir:

Satz 4.8
Ist A transitiv, so sind (Σ_A, σ) und $(\tilde{\Sigma}_A, \sigma)$ topologisch chaotisch mit $h(\sigma) = \log \lambda$, wobei λ der größte Eigenwert von A ist.

Beweis Sei $A = (a_{i.j})_{i.j=1,...,b}$ und $A^k = (a_{i.j}^{(k)})_{i.j=1,...,b}$. Sei weiterhin w_n die Anzahl der erlaubten Folgen der Länge n in Σ_A bzw. $\tilde{\Sigma}_A$. $a_{ij} = 1$ gilt genau dann, wenn (i, j) erlaubt ist, also gilt

$$w_2 = \sum_{i.j=1}^{b} a_{ij}.$$

Durch Induktion unter Verwendung der Definition der Matrixmultiplikation erhalten wir, dass $a_{i.j}^{(k)}$ die Anzahl der erlaubten Folgen mit erstem Eintrag i und letztem Eintrag j ist. Damit gilt

$$w_n = \sum_{i.j=1}^{b} a_{i.j}^{(n-1)}.$$

Aus dem Satz von Perron-Frobenius erhalten wir die Existenz einer Konstanten $C > 1$, sodass für hinlänglich große n

$$C^{-1} \lambda^n \le a_{i.j}^{(n-1)} \le C \lambda^n$$

für alle $i, j \in \{1, \ldots, b\}$ gilt. $\lambda > 1$ ist hier der dominierende Eigenwert von A. Es folgt

$$C^{-1} b^2 \lambda^n \le w_n \le C b^2 \lambda^n.$$

Sei $\mathfrak{U} = \{[i]_1 \cap \Sigma_A | i = 1, \ldots, b\}$ nun die offene Überdeckung von Σ_A durch Zylindermengen der Länge eins. Die Anzahl der Elemente in

$$\mathfrak{U} \vee \sigma^{-1}(\mathfrak{U}) \vee \cdots \vee \sigma^{-n+1}(\mathfrak{U})$$
$$= \{[s_1, \ldots, s_n]_1 \cap \Sigma_A | s_i = 1, \ldots, b\}$$

ist die Anzahl der erlaubten Folgen der Länge n, also w_n. Damit folgt

$$h(\sigma, \mathfrak{U}) = \lim_{n \to \infty} \frac{1}{n} H(\mathfrak{U} \vee \sigma^{-1}(\mathfrak{U}) \vee \cdots \vee \sigma^{-n+1}(\mathfrak{U}))$$
$$= \lim_{n \to \infty} \frac{1}{n} \log(w_n) = \log \lambda.$$

Wie im Beweis von Satz 4.4 folgt unter Verwendung von 4.3 $h(\sigma_{|\Sigma_A}) = \log \lambda$. In gleicher Weise zeigt man $h(\sigma_{|\tilde{\Sigma}_A}) = \log \lambda$. $\qquad \square$

Da der goldene Schnitt $\Phi = (\sqrt{5} + 1)/2$ der dominierende Eigenwert der oben definierten Matrix G ist, erhalten wir für den goldenen Shift (Σ_G, σ) aus Satz 4.8

$$h(\sigma_{|\Sigma_G}) = \log \Phi.$$

Zum Abschluss sei noch angemerkt, dass sich unter den Voraussetzungen von Satz 3.17 topologisches Chaos auch auf die Faktoren von Markov-Shifts überträgt.

4.3   Weitere Subshifts

Die Markov-Shifts aus dem letzten Abschnitt lassen sich als Subshifts der Bernoulli-Shifts aus dem ersten Abschnitt verstehen. Allgemein ist ein Subshift (A, σ) durch eine kompakte, σ-invariante Teilmenge von Σ_p oder $\tilde{\Sigma}_p$ gegeben. Wir stellen in diesem Abschnitt einige weitere Subshifts vor, verzichten jedoch auf Beweise. Für einen tieferen Einstieg in die vielfältige Theorie der symbolischen Dynamik empfehlen wir Buin (2022).

Sei F eine endliche Menge von endlichen Folgen mit Einträgen in $\{1, \ldots, b\}$ und

$$\Sigma_F = \{(s_k) \in \Sigma_b | (s_k) \text{ enthält keine Folge in } F\},$$
$$\tilde{\Sigma}_F = \{(s_k) \in \tilde{\Sigma}_b | (s_k) \text{ enthält keine Folge in } F\}.$$

(Σ_F, σ) und $(\tilde{\Sigma}_F, \sigma)$ werden Subshifts endlichen Typs genannt. Markov-Shifts und Subshifts endlichen Typs lassen sich auch durch endliche gerichtete Graphen darstellen. Die Ecken sind durch Folgen mit Einträgen in $\{1, \ldots, b\}$ beschriftet und gerichtete Kanten beschreiben erlaubte Übergänge, siehe Abb. 4.2.

Es handelt sich bei Subshifts endlichen Typs um keine echte Verallgemeinerung von Markov-Shifts. Ein Subshift endlichen Typs lässt sich als Markov-Shift in $\Sigma_{p^{m-1}}$

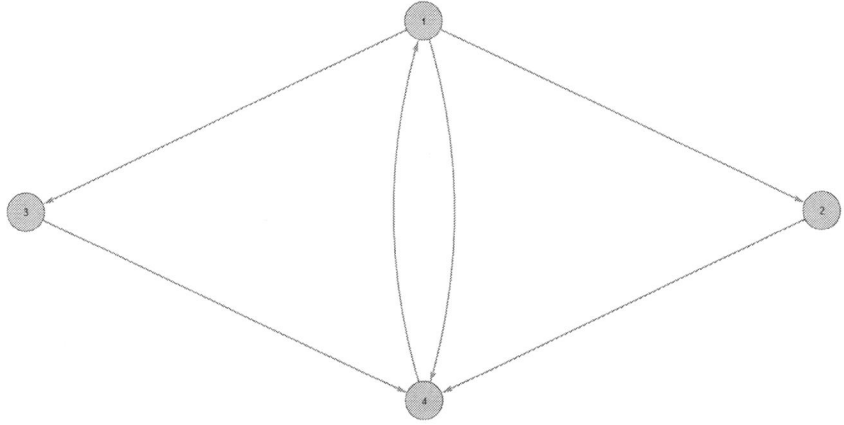

Abb. 4.2 Graph eines Markov-Shifts in Σ_4

bzw. $\tilde{\Sigma}_{p^{m-1}}$ interpretieren, wobei m die Länge der längsten Folge in F ist. Eine echte Verallgemeinerung von Markov-Shifts gibt folgende Definition:

Definition 4.4
Ein Faktor (S, σ) eines Markov-Shifts wird Sofic-Shift genannt.   ◆

Ein Beispiel eines Sofic-Shifts, der sich nicht als Markov-Shift darstellen lässt, ist der gerade Shift, gegeben durch $S = \Sigma_F \subseteq \Sigma_2$, wobei

$$F = \{(1, 2, (2, 2)^i, 1) | i \in \mathbb{N}_0\}$$

eine unendliche Menge endlicher Folgen ist, die in $(s_k) \in S$ nicht vorkommen dürfen. In einer Folge in S ist die Anzahl der Einträge 2 zwischen zwei Einträgen 1 immer gerade. Sofic-Shifts lassen sich auch durch endliche gerichtete kantenbeschriftete Graphen definieren. Pfade in diesen Graphen entsprechen den Folgen in S, siehe Abb. 4.3. Nach Satz 3.15 überträgt sich Devaney-Chaos von Markov-Shifts auf Sofic-Shifts. Jeder Sofic-Shift lässt sich durch eine gemäß Satz 3.17 Entropie erhaltende Semikonjugation eines Markov-Shifts konstruieren, auch topologisches Chaos überträgt sich also von Markov-Shifts auf Sofic-Shifts. Zum Beispiel stimmt die topologische Entropie des geraden Shifts mit der des goldenen Shifts überein.

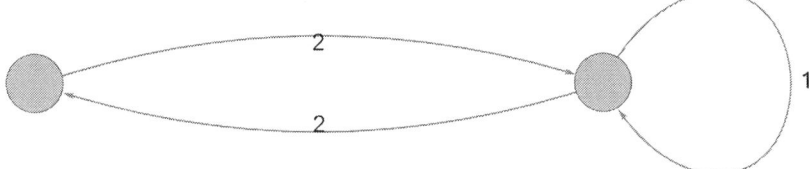

Abb. 4.3 Graph des geraden Shifts

Es gibt nur abzählbare viele Markov-Shifts und Sofic-Shifts. Wir werden nun eine überabzählbare Menge von Subshifts konstruieren. Sei $\beta > 1$ eine reelle Zahl und $x \in [0, 1)$. Wir definieren induktiv $s_1^\beta(x) = \lfloor \beta x \rfloor$ und

$$s_k^\beta(x) = \lfloor \beta(\beta x - s_{k-1}^\beta(x)) \rfloor.$$

Die Folge $(s_k^\beta(x))$ wird β-Entwicklung von x genannt, da

$$x = \sum_{k=1}^{\infty} s_k^\beta(x)\beta^{-k}.$$

Unter Verwendung der β-Entwicklung definieren wir β-Shifts.

Definition 4.5
Für eine nicht ganzzahlige reelle Zahl $\beta > 1$ sei

$$\Sigma_\beta = \{(s_k^\beta(x) + 1)|x \in [0, 1]\} \subseteq \Sigma_{\lceil \beta \rceil}.$$

Der Subshift (Σ_β, σ) von $(\Sigma_{\lceil \beta \rceil}, \sigma)$ wird β-Shift genannt.   ◆

β-Entwicklung und β-Shifts beschäftigen die zeitgenössische Forschung, manche Fragen sind offen. Ein klassisches Resultat ist, dass (Σ_β, σ) mischend mit Entropie $\log \beta$ ist, siehe Parry (1960). Hieraus folgt, dass zwei β-Shifts mit unterschiedlichem β nicht konjugiert sind, es gibt also tatsächlich überabzählbar viele β-Shifts. Darüber hinaus wissen wir, dass β-Shifts Devaney- und Li-York-chaotisch sind, siehe Li und Chen (2011). Ist ein β-Shift zu einem Sofic-Shift konjugiert, so muss β algebraisch sein. Wenn $\beta > 1$ eine Pisot-Zahl ist, d. h., dass alle algebraisch Konjugierten zu β Betrag kleiner 1 haben, ist (Σ_β, σ) tatsächlich zu einem Sofic-Shift konjugiert, siehe Blanchard et al. (2000). Es ist jedoch offen, ob dies auch für andere nicht ganzzahlige $\beta > 1$ der Fall ist.

Zum Abschluss dieses Abschnitts führen wir noch Substitutions-Subshifts ein. Eine Substitution auf $\{1, \ldots, b\}$ ist gegeben durch eine Abbildung

$$\mu : \{1, \ldots, b\} \to \bigcup_{k=1}^{\infty} \{1, \ldots, b\}^k,$$

d. h., jedem $i \in \{1, \ldots, b\}$ wird eine endliche Folge mit Einträgen in $\{1, \ldots, b\}$ zugeordnet. Eine solche Substitution lässt sich in naheliegender Weise auf Σ_b fortsetzen,

$$\mu((s_k)) = \mu(s_1)\mu(s_2)\mu(s_3)\ldots,$$

wobei wir hier die Konvention $(a_1, \ldots, a_k)(b_1, \ldots, b_k) = (a_1, \ldots, a_k, b_1, \ldots, b_k)$ für endliche Folgen verwenden. μ auf Σ_b hat einen Fixpunkt (s_k) mit $s_1 = i$, genau dann, wenn die Folge $\mu(i)$ mit i beginnt. μ kann also bis zu b Fixpunkte haben. Ein Fixpunkt (s_k) von μ mit $s_1 = i$ lässt sich durch

$$(s_k) = \lim_{n \to \infty} \mu^n(i)$$

approximieren. Nun definieren wir den zum Fixpunkt einer Substitution gehörenden Substitutions-Subshift.

Definition 4.6
Sei $(s_k) \in \Sigma_b$ ein Fixpunkt einer Substitution μ und $\Sigma_\mu = \overline{\mathcal{O}_\sigma((s_k))}$ der Abschluss der Orbits von (s_k) unter σ, dann wird (Σ_μ, σ) Substitutions-Subshift genannt. ♦

Als Beispiel betrachten wir die Substitution $\mu(1) = (12)$, $\mu(2) = (21)$ auf $\{1, 2\}$. Der Fixpunkt $(s_k) \in \Sigma_2$ von μ mit $s_1 = 1$ ist eine Darstellung der berühmten Thue-Morse-Folge. Iteriert man μ, beginnend mit 1, erhält man

$$(s_k) = (1, 2, 2, 1, 2, 1, 1, 2, 2, 1, 1, 2, 1, 2, 2, 1, 2, 1, 1, \dots).$$

Den[1] zweiten Fixpunkt von μ erhalten wir, wenn wir 1 und 2 vertauschen, auch er ist eine Darstellung der Thue-Morse-Folge. Der Subshift (Σ_μ, σ) wird Thue-Morse-Shift genannt. Er ist ein Beispiel eines nicht trivialen minimalen dynamischen Systems, d. h., jeder Orbit liegt dicht, das System ist aber nicht chaotisch.

---

[1] Gewöhnlich wird die Thue-Morse-Folge über $\{0, 1\}$ mit $s_1 = 0$ oder über $\{a, b\}$ mit $s_1 = a$ und nicht über $\{1, 2\}$ mit $s_1 = 1$ angegeben.

Symbolische Codierung

5

Inhaltsverzeichnis

Wir codieren in diesem Kapitel die Dynamik einer Vielzahl von Systemen durch symbolische Systeme aus dem letzten Kapitel. Insbesondere lässt sich durch solch eine Codierung nachweisen, dass die Dynamik dieser Systeme chaotisch ist. Im ersten Abschnitt codieren wir expandierende Abbildungen des Kreisrings. Hieraus folgt sowohl Devaney- als auch topologisches Chaos der Systeme, da unsere Codierung entropieerhaltend ist. Wir werfen auch noch kurz einen Blick auf Homöomorphismen des Kreisrings und sehen, dass diese nicht chaotisch sind. Im nächsten Abschnitt erhalten wir ähnliche Ergebnisse für stückweise expandierende Intervallabbildung. Insbesondere folgt, dass gewisse Zeltabbildungen, logistische Abbildungen und quadratische Abbildungen eine chaotische Dynamik induzieren. Zusätzlich codieren wir noch stückweise lineare Abbildungen durch die β-Shifts aus Abschn. 4.3. Im dritten Abschnitt des Kapitels führen wir symbolische Codierungen für verallgemeinerte Bäcker-Transformationen, bestimmte quadratische Abbildungen auf ihrer Julia-Menge und Hufeisenabbildungen durch. Wie werden sehen, dass die Existenz eines transversalen homoklinen Punktes zu einem hyperbolischen Fixpunkt p hinreichend für die Existenz eines topologischen Hufeisens und damit für eine chaotische Dynamik ist. Im vierten Abschnitt des Kapitels betrachten wir Automorphismen des Torus. Wir führen Markov-Partitionen dieser Abbildungen ein und finden mit Hilfe dieser Partitionen eine Codierung der Dynamik durch Markov-Shifts. Im letzten Abschnitt betrachten dynamische Systeme in höheren Dimensionen. Wir führen mit dem Solenoid einen paradigmatischen chaotischen Attraktor in $\mathbb{R}^3$ ein und geben eine Shift-Codierung der Dynamik auf diesem Attraktor an. Weiterhin stellen wir das Konzept der gleichmäßig hyperbolischen Menge im $\mathbb{R}^n$ vor. Die Dynamik auf solchen Mengen lässt sich durch Markov-Shifts codieren.

5.1   Systeme auf dem Kreisring

Wir betrachten hier stetig differenzierbare expandierende Abbildungen $T : \mathbb{S}^1 \to \mathbb{S}^1$ auf dem Kreisring $\mathbb{S}^1$, d. h.

$$\min\{|T'(x)| \mid x \in \mathbb{S}^1\} = \lambda > 1.$$

Wir definieren den Grad $\deg(T)$ der Abbildung T als die Anzahl der Urbilder $T^{-1}(x)$. Es ist leicht zu sehen, dass der Grad unabhängig von x und größer gleich zwei ist. Insbesondere haben die linearen expandierenden Abbildungen $E_b(x) = \{bx\}$ auf $\mathbb{S}^1$ Grad b für $b \geq 2$.

Wir zeigen nun, dass die Systeme $(\mathbb{S}^1, T)$ Faktoren von Bernoulli-Shifts sind.

Satz 5.1
Ist $T : \mathbb{S}^1 \to \mathbb{S}^1$ eine stetig differenzierbare expandierende Abbildung, so ist das dynamische System $(\mathbb{S}^1, T)$ ein Faktor von $(\Sigma_{\deg(T)}, \sigma)$ mit topologischer Entropie $h(T) = \log(\deg(T))$.

Beweis Wir stellen $\mathbb{S}^1$ durch $[0, 1]/\sim$ dar, wobei die Äquivalenzrelation $\sim$ die Punkte 0 und 1 identifiziert. Im Folgenden sei $d = \deg(T)$. Da T stetig expandierend ist, existiert mindestens ein Fixpunkt von T. Durch eine Rotation ist jedes System $(\mathbb{S}^1, T)$ zu einem solchen System mit Fixpunkt null konjugiert. Wir können damit davon ausgehen, dass

$$T^{-1}(0) = \{a_1, a_2, \ldots, a_d\}$$

mit $a_1 = 0$ und $a_i < a_{i+1} < 1$ für $i = 1, \ldots, d-1$. Die Intervalle $I_i = [a_i, a_{i+1}]$ für $i = 1, \ldots, d-1$ und $I_d = [a_d, 0]$ bilden eine Partition von $\mathbb{S}^1$. Offenbar ist $T : I_i \to \mathbb{S}$ surjektiv, im Inneren von I_i bijektiv und die Randpunkte des Intervalls werden auf 0 abgebildet. Wir definieren nun eine Folge von Partitionen von $\mathbb{S}^1$ durch

$$I_{s_1,\ldots,s_n} = I_{s_1} \cap T^{-1}(I_{s_2}) \cap \cdots \cap T^{-n+1}(I_{s_n})$$

mit $s_i \in \{1, \ldots, d\}$. Da die Abbildung T mit Faktor $\lambda > 1$ expandiert, erhalten wir $|I_{s_1,\ldots,s_n}| \leq \lambda^{-n}$. Aus dem Intervallschachtelungsprinzip folgt, dass

$$\bigcap_{n=1}^{\infty} I_{s_1,\ldots,s_n}$$

für jede Folge $(s_k) \in \Sigma_d$ genau einen Punkt $\pi((s_k))$ enthält. Dies definiert eine Abbildung $\pi : \Sigma_d \to \mathbb{S}^1$. Für $x \in \mathbb{S}^1$ definieren wir eine Folge $(s_k) \in \Sigma_d$ durch $f^{k-1}(x) \in I_{s_k}$. Offensichtlich gilt $\pi((s_k)) = x$. π ist also surjektiv. Die Wahl der Folge (s_k) zu x ist eindeutig, außer $f^{k-1}(x) = a_i$ für ein $k \in \mathbb{N}_0$ und ein $i \in \{1, \ldots, d\}$. In diesem Fall haben wir zwei Codierungsfolgen. π ist ferner stetig. Ist $d((s_k), (t_k)) < \epsilon$, so gilt $s_k = t_k$ für $k = 1, \ldots, n(\epsilon)$ und

$$|\pi((s_k)) - \pi((t_k))| \leq |I_{s_1, \ldots, s_{n(\epsilon)}}| \leq \lambda^{-n(\epsilon)},$$

wobei $\lim_{\epsilon \to 0} n(\epsilon) = \infty$. π ist eine Semikonjugation, da

$$T(\pi((s_k))) = T\left(\bigcap_{n=1}^{\infty} I_{s_1} \cap T^{-1}(I_{s_2}) \cap \cdots \cap T^{-n+1}(I_{s_n})\right)$$

$$= \bigcap_{n=1}^{\infty} I_{s_2} \cap T^{-1}(I_{s_3}) \cap \cdots \cap T^{-n+1}(I_{s_{n+1}})) = \pi(\sigma((s_k))).$$

$(\mathbb{S}^1, T)$ ist also ein Faktor von (Σ_d, σ). Die Konjugation erhält die topologische Entropie, da es für jedes $x \in \mathbb{S}^1$ höchstens zwei Codierungsfolgen in $\pi^{-1}(x)$ gibt, siehe Satz 3.17. Aus Satz 4.4 folgt damit $h(T) = \log(d)$. □

Aus dem letzten Satz folgt unmittelbar, dass $(\mathbb{S}^1, T)$ Devaney- und topologisch chaotisch ist, wenn T stetig differenzierbar und expandierend ist. Insbesondere gilt dies für die linearen expandierenden Systeme $(\mathbb{S}^1, E_b)$.

Analysiert man den Beweis des letzten Satzes, so sieht man weiterhin:

Satz 5.2
Sind $T : \mathbb{S}^1 \to \mathbb{S}^1$ und $G : \mathbb{S}^1 \to \mathbb{S}^1$ stetig differenzierbare expandierende Abbildungen mit gleichem Grad $d \geq 2$, so sind die dynamischen Systeme $(\mathbb{S}^1, T)$ und $(\mathbb{S}^1, G)$ zueinander konjugiert und konjugiert zur Linearisierung $(\mathbb{S}^1, E_d)$.

Beweis Wir definieren Intervalle $I_{s_1, \ldots, s_n}$ zu T und $J_{s_1, \ldots, s_n}$ zu G, wie im Beweis von 5.1. Eine Konjugation $\pi : \mathbb{S}^1 \to \mathbb{S}^1$ der Systeme ist gegeben durch

$$\pi\left(\bigcap_{n=1}^{\infty} I_{s_1, \ldots, s_n}\right) = \bigcap_{n=1}^{\infty} J_{s_1, \ldots, s_n}.$$

□

Für dynamische Systeme, die durch Homöomorphismen bzw. Diffeomorphismen des Kreisrings gegeben sind, existiert eine reichhaltige mathematische Theorie. Eine umfassende Darstellung dieser Theorie bieten de Faria und Guarino (2021). Aus Sicht der chaotischen Dynamik sind solche Systeme jedoch von untergeordneter Bedeutung. Wir zeigen hier, dass diese Systeme nicht Devaney-chaotisch sind und damit keine Faktoren von Bernoulli-Shifts sein können.

Sei $T : \mathbb{S}^1 \to \mathbb{S}^1$ ein orientierungserhaltender Homöomorphismus.[1] Es existiert ein Lift $\tilde{T} : \mathbb{R} \to \mathbb{R}$ mit $T(\{x\}) = \{\tilde{T}(x)\}$, wobei $\{x\}$ der nicht ganzzahlige Anteil von $x \in \mathbb{R}$ ist. Dieser Lift ist (bis auf die Addition einer ganzzahligen Konstanten) eindeutig. Die Rotationszahl von T ist durch

$$\rho(T) = \left\{ \lim_{n \to \infty} \frac{\tilde{T}(x)}{n} \right\} \in [0, 1)$$

gegeben. Man kann zeigen, dass $\rho(T)$ unabhängig von x und der Wahl des Lifts $\tilde{T}$ ist. Das grundlegende Resultat zur Rotationszahl von Homöomorphismen lautet:

Satz 5.3
Sei $T : \mathbb{S}^1 \to \mathbb{S}^1$ ein orientierungserhaltender Homöomorphismus. $\rho(T)$ ist rational, genau dann, wenn $(\mathbb{S}^1, T)$ mindestens einen periodischen Orbit hat. Wenn dies der Fall ist, besteht die ω-Limesmenge $\omega_T(x)$ für alle x aus einem periodischen Orbit.

Beweis Wir nehmen an, dass es ein $x \in \mathbb{S}^1$ mit Periode q unter T gibt, also $T^p(x) = x$. Für den Lift gilt $\tilde{T}^q(x) = x + p$ für ein ganzzahliges p. Hieraus folgt $\tilde{T}^{nq}(x) = x + np$ und damit

$$\lim_{n \to \infty} \frac{\tilde{T}^{nq}(x)}{nq} = \lim_{n \to \infty} = \frac{\tilde{x} + np}{nq} = \frac{p}{q}.$$

Die Rotationszahl ist also rational. $\mathbb{S}^1 \setminus \mathcal{O}_T(x)$ besteht in diesem Fall aus q disjunkten offenen Intervallen $O_1, \ldots, O_q$, die durch T permutiert werden. $T^j(O_i) = O_i$, genau dann, wenn $j = q$. Die Abbildung $T^q : O_i \to O_i$ ist ein orientierungserhaltender Homöomorphismus. Für alle $x \in O_i$ ist ein Häufungspunkt der Folge $(T^{qn}(x))$ ein Fixpunkt von T^q und damit q periodisch unter T. $\omega_T(x)$ besteht also aus periodischen Orbits der Periode q.

Sei nun $\rho(T) = p/q$ rational. Es folgt $\rho(T^q) = 0$. Wir zeigen, dass $G = T^q$ unter dieser Bedingung einen Fixpunkt und T damit einen periodischen Orbit der Periode

---

[1] Invertiert ein Homöomorphismus $T : \mathbb{S}^1 \to \mathbb{S}^1$ die Orientierung, so hat dieser zwei Fixpunkte. Die Rotationszahl wird in diesem Fall nicht definiert und die Rotationszahl von T^2 ist null.

q hat. Wenn der Lift $\tilde{G}$ von G keinen Fixpunkt hat, gilt $|\tilde{G}(x) - x| \geq c > 0$ für alle $x \in \mathbb{R}$. Nehmen wir an, $\tilde{G}(x) > x$. Der andere Fall lässt sich genauso behandeln. Es folgt $\tilde{G}^n(0) \geq nc$ und damit

$$\lim_{n \to \infty} \frac{\tilde{G}^n(0)}{n} \geq c > 0.$$

Dies steht im Widerspruch zu $\rho(G) = 0$. □

Aus diesem Satz folgt unmittelbar, dass $(\mathbb{S}^1, T)$ nicht Devaney-chaotisch ist. Wenn $\rho(T) \in \mathbb{Q}$, ist das System nicht transitiv, und wenn $\rho(T) \notin \mathbb{Q}$, liegen periodische Orbits nicht dicht, da es keine solchen Orbits gibt. Das System ist auch nicht topologisch oder Li-York-chaotisch. Es gilt $h(T) = 0$, da

$$(h(T))^2 = h(T)h(T^{-1}) = T(\mathrm{id}) = 0.$$

Aus Li-York-Chaos auf dem Kreisring folgt, wie auf dem Intervall, die Existenz eines periodischen Orbits. Aus Satz 5.3 folgt, dass in diesem Fall kein Li-York-Paar existieren kann.

5.2 Systeme auf der Geraden

Wie im Fall des Kreisrings erhält man für bestimmte expandierende Abbildungen auf der Geraden symbolische Codierungen.

Satz 5.4

Sei $I \subseteq \mathbb{R}$ ein abgeschlossenes Intervall und $T : I \to \mathbb{R}$ stetig. Wir nehmen an, dass abgeschlossene Intervalle $I_1, \ldots, I_b \subset I$ mit $b \geq 2$ existieren, sodass $T : I_i \to I$ für $i = 1, \ldots, b$ ein expandierender Diffeomorphismus ist. Es gilt:

(1) *Wenn die Intervalle I überdecken und sich nur in Randpunkten schneiden, ist (I, T) ein Faktor des Shifts (Σ_b, σ).*

(2) *Wenn die Intervalle disjunkt sind, existiert eine T-invariante Cantor-Menge $\Lambda \subseteq I$, sodass (Λ, T) zu (Σ_b, σ) konjugiert ist.*

(3) *In beiden Fällen gilt $h(T) = \log b$ und die Systeme sind sowohl Devaney- als auch topologisch chaotisch.*

Beweis Der Beweis für (1) lässt sich analog zum Beweis von Satz 5.1 durchführen, wir wiederholen die Argumentation hier nicht, beweisen aber (2). Aus der Voraussetzung folgt, dass die inversen Zweige $G_i : I \to I_i$ für $i = 1, \ldots, b$ von T existieren und kontrahierend sind. Die Konstruktion der T-invarianten Cantor-Menge $\Lambda \subseteq I$ ist ein zentraler Teil der fraktalen Geometrie. Wir definieren

$$\Lambda = \bigcap_{n=1}^{\infty} \bigcup_{(s_1,\dots,s_n) \in \{1,\dots,b\}^n} G_{s_1} \circ \cdots \circ G_{s_n}(I).$$

Dies ist eine kompakte Menge, die

$$\Lambda = \bigcup_{i=1}^{p} G_i(\Lambda) = T^{-1}(\Lambda)$$

erfüllt. Man kann zeigen, dass Λ schon durch diese Selbstähnlichkeitsrelation eindeutig bestimmt ist, dies spielt für uns hier aber keine Rolle. Wir definieren nun eine Abbildung $\pi : \Sigma_b \to \Lambda$ durch

$$\pi((s_k)) = \lim_{n \to \infty} G_{s_1} \circ \cdots \circ G_{s_n}(x),$$

für $x \in I$. Da die Menge $G_{s_1} \circ \cdots \circ G_{s_n}(I)$ eine Intervallschachtelung mit

$$\lim_{n \to \infty} |G_{s_1} \circ \cdots \circ G_{s_n}(I)| = 0$$

bilden, ist π wohldefiniert und unabhängig von $x \in I$. Es ist offensichtlich, dass π surjektiv ist. Die Stetigkeit von π zeigt man wie im Beweis von 5.1. Da $I_i \cap I_j = \emptyset$ für $i \neq j$, erhalten wir

$$G_{s_1} \circ \cdots \circ G_{s_n}(I) \cap G_{s_t} \circ \cdots \circ G_{t_n}(I) = \emptyset$$

für $(s_1, \dots, s_n) \neq (s_t, \dots, s_t)$ und damit $\pi((s_k)) \neq \pi((t_k))$ für $(s_k) \neq (t_k)$. π ist also eine Bijektion. Des Weiteren gilt

$$T(\pi((s_k))) = \lim_{n \to \infty} T \circ G_{s_1} \circ \cdots \circ G_{s_n}(x)$$
$$= \lim_{n \to \infty} G_{s_2} \circ \cdots \circ G_{s_n}(x) = \pi(\sigma((s_k))).$$

Damit sind (Λ, T) und (Σ_b, σ) konjugiert.

(3) folgt aus (1) und (2) und Verwendung von Satz 3.15, 3.16 und 3.17. $\square$

Die T-invariante Cantor-Menge $\Lambda \subseteq I$ aus dem letzten Satz ist ein Repeller im Sinne von Definition 2.10.

Wir geben einige Anwendungen dieses Satzes. Für die Familie von Zeltabbildungen

$$t_\lambda(x) = \frac{\lambda}{2} - \lambda \left| x - \frac{1}{2} \right|$$

gilt

$$t_\lambda \left(\left[0, \frac{1}{\lambda} \right] \right) = t_\lambda \left(\left[1 - \frac{1}{\lambda}, 1 \right] \right) = [0, 1]$$

für $\lambda \geq 2$. Die Abbildung t_λ ist expandierend auf den beiden Intervallen. Damit ist $([0, 1], t_2))$ ein Faktor von (Σ_2, σ) und für $\lambda > 2$ ist $(\Lambda_\lambda, t_\lambda)$ konjugiert zu (Σ_2, σ). Λ_λ ist hier die selbstähnliche Cantor-Menge, die

$$\Lambda_\lambda = \frac{1}{\lambda} \Lambda_\lambda \cup \left(\frac{1}{\lambda} \Lambda_\lambda + \left(1 - \frac{1}{\lambda} \right) \right) = t_\lambda^{-1}(\Lambda_\lambda)$$

erfüllt. In beiden Fällen sind die Systeme Devaney-chaotisch und die topologische Entropie ist $\log(2)$.

Für die Familie der logistischen Abbildungen

$$l_\mu(x) = \mu x(1 - x)$$

gilt

$$l_\mu \left(\left[0, \frac{1}{2} - \sqrt{\frac{1}{4} - \frac{1}{\mu}} \right] \right) = l_\mu \left(\left[\frac{1}{2} + \sqrt{\frac{1}{4} - \frac{1}{\mu}}, 1 \right] \right) = [0, 1]$$

für $\mu \geq 4$. Wir wissen aus Abschn. 3.5 schon, dass das System zu $([0, 1], l_4)$ zu $([0, 1], t_2))$ topologisch konjugiert ist; die dynamischen Eigenschaften der Systeme stimmen also überein. Für $\mu > 2 + \sqrt{5} \approx 4{,}236$ gilt $|l_\mu'(x)| > 1$ auf den beiden Intervallen. l_μ ist also expandierend auf diesen Intervallen und damit ist (Λ_μ, l_μ) konjugiert zu (Σ_2, σ) für eine l_μ invariante Cantor-Menge Λ_μ. Dieses Resultat gilt für alle $\mu > 4$. Der Beweis für $\mu < 2 + \sqrt{5}$ ist allerdings ein wenig diffizil, wir verweisen interessierte Lesende auf Robinson (1995).

Zuletzt betrachten wir die quadratische Familie

$$f_c(x) = x^2 + c.$$

Sei $p(c) = 1/2 + \sqrt{1/4 - c}$ und

$$I = [-p(c), p(c)], \quad I_1 = [-p(c), -\sqrt{-p(c) - c}], \quad I_2 = [\sqrt{-p(c) - c}, p(c)].$$

Eine einfache Rechnung zeigt, dass $f_c(I_1) = f_c(I_2) = I$ für $c \leq -2$. Aus Abschn. 3.5 wissen wir schon, dass das System zu $([-2, 2], f_{-2})$ zu $([0, 1], t_2))$ topologisch konjugiert ist. Für $c < (-5 - 2\sqrt{5})/4 \approx -2{,}368$ gilt $|f_c'(x)| > 1$ auf I_1 und I_2. f_c ist also expandierend auf diesen Intervallen und damit ist (Λ_c, f_c) konjugiert zu (Σ_2, σ) für eine f_c-invariante Cantor-Menge Λ_c. Dieses Resultat gilt für alle $c < -2$. Wie bei dem logistischen System ist ein direkter Beweis für die verbleibenden Parameter nicht ganz einfach, aber auch nicht notwendig, da man eine lineare Konjugation zwischen logischem und quadratischem System nutzen kann, um das Resultat zu beweisen.

Für manche nicht notwendigerweise expandierenden Abbildungen auf der Geraden erhält man zwar keine symbolische Codierung, aber doch Shifts als Faktoren.

Satz 5.5

Sei $I \subseteq \mathbb{R}$ ein abgeschlossenes Intervall und $T : I \to \mathbb{R}$ stetig. Wir nehmen an, dass abgeschlossene disjunkte Intervalle $I_1, \ldots, I_b \subset I$ mit $b \geq 2$ existieren, sodass

$$J = I_1 \cup \cdots \cup I_p \subseteq T(I_j)$$

für alle $j = 1, \ldots, b$. Unter diesen Voraussetzungen existiert eine T-invariante kompakte Menge $S \subseteq I$, sodass (Σ_p, σ) ein Faktor von (S, T) ist. Insbesondere ist (S, T) topologisch chaotisch mit $h(T) \geq \log(b)$.

Beweis Die Menge

$$S = \bigcup_{k=1}^{\infty} T^{-k+1}(J)$$

ist offenbar kompakt und T-invariant. Für $(s_k) \in \Sigma_b$ definieren wir eine Folge von Intervallen durch

$$\Delta_n = \bigcup_{k=1}^{n} T^{-k+1}(I_{s_k}).$$

Da $I_j \cap T^{-1}(I_j) \neq \emptyset$ für alle $i, j \in \{1, \ldots, b\}$, sind diese Intervalle nicht leer. Da $\Delta_{n+1} \subseteq \Delta_n$ und die Intervalle kompakt sind, ist

$$\Delta((s_k)) = \bigcup_{k=1}^{\infty} T^{-k+1}(I_{s_k})$$

nicht leer und kompakt, allerdings nicht notwendigerweise einelementig (Abb. 5.1). Weiterhin gilt

$$S = \bigcup_{(s_k) \in \Sigma_b} \Delta((s_k))$$

und $\Delta((s_k)) \cap \Delta((t_k)) = \emptyset$ für $(s_k) \neq (t_k)$, da $I_i \cap I_j = \emptyset$ für $i \neq j$. Die Abbildung $\pi : S \to \Sigma_b$, gegeben durch $\pi(x) = (s_k)$, wenn $x \in \Delta((s_k))$, ist also wohldefiniert und surjektiv, aber nicht notwendigerweise injektiv. Die Stetigkeit von π zeigt man am einfachsten, indem man die Urbilder von Zylindermengen Σ_b unter π betrachtet, diese sind abgeschlossen in S. Wenn $x \in \Delta((s_k))$, folgt $T(x) \in \Delta(\sigma((s_k)))$, damit ist (Σ_p, σ) ein Faktor von (S, T).   □

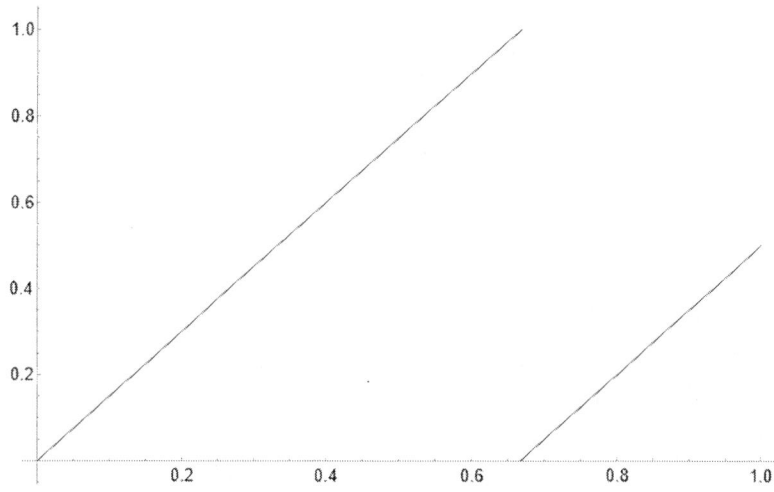

Abb. 5.1 Die Abbildung $L_{3/2}$

Es ist anzumerken, dass wir unter den Voraussetzungen des letzten Satzes nicht auf Devaney-Chaos oder $h(T) = \log(b)$ schließen können. Wir erhalten aus diesem Satz jedoch topologisches Chaos für die logische Familie l_μ mit $\mu > 4$ und die quadratische Familie f_c mit $c < -2$. Auf beide Systeme kommen wir in Abschn. 6.6 noch einmal zurück.

Wir wollen hier noch eine geometrische Darstellung der β-Shifts (Σ_β, σ) aus Abschn. 4.3 einführen. Für nicht ganzzahliges $\beta > 1$ betrachten wir die Abbildung $T_\beta : [0, 1) \to [0, 1)$, gegeben durch $T_\beta(x) = \{\beta x\}$, wobei $\{x\}$ den Nachkommaanteil von x bezeichnet, siehe Abb. 5.3. Wir erhalten

Satz 5.6
Für alle nicht ganzzahligen $\beta > 1$ sind die Systeme $([0, 1), T_\beta)$ und (Σ_β, σ) konjugiert.

Beweis Sei $\pi : \Sigma_\beta \to [0, 1)$ durch

$$\pi((s_k)) = \sum_{k=1}^{\infty} (s_k - 1)\beta^{-k}.$$

Wir hatten Abschn. 4.3 Σ_β gerade so definiert, dass diese Abbildung bijektiv ist. Die Stetigkeit der Abbildung zeigt man wie im Beweis von 5.1. Weiterhin gilt

$$T_\beta(\pi((s_k)) = \left\{ \beta \sum_{k=1}^{\infty} (s_k - 1)\beta^{-k} \right\}$$

$$= \sum_{k=1}^{\infty} (s_{k+1} - 1)\beta^{-k} = \pi(\sigma((s_k))). \qquad \square$$

Aus dem letzten Satz erhält man unter Verwendung der in Abschn. 4.3 erwähnten Ergebnisse, dass $([0, 1), T_\beta)$ mischend und Devaney-chaotisch. Wenn man die Definition der topologischen Entropie auf stückweise stetige Abbildung ausdehnt, folgt weiterhin

$$h(T_\beta) = h(\sigma_{|\Sigma_\beta}) = \log(\beta).$$

5.3   System auf der Ebene

Ein einfaches stückweise lineares System auf einem Streifen in der Ebene ist die verallgemeinerte Bäcker-Transformationen $T_\alpha : [0, 1] \times \mathbb{R} \to [0, 1] \times \mathbb{R}$ mit

$$T_\alpha(x, y) = \begin{cases} (2x, \alpha y), & \text{wenn } x \in [0, 1/2] \\ (2x - 1, \alpha y + (1 - \alpha)), & \text{wenn } x \in (1/2, 1] \end{cases}$$

mit $\alpha \in (0, 1)$. Wir wollen die Dynamik der Abbildung auf ihrem Attraktor

$$\Lambda_\alpha = \overline{\bigcap_{n=1}^{\infty} T_\alpha([0, 1]) \times (-2, 2))} = [0, 1] \times \left\{ (1 - \alpha) \sum_{k=0}^{\infty} s_k \alpha^k | s_k \in \{0, 1\} \right\}$$

symbolisch codieren. Wir setzen $\bar{\Sigma}_2 = \{0, 1\}^{\mathbb{Z}}$ und

$$\bar{\Sigma}_2^\star = \bar{\Sigma}_2 \backslash \{(s_k) | \exists i \in \mathbb{Z} : s_{i-k} = 0 \text{ für alle } k \in \mathbb{N}\}$$

und betrachten die Abbildung $\pi : \bar{\Sigma}_2 \to \Lambda_\alpha$, gegeben durch

$$\pi((s_k)) = \left(\sum_{k=1}^{\infty} s_{-k} 2^{-k}, \sum_{k=0}^{\infty} s_k (1 - \alpha)\alpha^k \right).$$

Diese Abbildung ist offenbar surjektiv und stetig. Wir setzen

$$\Lambda_\alpha^\star = \pi(\bar{\Sigma}_2^\star) = \Lambda_\alpha \cap ((0, 1] \times [0, 1]).$$

Die Dynamik von T_α auf $\{0\} \times [0, 1]$ ist trivial, es gilt

$$\lim_{n \to \infty} T_\alpha^n(0, y) = (0, 0).$$

Für $\Lambda_\alpha^\star$ erhalten wir:

Satz 5.7

Für alle $\alpha \in (0, 1)$ ist $(\Lambda_\alpha^\star, T_\alpha)$ ein Faktor von $(\bar{\Sigma}_2^\star, \sigma)$. Ist $\alpha \in (0, 1/2)$, sind die Systeme sogar konjugiert. In beiden Fällen ist $(\Lambda_\alpha^\star, T_\alpha)$ Devaney-chaotisch.

Beweis Sei $(s_k) \in \bar{\Sigma}_2^\star$. Wenn $s_{-1} = 0$, gilt $\pi((s_k)) = (x, y)$ mit $x \leq 1/2$, damit folgt

$$T_\alpha(\pi((s_k))) = \left(2 \sum_{k=1}^\infty s_{-k} 2^{-k}, \alpha \sum_{k=0}^\infty s_k (1 - \alpha) \alpha^k \right)$$

$$= \left(\sum_{k=1}^\infty s_{-k-1} 2^{-k}, \sum_{k=0}^\infty s_{k-1}(1 - \alpha)\alpha^k \right) = \pi(\sigma((s_k))).$$

Wenn $s_{-1} = 1$, gilt $\pi((s_k)) = (x, y)$ mit $x > 1/2$, damit folgt

$$T_\alpha(\pi((s_k))) = \left(2 \sum_{k=1}^\infty s_{-k} 2^{-k} - 1, \alpha \sum_{k=0}^\infty s_k (1 - \alpha) \alpha^k + (1 - \alpha) \right)$$

$$= \left(\sum_{k=1}^\infty s_{-k-1} 2^{-k}, \sum_{k=0}^\infty s_{k-1}(1 - \alpha)\alpha^k \right) = \pi(\sigma((s_k))).$$

Also ist $(\Lambda_\alpha^\star, T_\alpha)$ ein Faktor von $(\bar{\Sigma}_2^\star, \sigma)$. Sei nun $\alpha \in (0, 1/2)$ und $(s_k), (t_k) \in \bar{\Sigma}_2^\star$ mit $(s_k) \neq (t_k)$ und $\pi((s_k)) = (x_s, y_s)$ sowie $\pi((t_k)) = (x_t, y_t)$. Wenn $(s_k)_{k \geq 0} \neq (t_k)_{k \geq 0}$, folgt $y_s \neq y_t$. Wenn $(s_k)_{k<0} \neq (s_k)_{k<0}$, folgt $x_s \neq x_t$. In beiden Fällen gilt $(x_s, y_s) \neq (x_t, y_t)$. π ist daher injektiv für $\alpha \in (0, 1/2)$ und per Definition surjektiv. Damit handelt es sich um eine Konjugation der Systeme. Wie $(\tilde{\Sigma}, \sigma)$ ist $(\bar{\Sigma}_2^\star, \sigma)$ offensichtlich Devaney-chaotisch, siehe Abschn. 4.1. Aus Satz 3.15 folgt, dass $(\Lambda_\alpha^\star, T_\alpha)$ Devaney-chaotisch ist. $\qquad\square$

Das zweite System, das wir beschreiben wollen, ist die Hufeisenabbildung von Smale (1967). Sei $T : \mathbb{R}^2 \to \mathbb{R}^2$ eine Diffeomorphismus, der auf $[0, 1]^2$ durch folgende Vorschrift gegeben ist:

$$T(x, y) = \begin{cases} \left(\frac{1}{3}x, 3y \right), & \text{wenn } y \leq 1/3, \\ \left(-\frac{1}{3}x + 1, -3y + 3 \right), & \text{wenn } y \geq 2/3, \\ \text{diffeomorph fortgesetzt}, & \text{wenn } y \in (1/3, 2/3). \end{cases}$$

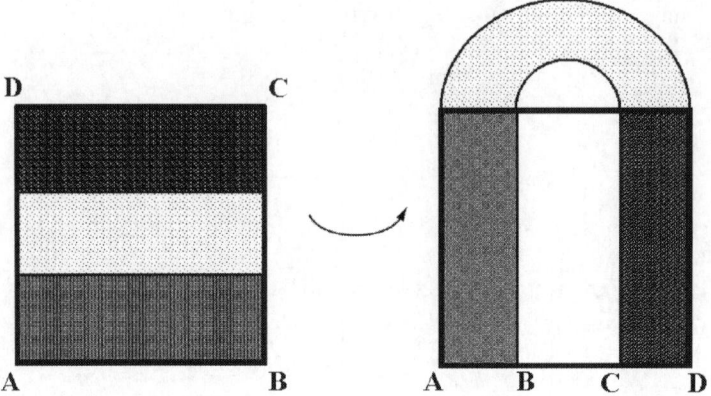

Abb. 5.2 Die Hufeisenabbildung

Siehe Abb. 5.2. Wir definiert eine T-invariante Cantor-Menge Λ durch

$$\Lambda = \bigcap_{n=-\infty}^{\infty} T^n([0,1]^2) = \bigcap_{n=0}^{\infty} T^n([0,1]^2) \cap \bigcap_{n=-\infty}^{0} T^n([0,1]^2)$$

$$= (C \times [0,1]) \cap ([0,1] \times C) = C \times C,$$

wobei

$$C = \left\{ \sum_{k=1}^{\infty} s_k 3^{-k} \mid s_k \in \{0,2\} \right\}$$

die klassische triadische Cantor-Menge ist. Es handelt sich bei Λ weder um einen Attraktor noch um einen Repeller für T. Das System (Λ, T) ist allerdings hyperbolisch. Wir führen dies Konzept im letzten Abschnitt des Kapitels allgemein ein. Hier codieren wir die Dynamik des Systems durch den zweiseitigen Shift $(\tilde{\Sigma}_2, \sigma)$.

> **Satz 5.8**
> (Λ, T) und $(\tilde{\Sigma}_2, \sigma)$ *sind topologisch konjugiert. Insbesondere ist* (Λ, T)
> *Devaney-chaotisch und topologisch chaotisch mit* $h(T) = \log(2)$.

Beweis Sei $V_1 = [0,1] \times [0,1/3]$ und $V_2 = [0,1] \times [2/3,1]$. Wir definieren $\pi :$
$\tilde{\Sigma}_2 \to \lambda$ durch

$$\pi((s_k)) = \bigcap_{k=-\infty}^{\infty} T^k(V_{sk}).$$

Die Abbildung ist wohldefiniert, da T das Quadrat $[0,1]^2$ in x-Richtung und T^{-1} das Quadrat $[0,1]^2$ in y-Richtung kontrahiert. Da wir die Produktmetrik auf $\tilde{\Sigma}_2$

verwenden, ist die Abbildung stetig. Wir definieren die Umkehrabbildung π^{-1} : $\Lambda \to \tilde{\Sigma}_2$ von π durch $\pi^{-1}(x) = (s_k)$, wobei $s_k = i$, wenn $T^{-k}(x) \in V_i$. π ist also ein Homöomorphismus und es gilt

$$T(\pi((s_k))) = \pi(\sigma((s_k))).$$

Die weiteren Behauptungen folgen aus den Sätzen 3.15, 3.16 und 4.4.   □

Wir haben hier eine Menge von Hufeisenabbildungen T eingeführt, da die diffeomorphe Fortsetzung von T außerhalb von $V_1 \cup V_2$ beliebig ist. Eine weitere Verallgemeinerung gibt folgende Definition:

Definition 5.1
Ein Diffeomorphismus $G : \mathbb{R}^2 \to \mathbb{R}^2$ enthält ein topologisches Hufeisen, wenn $(\mathbb{R}^2, G)$ zu einem der obigen Hufeisensysteme $(\mathbb{R}^2, T)$ topologisch konjugiert ist. ◆

Aus dieser Definition und dem letzten Satz folgt unmittelbar, dass für Abbildungen, die ein topologisches Hufeisen haben, eine Cantor-Menge Λ existiert, sodass die Dynamik von (Λ, G) durch einen zweiseitigen Shift beschrieben werden kann. Abbildungen, für die ein transversaler homokliner Punkt existiert, besitzen topologische Hufeisen. Wir definieren:

Definition 5.2
Sei $f : \mathbb{R}^2 \to \mathbb{R}^2$ ein Diffeomorphismus mit einem hyperbolischen Fixpunkt p und einer eindimensionalen stabilen Mannigfaltigkeit $W^s(p)$ und einer eindimensionalen unstabilen Mannigfaltigkeit $W^u(p)$, siehe Definition 2.7. q ist ein transversaler homokliner Punkt für p, wenn sich $W^s(p)$ und $W^u(p)$ in q transversal schneiden. ◆

Es gilt:

Satz 5.9
Sei $f : \mathbb{R}^2 \to \mathbb{R}^2$ ein Diffeomorphismus. Existiert für einen hyperbolischen Fixpunkt p ein transversaler homokliner Punkt q, so enthält $(\mathbb{R}^2, f^n)$ ein topologisches Hufeisen für ein $n \geq 1$. Es existiert eine Cantor-Menge $\tilde{\Lambda} \subseteq \mathbb{R}^2$, sodass $(\tilde{\Lambda}, f^n)$ zu $(\tilde{\Sigma}_2, \sigma)$ topologisch konjugiert ist.

Beweis Wir führen hier einen geometrischen Beweis, ohne eine Konjugation π explizit anzugeben. Sei U eine Umgebung um p. Wir wählen $n_1 \geq 1$ so groß, dass der Streifen $Q = f^{-n_1}(U)$ um $W^s(p)$ den Punkt q im Inneren enthält. Wir wählen $n \geq 1$ so groß, dass $f^n(Q) = f^{n-n_1}(Q)$ einen Streifen um $W^u(p)$ bildet, der q enthält und Q bei q durchquert. Siehe Abb. 4.2. Sei nun Q_p die Zusammenhangskomponente von $Q \cap f^n(Q)$, die p enthält und Q_q die Zusammenhangskomponente von

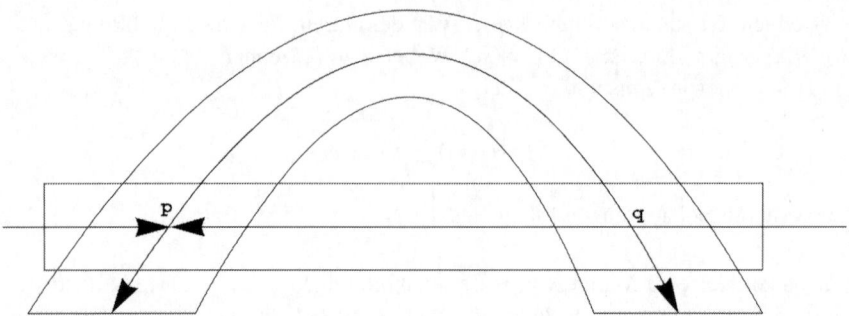

Abb. 5.3 Ein Hufeisen für ein System mit einem hyperbolischen Fixpunkt p und einem transversalen homoklinen Punkt q

$Q \cap f^n(Q)$, die q enthält und Q_{pq} der Teil von Q zwischen diesen Komponenten. Wir wählen einen Homöomorphismus $\pi : \mathbb{R}^2 \to \mathbb{R}^2$ mit $\pi([0, 1/3] \times [0, 1]) = Q_p$, $\pi([0, 1] \times [2/3, 1]) = Q_q$ und $\pi((1/3, 2/3) \times [0, 1]) = Q_{pq}$. Es gilt

$$f^n \circ \pi(x, y) = \pi \circ T(x, y)$$

für $(x, y) \in \Lambda$, wobei Λ und T zu Beginn des Abschnittes definiert wurden. Gemäß Definition 5.1 enthält $(\mathbb{R}^2, f^n)$ daher ein topologisches Hufeisen mit $\tilde{\Lambda} = \pi(\Lambda)$ (Abb. 5.3).   □

Ein hyperbolischer Fixpunkt mit transversalem homoklinen Punkt existiert zum Beispiel für die Hénon-Abbildung $H_{a,b} : \mathbb{R}^2 \to \mathbb{R}^2$ mit

$$H_{a,b} \begin{pmatrix} x \\ y \end{pmatrix} = \begin{pmatrix} 1 - ax^2 + y \\ bx \end{pmatrix},$$

wenn $a > 1{,}55$ und b hinlänglich klein ist, siehe Marotto (1979). Wir werden auf diese Abbildung in Abschn. 6.6 zurückkommen.

Als letztes betrachten wir in diesem Abschnitt die Abbildung $f_c(z) = z^2 + c$ auf der komplexen Ebene $\mathbb{C}$. Für $c \in \mathbb{C}$ mit hinlänglich großem Betrag führen wir eine symbolische Codierung der Dynamik von f_c auf der zugehörigen Julia-Menge J_c aus, vgl. hierzu Abschn. 2.4.

Satz 5.10
Für alle $c \in \mathbb{C}$ mit $|c| > \frac{1}{4}(5 + 2\sqrt{6})$ ist das System $(J(c), f)$ zum einseitigen Shift (Σ_2, σ) konjugiert.

Beweis Sei $B_c = \{z \in \mathbb{C} \mid |z| \le \sqrt{2c}\}$. Wir haben $f_c^{-1}(B_c) \subseteq B_c$. Die Zweige $g_1(z) = \sqrt{z - c}$ und $g_2(z) = -\sqrt{z - c}$ der Umkehrung von f_c definieren also Abbildungen $g_1, g_2 : B_c \to B_c$, deren Bilder auf zwei Seiten einer Geraden durch 0 liegen.

Man kann nachrechnen, dass diese Bilder disjunkt sind. Für $z_1, z_2 \in B_c$ gilt

$$\frac{1}{2}(|c| + \sqrt{|2c|})^{-1/2} \leq \frac{|g_j(z_1) - g_j(z_2)|}{|z_1 - z_2|} \leq \frac{1}{2}(|c| - \sqrt{|2c|})^{-1/2}$$

für $j = 1, 2$. Wir haben $|c|$ genauso gewählt, dass die obere Abschätzung kleiner 1 ist. Die Zweige der Umkehrung sind daher Kontraktionen auf B_c. Die Abbildung $\pi : \Sigma_2 \to \mathbb{C}$, gegeben durch

$$\pi((s_k)) = \bigcap_{n=1}^{\infty} g_{s_1} \circ \cdots \circ g_{s_n}(B_c),$$

ist damit wohldefiniert, injektiv und mit dem Argument, das wir in diesem Kapitel schon mehrfach verwendet haben, stetig. Das Bild der Abbildung $K = \pi(B_c)$ ist kompakt mit $K = g_1(K) \cup g_2(K)$. Aus der Definition der Julia-Menge erhalten wir aber unmittelbar $J(c) = g_1(J(c)) \cup g_2(J(c))$. Damit muss $K = J(c)$ gelten. Zuletzt gilt offenbar $f_c(\pi((s_k))) = \pi(\sigma((s_k)))$, was den Beweis abschließt. □

Mit größerem Aufwand lässt sich dieser Satz auch für $c \in \mathbb{C}$ mit kleinerem Betrag, die nicht in der Mandelbrot-Menge

$$\mathfrak{M} = \{c \in \mathbb{C} | (f_c^n(0))_{n \in \mathbb{N}} \text{ ist beschränkt}\}$$

liegen, beweisen. Siehe hierzu Milnor (2006).

5.4   Systeme auf dem Torus

Der zweidimensionale Torus lässt sich als kartesisches Produkt des Kreisrings mit sich beschreiben, $\mathbb{T}^2 = \mathbb{S}^1 \times \mathbb{S}^1$. Das Produkt der Kreismetrik von $\mathbb{S}^1$ macht $\mathbb{T}^2$ zu einem kompakten metrischen Raum. Topologisch äquivalent dazu ist Definition $\mathbb{T}^2 = [0, 1]^2 / \sim$, wobei die Äquivalenzrelation $\sim$ die Kanten des Quadrats mittels $(x, 1) \sim (x, 0)$ und $(1, y) \sim (0, y)$ identifiziert.

Sei $A \in \mathbb{Z}^{2 \times 2}$ eine ganzzahlige 2×2-Matrix mit Determinante $\det(A) = \pm 1$. Wir nehmen weiterhin an, dass A hyperbolisch ist, siehe Definition 2.6. Eine solche Matrix induziert einen linearen Automorphismus $T_A : \mathbb{T}^2 \to \mathbb{T}^2$ durch

$$T_A\left(\begin{pmatrix} x \\ y \end{pmatrix}\right) = \left\{\begin{pmatrix} a_{11} & a_{12} \\ a_{21} & a_{22} \end{pmatrix}\begin{pmatrix} x \\ y \end{pmatrix}\right\} = \begin{pmatrix} \{a_{11}x + a_{12}y\} \\ \{a_{21}x + a_{22}y\} \end{pmatrix},$$

wobei wir den Torus durch $[0, 1)^2$ parametrisieren und $\{x\}$ den Nachkommaanteil von x bezeichnet. Da wir $\det(A) = \pm 1$ angenommen haben, ist auch A^{-1} eine ganzzahlige Matrix und induziert eine Abbildung $T_{A^{-1}} : \mathbb{T}^2 \to \mathbb{T}^2$ mit $T_{A^{-1}} = T_A^{-1}$. Da A hyperbolisch ist, existieren zwei reelle Eigenwerte λ_s, λ_u von A mit $\lambda_s \lambda_u = \pm 1$ und $|\lambda_s| < 1$ sowie $|\lambda_u| > 1$. Wir bezeichnen die zugehörigen Eigenräume in $\mathbb{R}^2$

mit E^s und E^u. Für $(x, y) \in [0, 1) \times [0, 1)$ sei $W^s(x, y)$ die Gerade durch (x, y), parallel zu E^s und $W^u(x, y)$ die Gerade durch (x, y), parallel zu E^u. Mittels $p((x, y)) = (\{x\}, \{y\})$ projizieren wir diese Geraden auf $\mathbb{T}^2$ und halten die Benennung der Geraden bei. Die Abbildung T_A ist auf $W^s(x, y)$ kontrahierend mit Faktor λ_s und auf $W^u(x, y)$ expandierend mit Faktor λ_u.

Wir wollen die Dynamik von $(\mathbb{T}^2, T_A)$ durch einen Markov-Shift beschreiben, vgl. hierzu Abschn. 4.2. Wir führen hierzu Markov-Partitionen ein.

Definition 5.3
Eine Menge $\mathfrak{P}$ von abgeschlossenen Parallelogrammen $P_1, \ldots, P_p \subset \mathbb{T}^2$ mit $p \geq 2$ bilden eine Markov-Partition von $\mathbb{T}^2$ für einen linearen hyperbolischen Automorphismus T_A, wenn sie $\mathbb{T}^2$ überdecken, disjunktes Inneres haben und

$$T_A(P_i \cap W^s(x, y)) \subseteq P_j \cap W^s(T_A(x, y)) \text{ sowie}$$
$$T_A(P_i \cap W^u(x, y)) \supseteq P_j \cap W^u(T_A(x, y))$$

gilt, wenn (x, y) im Inneren von P_i und $T_A(x, y)$ im Inneren von P_j liegt.

Die zugehörige Markov-Matrix $M(\mathfrak{P}) \in \{0, 1\}^{p \times p}$ ist durch $m_{ij} = 1$, wenn $P_i \cap T_a(P_j) \neq \emptyset$ und $m_{ij} = 0$ sonst, gegeben.   ◆

Es gilt:

Satz 5.11
Für jeden linearen hyperbolischen Automorphismus des Torus existiert eine Markov-Partition.

Aus Gründen der Anschaulichkeit und Einfachheit führen wir hier die Konstruktion einer Markov-Partition in einem konkreten Beispiel aus.[2] Der allgemeine Beweis des Satzes findet sich in Adler und Weiss (1970). Wir betrachten den hyperbolischen Automorphismus T_A des Torus, der durch

$$A = \begin{pmatrix} 2 & 1 \\ 1 & 1 \end{pmatrix}$$

gegeben ist. Es handelt sich hier um ein paradigmatisches Beispiel, das als Arnolds Katzenabbildung bekannt ist. Zunächst partitionieren wir den Torus in zwei Parallelogramme $\tilde{P}_1$ und $\tilde{P}_2$, deren parallele Kanten in Geraden W^s bzw. W^u liegen. Siehe Abb. 5.4 links. $T_A(\tilde{R}_1)$ besteht aus drei Parallelogrammen P_1, P_2, P_3 in $\mathbb{T}^2$, von denen zwei in $\tilde{P}_1$ und eines in $\tilde{P}_2$ liegt. $T_A(\tilde{P}_2)$ besteht aus zwei Parallelogrammen P_4, P_5 in $\mathbb{T}^2$, von denen eines in $\tilde{P}_1$ und eines in $\tilde{P}_2$ liegt. Siehe Abb. 5.4 rechts.

---

[2] Unsere Darstellung orientiert sich hier an 2.5 in Katok und Hasselblatt (1995).

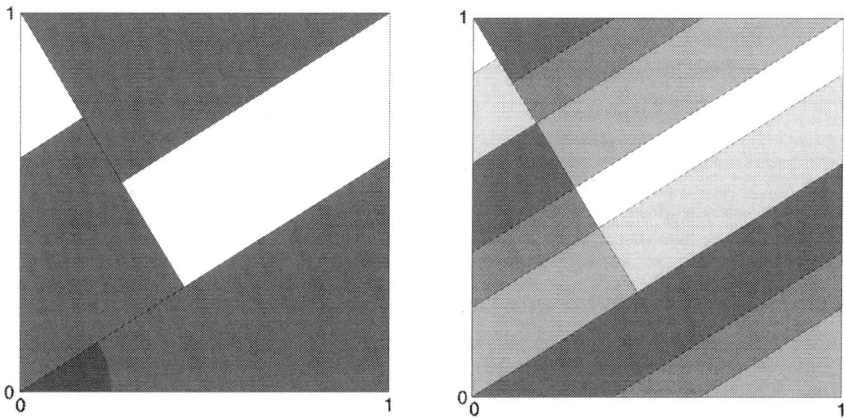

Abb. 5.4 Vorstufe der Markov-Partition mit Winkel von W^u (links) und Markov-Partition (rechts) für Arnolds Katzenabbildung

Parallele Kanten dieser Parallelogramme liegen entweder in Geraden W^s oder in Geraden W^u. $\mathfrak{P} = \{P_1, \ldots, P_5\}$ ist eine Markov-Partition für T_A. Man sieht dies am leichtesten folgendermaßen: Wenn das Innere von $T_a(P_j)$ das Innere von P_i schneidet, werden die parallelen Kanten von P_j, die in einer Geraden W^s liegen, durch T_a in parallele Kanten von P_i, die auch in einer Geraden W^s liegen, abgebildet. Umgekehrt werden parallele Kanten von P_j, die in Geraden W^u liegen, durch T_a^{-1} in parallele Kanten von P_i, die in Geraden W^u liegt, abgebildet. Hieraus erhält man die gewünschte Eigenschaft der Partition. Die Markov-Matrix dieser Partition ist durch

$$M(\mathfrak{P}) = \begin{pmatrix} 1 & 1 & 0 & 1 & 0 \\ 1 & 1 & 0 & 1 & 0 \\ 1 & 1 & 0 & 1 & 0 \\ 0 & 0 & 1 & 0 & 1 \\ 0 & 0 & 1 & 0 & 1 \end{pmatrix}$$

gegeben. Unter Verwendung von Satz 5.7 zeigen wir:

Satz 5.12

Ist $T_A : \mathbb{T}^2 \to \mathbb{T}^2$ ein hyperbolischer linearer Automorphismus und $\mathfrak{P}$ eine Markov-Partition von $\mathbb{T}^2$ für T_A und $M(\mathfrak{P})$ die zugehörige Markov-Matrix, so ist das System $(\mathbb{T}^2, T_A)$ ein Faktor des Markov-Shifts $(\tilde{\Sigma}_{M(\mathfrak{P})}, \sigma)$.

Beweis Sei $\mathfrak{P}$ eine Markov-Partition für T_A und $M(\mathfrak{P})$ die zugehörige Markov-Matrix. Sei $(s_j) \in \tilde{\Sigma}_{M(\mathfrak{P})}$. Aus der Definition der Markov-Matrix folgt, dass das

Innere von P_{s_k} das Innere von $T_A(P_{s_{k+1}})$ für alle $k \in \mathbb{Z}$ schneidet. Damit ist

$$\bigcap_{k=-n}^{n} T_A^k(P_{s_k})$$

nicht leer. Da T_A und T_A^{-1} abgeschlossene Parallelogramme auf abgeschlossene Parallelogramme abbildet, handelt es sich bei diesen Mengen um geschachtelte abgeschlossene Parallelogramme. Da T_A und T_A^{-1} Kontraktionen mit Faktor $|\lambda_s| \in (0, 1)$ auf Geraden W^s bzw. W^u sind, die die Kanten der Parallelogramme enthalten, sind die Kantenlängen dieser Parallelogramme durch $|\lambda_s|^n$ beschränkt. Damit ist

$$\bigcap_{k=-\infty}^{\infty} T_A^k(P_{s_k})$$

einelementig. Wir bezeichnen dieses Element mit $\pi((s_k))$ und erhalten so eine Abbildung $\pi : \tilde{\Sigma}_{M(\mathfrak{P})} \to \mathbb{T}^2$. Offensichtlich gilt

$$T_A(\pi((s_k))) = \pi(\sigma(s_k)).$$

Weiterhin ist π surjektiv. Wählen wir für jedes $x \in \mathbb{T}^2$ eine Folge (s_k) mit $T^k(x) \in P_{s_k}$, so gilt $\pi((s_k)) = x$. Die Wahl dieser Folge ist allerdings nicht eindeutig und π ist nicht injektiv. Das π stetig ist, zeigt wieder die Argumentation aus dem Beweis von Satz 5.1. $\qquad\square$

Aus dem letzten Satz erhält man unmittelbar, dass das dynamische System $(\mathbb{T}^2, T_A)$ Devaney-chaotisch ist. Weiterhin folgt aus dem letzten Satz für die Entropie

$$h(T_A) \leq h(\sigma_{|M(\mathfrak{P})}) = \log |\lambda(M(\mathfrak{P}))|,$$

wobei $\lambda(M(\mathfrak{P}))$ der betragsmäßig größte Eigenwert von $M(\mathfrak{P})$ ist. Betrachten wir Arnolds Katzenabbildung T_A, so ist

$$\lambda(M(\mathfrak{P})) = \frac{3 + \sqrt{5}}{2} = \lambda_u,$$

wobei λ_u der Eigenwert von A mit Betrag größer eins ist. Dies ist kein Zufall, es gilt:

Satz 5.13

Ist $T_A : \mathbb{T}^2 \to \mathbb{T}^2$ ein hyperbolischer linearer Automorphismus, so gilt $h(T_A) = \log(|\lambda_u|)$, wobei λ_u der Eigenwert von A mit Betrag größer eins ist.

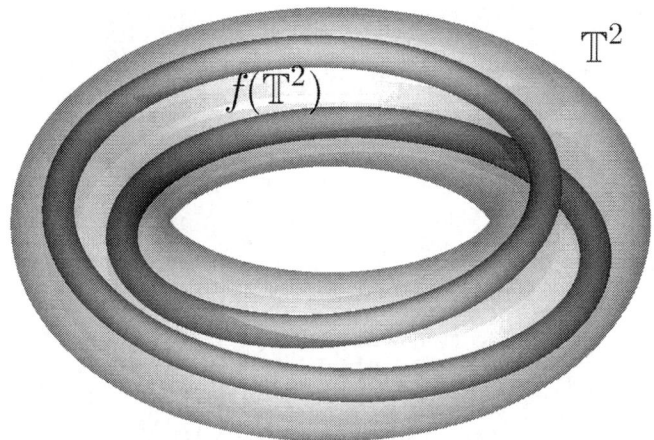

Abb. 5.5 Die Abbildung auf dem Torus, die das Solenoid erzeugt

Wir beweisen diesen Satz hier nicht, da er sich nicht unmittelbar aus der symbolischen Codierung ableiten lässt und verweisen stattdessen auf Abschn. 3.3 in Katok und Hasselblatt (1995).

Die in diesem Abschnitt skizzierte Theorie der hyperbolischen linearen Automorphismen des zweidimensionalen Torus $\mathbb{T}^2$ lässt sich auf lineare hyperbolische Automorphismen des n-dimensionalen Torus $\mathbb{T}^n$ verallgemeinern. Die Markov-Partitionen haben für $n \geq 3$ allerdings komplizierte geometrische Gestalt, siehe Manning (2002). Für hyperbolische lineare Automorphismen des Torus haben wir stabile und unstabile Mannigfaltigkeit $W^s(x)$ und $W^u(x)$, für alle Punkte x des Raumes. Diffeomorphismen, für die solche Mannigfaltigkeit existieren, werden Anosov-Diffeomorphismen genannt. Für diese Systeme existiert eine Markov-Partition und eine Codierung der Dynamik durch einen Markov-Shift. Auf eine größere Klasse von hyperbolischen Diffeomorphismen gehen wir im nächsten Abschnitt näher ein.

5.5 Höherdimensionale Systeme

Das paradigmatische Beispiel eines Attraktors in $\mathbb{R}^3$ ist das Solenoid von Smale (1967), das wir hier symbolisch codieren. Wir definieren eine glatte Abbildung auf dem Volltorus $\mathbb{V} = \{(x, y) | x^2 + y^2 \leq 1\} \times \mathbb{S}^1$ durch

$$S(x, y, z) = \left(\frac{1}{10}x + \frac{1}{2} \sin(2\pi z), \ \frac{1}{10}y + \frac{1}{2} \cos(2\pi z), \ E_2(z) \} \right),$$

wobei E_2 die mit Faktor zwei expandierende Abbildung auf $\mathbb{S}^1$ ist. Der Attraktor $\Psi = \bigcap_{n=0}^{\infty} S^n(\mathbb{V})$ des Systems wird Solenoid genannt. Die Dynamik auf diesem Attraktor lässt sich durch einen zweiseitigen Shift auf zwei Symbolen beschreiben:

Satz 5.14
(Ψ, S) *ist ein Faktor von* $(\tilde{\Sigma}_2, \sigma)$ *und es gilt* $h(S) = \log(2)$.

Beweis Wir zerlegen den Volltorus $\mathbb{T}^2 = T_1 \cup T_2 = \mathbb{D}^2 \times [0, 1/2) \cup \mathbb{D}^2 \times [1/2, 1)$, wobei $\mathbb{D}^2$ die Einheitskreisscheibe ist. Wie im Beweis von Satz 5.8. betrachten wir die Abbildung $\pi : \{1, 2\}^{\mathbb{Z}} \to \mathbb{T}^2$, gegeben durch

$$\pi((s_k)) = \bigcap_{k=-\infty}^{\infty} S^{-k}(T_{s_k}).$$

Bemerke, dass $\bigcap_{k=0}^{\infty} S^{-k}(T_{s_k})$ ein Kreis $\mathbb{D}^2 \times \{z((s_k))\}$ ist, wobei $z : \tilde{\Sigma} \to \mathbb{S}^1$, gegeben durch

$$z((s_k)) = \sum_{k=0}^{\infty} (s_{-k} - 1) 2^{-k},$$

auf dem Folgenraum $\tilde{\Sigma}_2$ stetig ist. $\bigcap_{k=-m}^{\infty} S^{-k}(T_{s_k})$ ist daher eine Kreisscheibe mit dem Durchmesser $1/10^m$. Diese Kreisscheiben überdecken das Solenoid, wenn wir alle einseitig unendlichen Folgen $(s_{-m}, \ldots, s_0, s_1, \ldots)$ betrachten. Wir sehen also, dass π stetig mit dem Bild Ψ ist. Wie im Beweis von 5.8 erhalten wir $S(\pi(s_k)) = \pi(\Sigma(s_{k+1}))$. Da jeder Punkt in Ψ höchstens zwei Urbilder in Bezug auf π hat, die aus der Codierung von E_2 stammen, folgt wie im Beweis 5.1, dass π entropieerhaltend ist (Abb. 5.5). $\square$

Das Solenoid ist wie das Hufeisen aus Abschn. 5.3 und wie der gesamten Torus für die linearen expandierenden Abbildungen aus Abschn. 5.4 gleichmäßig hyperbolisch. Wir führen diese Konzeption hier allgemein ein. Sei im Folgenden M ein kompaktes Gebiet in $\mathbb{R}^d$ bzw. eine d-dimensionale kompakte differenzierbare riemannsche Mannigfaltigkeit.[3] $f : M \to M$ sei ein Diffeomorphismus und $\Lambda \subseteq U$ eine kompakte f-invariante Menge.

Definition 5.4
Λ wird gleichmäßig hyperbolisch genannt, wenn für alle $x \in \Lambda$ eine Aufspaltung des $\mathbb{R}^d$ in lineare Unterräume E_x^s und E_x^u existiert, sodass

1. $Df(x)(E_x^s) = E_{f(x)}^s$ und $Df(x)(E_x^u) = E_{f(x)}^u$
2. $|Df^n(x)(v)| \le c\lambda^n v$ für $v \in E_x^s$
3. $|Df^{-n}(x)(v)| \le c\lambda^n v$ für $v \in E_x^u$,

---

[3] Im Anhang findet sich die Definition einer riemannschen Mannigfaltigkeit.

wobei $\lambda \in (0, 1)$ und $c > 0$ Konstanten sind. Gibt es eine offene Umgebung V von Λ, sodass

$$\Lambda = \bigcap_{n=-\infty}^{\infty} f^n(V),$$

so wird Λ lokal maximal hyperbolisch genannt. ◆

Für lokal maximale hyperbolische Mengen Λ erhalten wir eine Codierung durch Markov-Shifts:

Satz 5.15
Ist Λ lokal maximal hyperbolisch für f, so ist (Λ, f) ein Faktor eines Markov-Shifts (Σ_A, σ).

Der entscheidende Teil des Beweises dieses Satzes ist die Konstruktion einer Markov-Partition, siehe Definition 5.3. Die Ränder dieser Partition sind durch Abschnitte der stabilen und unstabilen Mannigfaltigkeiten gegeben. Für die Details der Konstruktion verweisen wir auf Theorem 18.7.3 in Katok und Hasselblatt (1995). Der Rest des Beweises ist analog zum Beweis von Satz 5.12.

Gemäß Satz 3.15 übertragen sich Eigenschaften wie Transitivität, Mischung und Devaney-Chaos von Markov-Shifts auf lokal maximal hyperbolische Mengen jeder Dimension.

Ergodentheorie

6

Inhaltsverzeichnis

In diesem Kapitel geben wir eine Einführung in die Ergodentheorie, die die asymptotische Dynamik eines Systems mit Hilfe von Wahrscheinlichkeitsmaßen beschreibt. Im ersten Abschnitt definieren wir invariante, ergodische und mischende Maße, führen Bernoulli- und Markov-Maße ein und zeigen, dass diese mischend und damit ergodisch sind. Im zweiten Abschnitt beweisen wir die Ergodensätze von Poincaré, Birkhoff und Kac und stellen den Ergodensatz von Oseledec vor. Diese Sätze zeigen, wie ergodische Maße die asymptotische Dynamik eines Systems für fast alle Anfangswerte beschreiben. Der dritte Abschnitt enthält die Definition der Entropie von invarianten Maßen und die Berechnung der Entropie von Bernoulli- und Markov-Maßen. Wir zeigen auch, dass die Existenz eines Maßes positiver Entropie für topologisches Chaos hinreichend ist. In Abschnitt vier sehen wir, dass das ein- bzw. zweidimensionale Lebesgue-Maß ergodisch für einige lineare Abbildungen des Kreisrings, eines Intervalls, des Torus und der Ebene ist. Wir führen in Abschnitt fünf absolut stetige Maße, die durch eine Dichte gegeben sind, ein und finden ein Kriterium für die Invarianz solcher Maße. Die Existenz eines absolut stetigen ergodischen Maßes einer Intervallabbildung impliziert Devaney-Chaos. Wir geben sowohl Existenzsätze als auch Beispiele absolut stetiger ergodischer Maße an. Im letzten Abschnitt des Kapitels betrachten wir singuläre ergodische Maße, wie sie zum Bei-

J. Neunhäuserer, *Chaotische dynamische Systeme*,
https://doi.org/10.1007/978-3-662-72389-0_6

spiel für das Solenoid existieren. Wir definieren physikalische und SRB-Maße, die
die Dynamik gleichmäßig hyperbolischer Systeme optimal beschreiben.

6.1   Invariante und ergodische Maße

Wir beginnen dieses Kapitel mit der zentralen Definition der Ergodentheorie:

Definition 6.1
Sei (X, T) ein dynamisches System, wobei wir annehmen, dass $T : X \to X$ Borel-
messbar ist. Ein borelsches Wahrscheinlichkeitsmaß μ heißt invariant unter T, wenn
$\mu(T^{-1}(B)) = \mu(B)$ für alle Borel-Mengen B gilt. Wir nennen hier eine Borel-
Menge B invariant, wenn $T^{-1}(B) = B$ gilt. Ein invariantes Maß μ heißt ergodisch,
wenn $\mu(B) \in \{0, 1\}$ für alle invarianten Borel-Mengen B gilt. Wir bezeichnen die
Menge der invarianten Maße mit $\mathcal{M}_{\mathrm{INV}}(X, T)$ und die Menge der ergodischen Maße
mit $\mathcal{M}_{\mathrm{ERG}}(X, T)$.   ◆

Lesenden, die mit den hier verwendenden maßtheoretischen Begriffen nicht vertraut
sind, empfehlen wir die Lektüre von Abschn. 11.3 im Anhang.
    Durch die Levy-Prokhorov-Metrik

$$d(\mu, \nu) = \inf \left\{ \varepsilon > 0 \mid \mu(A) \le \nu(A^{\varepsilon}) + \varepsilon, \ \nu(A) \le \mu(A^{\varepsilon}) + \varepsilon, \ A \subseteq X \text{ Borel-Menge} \right\}$$

mit $A^{\varepsilon} := \bigcup_{a \in A} B_{\varepsilon}(a)$ werden $\mathcal{M}_{\mathrm{INV}}(X, T)$ und $\mathcal{M}_{\mathrm{ERG}}(X, T)$ zu metrischen Räumen. Ohne Beweis notieren wir den allgemeinen Existenzsatz für invariante und
ergodische Maße.

> **Satz 6.1**
> *Ist X kompakt und $T : X \to X$ stetig, so ist $\mathcal{M}_{INV}(X, T)$ nicht leer, mit
> der Levy-Prokhorov-Metrik kompakt und konvex. Die Menge der ergodi-
> schen Maße $\mathcal{M}_{ERG}(X, T)$ ist nicht leer und besteht aus den Eckpunkten von
> $\mathcal{M}_{INV}(X, T)$.*

Der Beweis der Existenz des invarianten Maßes stammt von Bogoliubov und Krylov
(1937). Dass $\mathcal{M}_{\mathrm{INV}}(X, T)$ kompakt ist, folgt aus dem Satz von Banach-Alaoglu,
siehe Alaoglu (1940), und die Konvexität des Raums ist leicht zu beweisen. Die
Annahmen, dass der Raum X kompakt und die Abbildung T stetig ist, sind notwendig um die Existenz eines invarianten Maßes zu garantieren. So ist etwa eine
Verschiebung auf $\mathbb{R}$ stetig, besitzt aber kein invariantes Wahrscheinlichkeitsmaß.
Auch messbare Abbildungen auf kompakten Räumen, die kein invariantes Maß besitzen, lassen sich konstruieren. Zum Beispiel ist die Abbildung $T : [0, 1] \to [0, 1]$,

gegeben durch $T(x) = x/2$ für $x \in (0, 1] \cap \mathbb{Q}$, $T(x) = 1 - x/2$ für $x \in (0, 1) \backslash \mathbb{Q}$ und $T(0) = 1/\sqrt{2}$ messbar, hat aber kein invariantes Wahrscheinlichkeitsmaß. Die Existenz von Eckpunkten für kompakte und konvexe Räume und damit die Existenz ergodischer Maße liefert der Satz von Krein und Milman (1940).

Wir wollen hier noch einen weiteren Grundbegriff der Ergodentheorie einführen.

Definition 6.2
Sei X ein metrischer Raum, $T : X \to X$ Borel-messbar und $\mu \in \mathcal{M}_{\mathrm{INV}}(X, T)$. μ heißt mischend, wenn

$$\lim_{n \to \infty} \mu(A \cap T^{-n}(B)) = \mu(A)\mu(B)$$

für alle Borel-Mengen $A, B \subseteq X$ gilt. ◆

Wenn wir voraussetzen, dass die Abbildung T eine messbare Umkehrung hat, ist die Bedingung in unserer Definition äquivalent zu

$$\lim_{n \to \infty} \mu(A \cap T^n(B)) = \mu(A)\mu(B)$$

für alle Borel-Mengen $A, B \subseteq X$. $T^n(B)$ ist in diesem Fall messbar.

Mischende Maße sind offensichtlich ergodisch. Betrachtet man eine invariante Menge B und $A = X \backslash B$, so erhält man für ein mischendes Maß $\mu(X \backslash B)\mu(B) = 0$ und damit die Ergodizität des Maßes. Die Umkehrung gilt im Allgemeinen nicht.

Im Gegensatz zur Ergodizität ist der abstrakte Begriff des Mischens leicht anschaulich zu verstehen. Wir mischen $1/10$ Liter Farbstoff mit $9/10$ Liter weißer Farbe. μ sei das Volumen und B der Raumbereich, den der Farbstoff vor dem Mischen einnimmt, also $\mu(B) = 1/10$. Sei A nun ein beliebiger Raumbereich. Am Anfang sind in A genau $\mu(A \cap B)$ Liter Farbe, nach n-maligen Rühren T sind in A dann $\mu(A \cap T^n(B))$ Liter Farbe. Das Rühren T durchmischt die Farbe, wenn sich asymptotisch in A genau $\mu(A)\mu(B) = \mu(B)/10$ Liter Farbe befinden. Dies entspricht unserer Definition. Summiert sich das Volumen von Farbstoff und Farbe nicht zu eins, können wir das Volumen entsprechend skalieren, um ein Wahrscheinlichkeitsmaß μ zu erhalten. Die Bedeutung des Begriffs der Ergodizität eines Maßes ist aus seiner Definition eher schwer zu verstehen. Die Ergodensätze, die wir im nächsten Kapitel vorstellen, werden aufzeigen, dass gerade die ergodischen Maße das asymptotische Verhalten eines dynamischen Systems für fast alle Anfangswerte bestimmen.

Als Beispiele führen wir nun Bernoulli- und Markov-Maße ein, die für Bernoulli- bzw. Markov-Shifts mischend und damit ergodisch sind, vgl. Kap. 4. Für $b \geq 2$ und einen Wahrscheinlichkeitsvektor $p = (p_1, \ldots, p_b)$ mit $p_i \in (0, 1)$ und $\sum_{i=1}^{b} p_i = 1$ definieren wir ein Bernoulli-Maß auf dem einseitigen Shiftraum Σ_b bzw. dem zweiseitigen Shiftraum $\tilde{\Sigma}_b$ durch

$$\mu_p([t_1, \ldots, t_l]_m) = \prod_{k=1}^{l} p_{t_k},$$

wobei $[t_1, \ldots, t_l]_m$ eine Zylindermenge in Σ_b bzw. $\tilde{\Sigma}_b$ ist. Dies definiert ein borel-sches Wahrscheinlichkeitsmaß, da die Zylindermengen eine Basis der Topologie des Shiftraums bilden, und wir erhalten:

Satz 6.2

Das Bernoulli-Maß μ_p ist ein mischendes, also insbesondere ergodisches Maß, für den Bernoulli-Shift (Σ_b, σ) bzw. $(\tilde{\Sigma}_b, \sigma)$.

Beweis Die Invarianz von μ_p in Bezug auf den Shift σ ist offensichtlich. Das Maß einer Zylindermenge hängt nicht von dessen Position (dem Index m in der Definition) ab. Wir zeigen, dass μ_p mischend ist. Seien A und B zwei Zylindermengen, sodass $A \cap B$ keine Zylindermenge ist. Dann existieren zwischen den Folgeneinträgen, die durch A, und denen, die durch B festgelegt sind, $k \geq 1$ Einträge, die nicht fixiert sind. Sei $\mathfrak{Z}$ die Menge all der Zylindermengen, die diese Einträge festlegen. Für $Z \in$ ist $A \cap Z \cap B$ eine Zylindermenge mit $\mu_p(A \cap Z \cap B) = \mu_p(A)\mu_p(Z)\mu_p(B)$, gemäß der Definition von μ_p. Damit gilt

$$\mu_p(A \cap B) = \mu_p\left(\bigcup_{Z \in \mathfrak{Z}} A \cap Z \cap B\right) = \sum_{Z \in \mathfrak{Z}} \mu_p(A \cap Z \cap B)$$

$$= \mu_p(A)\mu_p(B) \sum_{Z \in \mathfrak{Z}} \mu_p(Z) = \mu_p(A)\mu_p(B),$$

wobei wir in der zweiten Gleichung verwenden, dass die Mengen $A \cap Z_1 \cap B$ und $A \cap Z_2 \cap B$ für $Z_1 \neq Z_2$ disjunkt sind. Seien nun A und B zwei beliebige Zylindermengen. Für n hinlänglich groß ist $A \cap T^{-n}(B)$ keine Zylindermenge, damit folgt

$$\mu_p(A \cap \sigma^{-n}(B)) = \mu_p(A)\mu_p(\sigma^{-n}(B)) = \mu_p(A)\mu_p(B).$$

$\square$

Sei $P = (p_{i,j})_{i,j=1,\ldots,b}$ nun eine Wahrscheinlichkeitsmatrix mit $p_{i,j} \in [0, 1]$ und $\sum_{i=1}^{b} p_{i,j} = 1$ für $j = 1, \ldots, b$. Wir nehmen an, dass P^l für ein $l \in \mathbb{N}$ nur positive Einträge hat. Damit existiert ein eindeutig bestimmter Wahrscheinlichkeitsvektor $p = (p_1, \ldots, p_b)$, der invariant unter P ist, d. h., $Pp = p$. Wir definieren weiterhin eine Matrix A durch $a_{i,j} = 0$, wenn $p_{i,j} = 0$ und $a_{i,j} = 1$ ansonsten. Ein Markov-Maß auf dem Markov-Shift Σ_A bzw. $\tilde{\Sigma}_A$ ist durch

$$\mu_{P,p}([t_1, \ldots, t_l]_m) = p_{t_1} \prod_{k=1}^{l} p_{t_k, t_{k+1}}$$

für Zylindermengen $[t_1, \ldots, t_l]_m$ gegeben. Es gilt

Satz 6.3

Das Markov-Maß $\mu_{P,p}$ ist ein mischendes, also insbesondere ergodisches Maß, für den Markov-Shift (Σ_A, σ) bzw. $\tilde{\Sigma}_A$.

Beweis Der Beweis ist im Wesentlichen analog zum Beweis von 6.2.folgt Der einzige Unterschied ist, dass wir hier Zylindermengen im Markov-Shift Σ_A betrachten. □

Invariante, ergodische und mischende Maße lassen sich auf maßtheoretisch konjugierte Systeme übertragen. Wir wollen dies präzisieren. Seien X, Y metrische Räume und $T : X \to X$ sowie $G : Y \to Y$ Borel-messbar, ferner sei μ ein borelsches Wahrscheinlichkeitsmaß auf X. Wir nehmen an, dass es eine T-invariante Borel-Menge $\bar{X} \subseteq X$ mit $\mu(\bar{X}) = 1$ und eine messbare Injektion $\pi : \bar{X} \to Y$ mit messbarer Umkehrung auf $\pi(\bar{X})$ gibt, sodass

$$\pi \circ T(x) = G \circ \pi(x)$$

für alle $x \in \bar{X}$ gilt. Wir definieren nun die Projektion $\pi(\mu)$ von μ auf Y durch

$$\pi(\mu)(B) = \mu(\pi^{-1}(B))$$

für alle Borel-Mengen B in Y. □

Satz 6.4

Unter den obigen Voraussetzungen gilt:

(1) *Ist μ ein invariantes Maß für (X, T), so ist $\pi(\mu)$ ein invariantes Maß für (Y, G).*

(2) *Ist μ ein ergodisches Maß für (X, T), so ist $\pi(\mu)$ ein ergodisches Maß für (Y, G).*

(3) *Ist μ ein mischendes Maß für (X, T), so ist $\pi(\mu)$ ein mischendes Maß für (Y, G).*

Beweis Ist μ T-invariant, so gilt für alle Borel-Mengen $B \subseteq Y$

$$\pi(\mu)(G^{-1}(B)) = \mu(\pi^{-1}(G^{-1}(B))) = \mu(T^{-1}(\pi^{-1}(B))) = \mu(\pi^{-1}(B)) = \pi(\mu)(B),$$

also ist $\pi(\mu)$ G-invariant. Gilt $G^{-1}(B) = B$, so folgt $\pi^{-1}(G^{-1}(B)) = \pi^{-1}(B)$ und damit $T^{-1}(\pi^{-1}(B)) = \pi^{-1}(B)$. Ist μ ergodisch, gilt $\pi(\mu)(B) = \mu(\pi^{-1}(B)) \in \{0, 1\}$. Damit ist $\pi(\mu)$ ergodisch. Sind $A, B \subseteq Y$ Borel-Mengen und μ mischend, so gilt

$$\lim_{n \to \infty} \pi(\mu)(A \cap G^{-n}(B)) = \lim_{n \to \infty} \mu(\pi^{-1}(A) \cap \pi^{-1}(G^{-n}(B))) =$$

$$\lim_{n \to \infty} \mu(\pi^{-1}(A) \cap T^{-n}(\pi^{-1}(B))) = \mu(\pi^{-1}(A))\mu(\pi^{-1}(B)) = \pi(\mu)(A)\pi(\mu)(B).$$

$\pi(\mu)$ ist also mischend. $\square$

In Analogie zur topologischen Konjugation dynamischer Systeme führen wir die maßtheoretische Konjugation ein.

Definition 6.3
Unter obigen Voraussetzungen nennen wir die Systeme (X, T, μ) und $(Y, G, \pi(\mu))$ maßtheoretisch konjugiert, wenn μ und damit $\pi(\mu)$ mindestens invariant sind.   ◆

Haben wir eine symbolische Codierung π eines dynamischen Systems, erhalten wir also durch Projektion von Bernoulli-Maßen $\pi(\mu_p)$ oder Markov-Maßen $\pi(\mu_{P,p})$ mischende Maße für das System. Wir kommen hierauf in Abschn. 6.4 und 6.5 zurück.

6.2   Ergodensätze

Der erste Ergodensatz, den wir hier vorstellen, ist der Rekurrenzsatz von Poincaré (1890). Er kennzeichnet die Geburtsstunde der Ergodentheorie. Eine maßtheoretische Formulierung des Satzes lautet:

Satz 6.5
Sei X ein metrischer Raum, $T : X \to X$ Borel-messbar, $\mu \in \mathcal{M}_{INV}(X, T)$ und B eine Borel-Menge mit $\mu(B) > 0$. Für fast alle $x \in B$ gibt es unendlich viele $n \in \mathbb{N}$ mit $T^n(x) \in B$.

Beweis Sei $F = \{x \in A \,|\, T^n(x) \notin B \;\forall n \geq 1\}$ die Menge der $x \in B$, die nicht in B zurückkehren. Wir zeigen zunächst $\mu(F) = 0$. Es gilt $T^{-n}(F) \cap T^{-m}(F) = \emptyset$ für alle $n > m$. Gäbe es ein $x \in T^{-n}(F) \cap T^{-m}(F)$, dann gälte $x \in T^m(F) \subseteq B$ und $x \in T^n(F) = T^{n-m}(T^m(x)) \subseteq B$. Dies stünde im Widerspruch zur Definition von F. Die Mengen $T^{-n}(F)$ sind also disjunkt für $n \geq 1$. Aus der Additivität und der Invarianz des Maßes μ erhalten wir

$$\sum_{n=1}^{\infty} \mu(F) = \sum_{n=1}^{\infty} \mu(T^{-n}(F)) = \mu\left(\bigcup_{n=1}^{\infty} T^{-n}(F)\right) \leq \mu(X).$$

Wegen $\mu(X) = 1$ folgt $\mu(F) = 0$. Sei nun G die Menge aller $x \in A$, die nur für endliche viele Zeiten n in B zurückkehren. Es gilt

$$G \subseteq \bigcup_{n=1}^{\infty} T^{-n}(F).$$

Benutzen wir wieder die Subadditivität und Invarianz des Maßes, folgt

$$\mu(G) \leq \mu(\bigcup_{n=1}^{\infty} T^{-n}(F)) \leq \sum_{n=1}^{\infty} \mu(F) = 0$$

und damit $\mu(G) = 0$. Dies beweist den Satz. $\square$

In Bezug auf ein invariantes Maß ist also der Schnitt des Orbits $\mathcal{O}_T(x) = \{T^n(x)|n \geq 0\}$ fast aller $x \in B$ mit B eine unendliche Menge, wenn B positives Maß hat. In Bezug auf ein ergodisches Maß werden wir im übernächsten Satz die erwartete Zeit der ersten Rückkehr in eine Menge B von positiven Maß bestimmen.

Im Zentrum der Ergodentheorie steht der Ergodensatz von Birkhoff (1931), den wir nun formulieren.

Satz 6.6
Sei X ein metrischer Raum, $T : X \to X$ Borel-messbar und $\mu \in \mathcal{M}_{ERG}(X, T)$ und $f : X \to \mathbb{R}$ integrierbar in Bezug auf μ. Für fast alle $x \in X$ gilt

$$\lim_{n \to \infty} \frac{1}{n+1} \sum_{i=0}^{n} f(T^i(x)) = \int f(x)\mathrm{d}\mu.$$

Beweis Sei

$$s_n(x) = \sum_{i=0}^{n} f(T^i(x)).$$

Wir zeigen zunächst eine formale Aussage:
Für $A = \{x \,|\, \sup\{s_n(x)|n \geq 0\} > 0\}$ ist $\int_A f d\mu \geq 0$.

Sei $S_n(x) = \max\{s_0(x), \ldots, s_n(x)\}$, $S_n^\star(x) = \max\{S_n(x), 0\}$ sowie $A_n = \{x \mid S_n(x) > 0\}$. Dann gilt

$$S_{n+1}(x) \le S_n^\star(T(x)) + f(x)$$

und damit

$$\int_{A_n} f(x)\mathrm{d}\mu \ge \int_{A_n} S_{n+1}(x) - S_n^\star(T(x))\mathrm{d}\mu \ge \int_{A_n} S_n(x) - S_n^\star(T(x))\mathrm{d}\mu$$

$$\ge \int_X S_n^\star(x) - S_n^\star(T(x))\mathrm{d}\mu = 0,$$

da wir über ein T-invariantes Maß integrieren. Wegen $A = \bigcup_{n=0}^{\infty} A_n$ folgt die Behauptung.

Nun kommen wir zum Hauptteil des Beweises. Sei $a_n(x) = s_n(x)/(n+1)$. Wenn $a_n(x)$ nicht für fast alle x konvergiert, gilt

$$\liminf_{n \to \infty} a_n(x) < b < a < \limsup_{n \to \infty} a_n(x)$$

auf einer Menge E von positivem Maß. Dabei ist lim inf der kleinste Häufungspunkt und lim sup der größte Häufungspunkt der Folge. Da E invariant ist, können wir $E = X$ und mittels einer Umskalierung der Funktion f auch $a = 1$ und $b = -1$ annehmen. Aus der eben bewiesenen Aussage erhalten wir $\int f(x)\mathrm{d}\mu \ge 0$. Wenn wir nun f durch $-f$ ersetzen, folgt $\int f(x)\mathrm{d}\mu \le 0$. Das gleiche Argument kann für alle Funktionen $f(x) + c$ mit $-1 < c < 1$ angewendet werden. Damit folgt $\int c\,\mathrm{d}\mu = 0$. Dies ist ein Widerspruch. Somit konvergiert $a_n(x)$ gegen eine Funktion $F(x)$ für fast alle x in Bezug auf μ. Die Funktion F ist offenbar T-invariant; also ist $T(F) = F$ und integrierbar, wegen

$$\int |a_n(x)|\mathrm{d}\mu \le \int |f(x)|\mathrm{d}\mu < \infty.$$

Da μ ergodisch ist, muss F fast überall in Bezug auf μ konstant sein, und wir erhalten

$$F(x) = \int F(x)\mathrm{d}\mu = \int f(x)\mathrm{d}\mu$$

für fast alle x in Bezug auf μ. $\qquad\qquad\qquad\qquad\qquad\qquad\qquad\qquad\qquad\quad\Box$

Wenden wir den birkhoffschen Ergodensatz auf die charakteristische Funktion Ξ_B einer Borel-Menge $B \subseteq X$ an, so erhalten wir insbesondere

$$\lim_{N \to \infty} \frac{\sharp\{0 \le n \le N - 1 \mid T^n(x) \in B\}}{N} = \mu(B),$$

für fast alle $x \in X$. Die Häufigkeit, dass der Orbit eines typischen Punktes in B ist, konvergiert also gegen das Maß von B. Invariante Maße beschreiben damit das asymptotische Verhalten der Orbits ihrer typischen Punkte vollständig. Wie stark dieses Ergebnis ist, hängt von dem ergodischen Maß ab, das wir betrachten. Für ein Maß auf einem Fixpunkt x mit $T(x) = x$ oder einem periodischen Punkt mit $T^p(x) = x$ gibt der Ergodensatz von Birkhoff keine neue Information über die Dynamik von T. Auf das Lebesgue-Maß als ergodisches Maß und absolut stetige ergodische Maße gehen wir in den beiden letzten Abschnitten des Kapitels ein. Als drittes Ergebnis stellen wir den Ergodensatz von Kac (1947) vor, der auch als Kacs Lemma bekannt ist. Für eine Borel-Menge B sei

$$t_B(x) = \min\{n \in \mathbb{N} | T^n(x) \in B\}$$

die Zeit, bis der Orbit von x in B ankommt. Haben wir ein ergodisches Maß μ und eine Menge von positivem Maß B, so folgt aus dem birkhoffschen Ergodensatz, dass diese Funktion für fast alle $x \in X$ endlich ist. Die erwartete Zeit der ersten Rückkehr typischer Orbits von $x \in B$ in B gibt folgender Satz:

Satz 6.7
Sei X ein metrischer Raum, $T : X \to X$ Borel-messbar, $\mu \in \mathcal{M}_{ERG}(X, T)$ und B eine Borel-Menge mit $\mu(B) > 0$. Der Erwartungswert von t_B unter der Bedingung $x \in B$ ist gegeben durch

$$\mathbb{E}(t_B|B) = 1/\mu(B).$$

Beweis Da

$$\mathbb{E}(t_B|B) = \int_B t_B(x)d\mu(x)/\mu(B),$$

müssen wir

$$\int_B t_B(x)d\mu(x) = 1$$

zeigen. Sei $B_n = \{x \in B | t_B(x) = n\}$. Für $n \in \mathbb{N}$ definieren wir Borel-Mengen $B_{n,0}$, $B_{n,1}$, ... $B_{n,n-1}$ durch $B_{n,0} = B_n$ und $T^{-k}(B_{n,k}) = B_n$ für $k = 1, \ldots, n - 1$. Da das Maß μ invariant ist, gilt $\mu(B_{n,k}) = \mu(B_n)$. Aus dem birkhoffschen Ergodensatz folgt, dass fast alle $x \in X$ in einer Menge $B_{n,k}$ enthalten sind. Damit gilt

$$1 = \mu(X) = \sum_{n=1}^{\infty} \sum_{k=0}^{n-1} \mu(A_{n,k}) = \sum_{n=1}^{\infty} n\mu(A_n)$$

$$= \sum_{n=1}^{\infty} \int_{B_n} t_B(x)d\mu(x) = \int_B t_B(x)d\mu(x).$$

$\square$

Der Satz besagt, dass die erwartete Rückkehrzeit der Kehrwert des Maßes der betrachteten Mengen ist, was intuitiv einleuchtet.

Als Letztes stellen wir hier ohne Beweis den multiplikativen Ergodensatz von Oseledets (1968) vor. Wir benötigen hierzu folgende Definition:

Definition 6.4

Sei X ein metrischer Raum und $T : X \to X$ eine Abbildung. Ferner sei $C : X \times \mathbb{N}_0 \to GL(k, \mathbb{R})$ eine Abbildung in den Raum der invertierbaren reellen $k \times k$-Matrizen mit der Matrixnorm $||A|| = \sqrt{\sum_{i,j=0}^{k} a_{ij}^2}$.

C wird Kozykel genannt, wenn $C(x, 0)$ die identische Matrix ist und

$$C(x, n + m) = C(T^n(x), m) \cdot C(x, n)$$

für alle $x \in X$ und alle $n, m \geq 0$ gilt.   ◆

Mit dieser Notation gilt:

Satz 6.8

Sei X ein metrischer Raum, $T : X \to X$ Borel-messbar, $\mu \in \mathcal{M}_{ERG}(X, T)$ und $C : X \times \mathbb{N}_0 \to GL(k, \mathbb{R})$ ein Kozykel, sodass $h(x) = \max\{0, \log ||C(x, n)||\}$ für alle $n \geq 0$ integrierbar in Bezug auf μ ist. Es gibt reelle Zahlen $\lambda_1 < \lambda_2 < \cdots < \lambda_m$ mit $1 \leq m \leq k$ und lineare Unterräume des $\mathbb{R}^k$ mit

$$\mathbb{R}^k = L_1 \subset L_2 \subset \cdots \subset L_m \subset L_{m+1} = \{0\},$$

sodass für fast alle $x \in X$ in Bezug auf μ

$$\lim_{n \to \infty} \frac{1}{n} \log |C(x, n)v| = \lambda_i$$

für alle $v \in V_i = L_i \setminus L_{i+1}$ und alle $i \in \{1, \ldots, m\}$ gilt. Für $i \in \{1, \ldots, m\}$ wird λ_i Lyapunov-Exponent mit der Vielfachheit $v_i = (\dim L_i - \dim L_{i+1})$ genannt.

Oftmals wird dieser Satz auf stetig differenzierbare Abbildungen T auf kompakten Gebieten X des $\mathbb{R}^k$ bzw. auf kompakten differenzierbaren riemannschen Mannigfaltigkeiten angewendet. Als Kozykel wählt man die Jacobi-Matrix von T^n, die die partiellen Ableitungen der Koordinatenfunktionen T_i^n enthält, d. h.,

$$C(x, n) = D_x T^n = \left(\frac{\partial T_i^n}{\partial x_j}(x) \right)_{i,j=1,\dots,k}.$$

Wir erhalten aus dem multiplikativen Ergodensatz für fast alle $x \in X$ in Bezug auf ein ergodisches Maß μ

$$\lim_{n \to \infty} \frac{1}{n} \log |D_x T^n v| = \lambda_i,$$

für alle Vektoren v aus V_i. Anders ausgedrückt gilt asymptotisch $|D_x T^n v| \approx e^{n\lambda_i}$ für $v \in V_i$. Für $\lambda_i > 0$ ist die Abbildung T also expandierend in Richtung von Vektoren aus V_i entlang fast aller Orbits in Bezug auf das ergodische Maß μ. Ist $\lambda_i < 0$, so ist die Abbildung kontrahierend in Richtung von V_i entlang dieser Orbits. Ist null kein Lyapunov-Exponent eines Systems (X, T, μ), so wird dieses System (ergodentheoretisch) hyperbolisch genannt.

6.3   Entropie von Maßen

Wir beschreiben hier zunächst die Entropie von Partitionen, um dann die Entropie von invarianten Maßen definieren zu können. Sei X ein metrischer Raum mit einem borelschen Wahrscheinlichkeitsmaß. Eine maßtheoretische Partition $\mathfrak{P}$ von X ist eine Überdeckung von X, deren Elemente sich nur in Mengen vom Maß null schneiden. Die gemeinsame Verfeinerung von zwei Partitionen $\mathfrak{P}_1$ und $\mathfrak{P}_2$ ist die Partition

$$\mathfrak{P}_1 \vee \mathfrak{P}_2 = \{P_1 \cap P_2 | P_1 \in \mathfrak{P}_1, P_2 \in \mathfrak{P}_2\}.$$

Die Entropie einer Partition ist gegeben durch

$$H(\mu, \mathfrak{P}) = - \sum_{P \in \mathfrak{P}} \mu(P) \log(\mu(P)),$$

wobei wir $0 \log(0) = 0$ setzen. Dies ist der Erwartungswert der Information $\mathbb{I}(P) = -\log(\mu(P))$ der Partitionselemente. Die Entropie ist also ein Maß für die Information, die wir im Mittel erwarten, wenn uns gesagt wird, in welchem Element der Partition ein Punkt liegt. Die triviale Partition $\{X\}$ hat Entropie null, wir erwarten hier keine Information. Je feiner eine Partition ist, desto höher ist die erwartete Information, also die Entropie. Unter allen Partitionen mit n Elementen hat eine Partition mit identischer Verteilung der Wahrscheinlichkeiten maximale Entropie $\log(n)$.

Nun können wir die Entropie eines dynamischen Systems (X, T, μ) definieren.

Definition 6.5
Sei X ein metrischer Raum, $T : X \to X$ Borel-messbar und $\mu \in \mathcal{M}_{\mathrm{INV}}(X, T)$. Die

maßtheoretische Entropie eines Systems (X, T, μ) in Bezug auf eine Partition $\mathfrak{P}$ ist

$$h(T, \mu, \mathfrak{P}) = \lim_{n \to \infty} \frac{1}{n} H(\mu, \mathfrak{P} \vee T^{-1}(\mathfrak{P}) \vee \cdots \vee T^{-n}(\mathfrak{P}))$$

und[1] die maßtheoretische Entropie, auch metrische Entropie oder Kolmogorov-Sinai-Entropie genannt, des Systems ist

$$h(T, \mu) = \sup\{h(T, \mu, \mathfrak{P}) \mid \mathfrak{P} \text{ ist eine Partition von } X\}.$$

◆

Die so definierte Entropie ist ein Maß dafür, wie stark die Anwendung von T Partitionen verfeinert und ihre Entropie in Bezug auf ein Wahrscheinlichkeitsmaß erhöht. Sie wird auch als Maß für die Komplexität oder Unvorhersehbarkeit der Dynamik interpretiert. Einen einfachen Zusammenhang zur topologischen Entropie und zum topologischen Chaos aus Abschn. 3.4 stellt folgender Satz her.

> **Satz 6.9**
> *Sei X ein kompakter metrischer Raum, $T : X \to X$ stetig. Für alle $\mu \in \mathcal{M}_{INV}(X, T)$ gilt*
>
> $$h(T, \mu) \leq h(T).$$
>
> *Existiert ein $\mu \in \mathcal{M}_{INV}(X, T)$ mit $h(T, \mu) > 0$, so ist das System (X, T) topologisch chaotisch.*

Beweis Sei $\mathfrak{P} = \{P_1, \ldots, P_m\}$ eine maßtheoretische Partition von X. Wir approximieren diese Partition durch eine Partition $\mathfrak{K} = \{K_0, K_1, \ldots, K_m\}$ mit kompakten Mengen. Für $\epsilon > 0$ wählen wir K_i, sodass $\mu(P_i \setminus K_i) < \epsilon$ für $i = 1, \ldots, m$ und setzen

$$K_0 = X \setminus \bigcup_{i=1}^{m} K_i.$$

Es gilt $\mu(K_0) \leq m\epsilon$ und wir erhalten

$$h(T, \mu, \mathfrak{P}) \leq h(T, \mu, \mathfrak{K}) + \log(m)\mu(K_0) \leq h(T, \mu, \mathfrak{K}) + \epsilon m \log(m).$$

Wählen wir ϵ klein genug, gilt also

$$h(T, \mu, \mathfrak{P}) \leq h(T, \mu, \mathfrak{K}) + 1.$$

---

[1] Der Grenzwert existiert, da die betrachtete Folge in n subadditiv ist.

Sei nun $\mathfrak{U} = \{U_1, \ldots, U_m\}$ die offene Überdeckung von X, die durch

$$U_i = K_0 \cup K_i = X \backslash \bigcup_{j \neq i} K_j$$

gegeben ist.
Da für jeden Wahrscheinlichkeitsvektor $p = (p_1, \ldots, p_l)$

$$\sum_{j=1}^{l} p_j \log(p_j) \leq \log l$$

gilt, erhalten wir

$$H\left(\mu, \bigvee_{k=0}^{n-1} T^{-k}(\mathfrak{K})\right) \leq \log \sharp \bigvee_{k=0}^{n-1} T^{-k}(\mathfrak{K}).$$

$\bigvee$ bezeichnet hier, wie oben, die gemeinsame Verfeinerung von Partitionen. Jede Menge in $\mathfrak{U}$ zerfällt in höchstens 2^n Mengen in der Partition $\bigvee_{k=0}^{n-1} T^{-k}(\mathfrak{K})$, damit folgt

$$\sharp \bigvee_{k=0}^{n-1} T^{-k}(\mathfrak{K}) \leq 2^n \sharp \bigvee_{k=0}^{n-1} T^{-k}(\mathfrak{U}).$$

Daher gilt

$$h(T, \mu, \mathfrak{K}) \leq h(T, \mathfrak{U}) + \log(2) \leq h(T) + \log(2)$$

und

$$h(T, \mu, \mathfrak{P}) \leq h(T) + \log(2) + 1.$$

Nehmen wir das Supremum über alle Partitionen $\mathfrak{P}$, folgt

$$h(T, \mu) \leq h(T) + \log(2) + 1$$

für beliebiges stetiges T. Für jedes $M \geq 1$ gilt damit

$$h(T^M, \mu) = M h(T, \mu) \leq h(T^M) + \log(2) + 1 = M h(T) + \log(2) + 1.$$

Mit $M \to \infty$ folgt $h(T, \mu) \leq h(T)$. Die zweite Aussage des Satzes folgt unmittelbar aus dieser Aussage und der Definition des topologischen Chaos. $\quad\square$

Mit größerem Aufwand lässt sich sogar

$$h(T) = \sup\{h(T, \mu) \mid \mu \in \mathcal{M}_{\mathrm{ERG}}(X, T)\}$$

zeigen. Dies ist das sogenannte Variationsprinzip der Entropie, siehe Walters (2000).

Die maßtheoretische Entropie ist eine Invariante unter Konjugation im Sinne von Definition 6.3. Es gilt:

Satz 6.10

Seien X, Y metrische Räume und $T : X \to X$ und $G : Y \to Y$ Borel-meßbar. Sind die Systeme (X, T, μ) und (Y, G, ν) mit $\mu \in \mathcal{M}_{INV}(X, T)$ und $\nu \in \mathcal{M}_{INV}(Y, G)$ maßtheoretisch konjugiert, so gilt $h(T, \mu) = h(G, \nu)$.

Beweis Sei $\pi : X \to Y$ die Konjugation der Systeme. Für jeder Partition $\mathfrak{P}$ von Y ist $\pi^{-1}(\mathfrak{P})$ eine Partition von X. Da π maßerhaltend ist und T mit G konjugiert, folgt

$$h(T, \mu, \pi^{-1}(\mathfrak{P})) = h(G, \nu, \mathfrak{P})$$

und damit $h(T, \mu) \leq h(G, \nu)$. Indem wir π^{-1} betrachteten, erhalten wir $h(T, \mu) \geq h(G, \nu)$ in gleicher Weise. $\qquad\square$

Zur Berechnung der Entropie unabhängig von Partitionen werden Erzeuger verwendet. Hierzu benötigen wir einige neue Begriffe.

Definition 6.6
Sei X ein metrischer Raum, $T : X \to X$ Borel-messbar und $\mu \in \mathcal{M}_{INV}(X, T)$. Die bedingte Entropie von zwei Partitionen $\mathfrak{P}$ und $\mathfrak{Q}$ von X ist gegeben durch

$$H(\mathfrak{P}|\mathfrak{Q}) = -\sum_{Q \in \mathfrak{Q}} \mu(Q) \sum_{P \in \mathfrak{P}} \frac{\mu(P \cap Q)}{\mu(P)} \log\left(\frac{\mu(P \cap Q)}{\mu(P)}\right).$$

Die Rokhlin-Metrik auf dem Raum aller Partitionen mit endlicher Entropie ist durch

$$\rho(\mathfrak{P}, \mathfrak{Q}) = H(\mathfrak{Q}|\mathfrak{P}) + H(\mathfrak{P}|\mathfrak{Q})$$

gegeben. Eine Partition $\mathfrak{P}$ von X wird einseitiger Erzeuger genannt, wenn

$$\bigvee_{i=0}^{n} T^{-i}(\mathfrak{P})$$

dicht in diesem Raum liegt. Ist T invertierbar, so ist $\mathfrak{P}$ ein zweiseitiger Erzeuger, wenn dies für

$$\bigvee_{i=-n}^{n} T^{-i}(\mathfrak{P})$$

gilt.   ◆

Mit dieser Definition zeigen wir:

Satz 6.11
Sei X ein metrischer Raum, $T : X \to X$ Borel-messbar, $\mu \in \mathcal{M}_{INV}(X, T)$ und $\mathfrak{P}$ ein einseitiger (oder im Falle invertierbarer Abbildungen T zweiseitiger) Erzeuger mit $H(\mu, \mathfrak{P}) < \infty$. Es gilt $h(T, \mu) = h(T, \mu, \mathfrak{P})$.

Beweis Wir beweisen die Aussage für einseitige Erzeuger. Zunächst bemerken wir, dass

$$H(\mu, \mathfrak{P}) \leq H(\mu, \bigvee_{i=0}^{n} T^{-i}(\mathfrak{P}) \vee \bigvee_{i=0}^{n} T^{-i}(\mathfrak{Q}))$$

$$\leq H(\mu, \bigvee_{i=0}^{n} T^{-i}(\mathfrak{Q})) + \sum_{i=0}^{n} H(\mu, T^{-i}(\mathfrak{P}), T^{-i}(\mathfrak{Q}))$$

$$= H(\mu, \bigvee_{i=0}^{n} T^{-i}(\mathfrak{Q})) + (n+1)H(\mathfrak{P}|\mathfrak{Q})$$

und damit

$$h(T, \mu, \mathfrak{P}) \leq h(T, \mu, \mathfrak{Q}) + H(\mathfrak{P}|\mathfrak{Q})$$

gilt. Hieraus folgt die Rokhlin-Ungleichung

$$|h(T, \mu, \mathfrak{P}) - h(T, \mu, \mathfrak{Q})| \leq \rho(\mathfrak{P}, \mathfrak{Q}).$$

Sei $\mathfrak{P}$ ein einseitiger Erzeuger, $\mathfrak{P}_n = \bigvee_{i=0}^{n} T^{-i}(\mathfrak{P})$ und $\mathfrak{Q}$ eine Partition von X. Für $\epsilon > 0$ wählen wir n so groß, dass $\rho(\mathfrak{P}_n, \mathfrak{Q}) < \epsilon$. Aus der Rokhlin-Ungleichung folgt

$$h(T, \mu, \mathfrak{Q}) \leq h(T, \mu, \mathfrak{P}_n) + \epsilon = h(T, \mu, \mathfrak{P}) + \epsilon$$

und mit $\epsilon \to 0$

$$h(T, \mu, \mathfrak{Q}) \leq h(T, \mu, \mathfrak{P}).$$

Indem wir das Supremum über alle Partitionen $\mathfrak{Q}$ nehmen, erhalten wir $h(T, \mu) = h(T, \mu, \mathfrak{P})$. $\square$

Für die Bernoulli-Shifts $(\Sigma_b, \sigma, \mu_p)$ und Markov-Shifts $(\Sigma_A, \sigma, \mu_{P,p})$, deren Bernoulli- und Markov-Maße wir in Abschn. 6.1 eingeführt haben, lässt sich die Entropie explizit bestimmen und man erhält:

Satz 6.12

$$h(\sigma, \mu_p) = -\sum_{i=1}^{b} p_i \log(p_i)$$

$$h(\sigma, \mu_{P,p}) = -\sum_{i,j=1}^{b} p_i p_{i,j} \log(p_{i,j}).$$

Beweis Wir beweisen die Aussage für den einseitigen Shiftraum. Der Beweis für den zweiseitigen Shiftraum verläuft analog. Sei $\mathfrak{P} = \{[t]_1 \mid t \in \{1, \ldots, b\}\}$ die Partition von Σ_b in Zylindermengen der Ordnung 1.

$$\bigvee_{i=0}^{n-1} \sigma^{-i}(\mathfrak{P})$$

besteht aus allen Zylindermengen der Ordnung n. Da diese Menge für $n \in \mathbb{N}$ die Topologie von Σ_p erzeugen, liegen sie bezüglich der Rokhlin-Metrik im Raum aller Partitionen dicht. $\mathfrak{P}$ ist also ein einseitiger Erzeuger. Für diesen Erzeuger gilt

$$h(\sigma, \mu_p) = h(\sigma, \mu_p, \mathfrak{P}) = \lim_{n \to \infty} \frac{1}{n} H(\mu_p, \bigvee_{k=0}^{n-1} \sigma^{-k}(\mathfrak{P}))$$

$$= -\lim_{n \to \infty} \frac{1}{n} \sum_{1 \leq t_1, \ldots, t_n \leq b} \mu_p[t_1, \ldots, t_n]_1 \log(\mu_p[t_1, \ldots, t_n]_1)$$

$$= -\lim_{n \to \infty} \frac{1}{n} \sum_{1 \leq t_1, \ldots, t_n \leq b} p_{t_1} \cdot \ldots \cdot p_{t_n} \log(p_{t_1} \cdot \ldots \cdot p_{t_n})$$

$$= -\sum_{i=1}^{b} p_i \log(p_i).$$

Für ein Markov-Maß erhalten wir in gleicher Weise

$$h(\sigma, \mu_{P,p}) = h(\sigma, \mu_{P,p}, \mathfrak{P}) = \lim_{n \to \infty} \frac{1}{n} H(\mu_{P,p}, \bigvee_{k=0}^{n-1} \sigma^{-k}(\mathfrak{P}))$$

$$= -\lim_{n \to \infty} \frac{1}{n} \sum_{1 \leq t_1, \ldots, t_n \leq b} \mu_{P,p}[t_1, \ldots, t_n]_1 \log(\mu_{P,p}[t_1, \ldots, t_n]_1)$$

$$= -\lim_{n\to\infty} \frac{1}{n} \sum_{1\le t_1,\dots,t_n\le b} p_{t_1} p_{t_1 t_2} \cdot\ldots\cdot p_{t_{n-1} t_n} \log(p_{t_1} p_{t_1 t_2} \cdot\ldots\cdot p_{t_{n-1} t_n})$$

$$= -\sum_{i,j=1}^{b} p_i p_{i.j} \log(p_{i.j}).$$

$\square$

6.4 Das Lebesgue-Maß als ergodisches Maß

Wir betrachten im Folgenden das eindimensionale Lebesgue-Maß

$$\ell^1(B) = \inf\left\{\sum_{i=1}^{n}(b_i - a_i)\,|\,B \subseteq \bigcup_{i=1}^{n}[a_i, b_i]\right\}$$

für Borel-Mengen B in $\mathbb{R}$ bzw. im Kreisring $\mathbb{S}^1$, parametrisiert durch $[0, 1)$.
Für lineare expandierende Abbildungen $E_b(x) = \{bx\}$ auf $\mathbb{S}^1$ mit $b \ge 2$ gilt:

Satz 6.13
Für $b \ge 2$ ist das eindimensionale Lebesgue-Maß ℓ^1 ein ergodisches (und sogar mischendes) Maß für das System $(\mathbb{S}^1, E_b)$ mit Entropie $h(E_b, \ell^1) = \log(b)$.

Beweis Für den Bernoulli-Shift (Σ_b, σ) wählen wir das Bernoulli-Maß μ_p mit dem Wahrscheinlichkeitsvektor $p = (1/b, \dots, 1/b)$. Dieses Maß ist, wie wir wissen, ergodisch (und sogar mischend) und aus 6.12 folgt unmittelbar, dass $h(\sigma, \mu_p) = \log(b)$ gilt. Sei $\pi : \Sigma_b \to \mathbb{S}^1$ durch

$$\pi((s_k)) = \sum_{k=1}^{\infty}(s_k - 1)b^{-k}$$

gegeben. Für fast alle Folgen (s_k) in Bezug auf μ_p ist π invertierbar mit

$$E_b(\pi((s_k))) = \pi(\sigma((s_k))),$$

da die Menge der Folgen, für die dies nicht gilt, nur abzählbar ist. Die Systeme $(\Sigma_b, \sigma, \mu_p)$ und $(\mathbb{S}^1, E_b, \pi(\mu_p))$ sind durch π im Sinne von Definition 6.3 maß-theoretisch konjugiert. Nach 6.4 und 6.10 ist das zweite System wie das erste auch ergodisch und mischend mit Entropie $\log(b)$. Es bleibt zu zeigen, dass $\pi(\mu_p)$ das Lebesgue-Maß ℓ^1 ist. Betrachten wir eine Zylindermenge $[t_1, \ldots, t_n]_1$ in Σ_b, so ist $\pi([s_1, \ldots, s_n]_1)$ offenbar ein Intervall $I_{s_1, \ldots, s_n}$ mit

$$\ell^1(I_{s_1, \ldots, s_n}) = b^{-n} = \mu_p([s_1, \ldots, s_n]_1) = \pi(\mu_p)(I_{s_1, \ldots, s_n}).$$

Da Intervalle der Form $I_{s_1, \ldots, s_n}$ alle Borel-Mengen durch Vereinigungen und Schnitte erzeugen, folgt $\ell^1 = \pi(\mu_p)$. □

Mit Hilfe dieses Satzes und dem Ergodensatz 6.6 lässt sich das zentrale Resultat über normale reelle Zahlen beweisen.

Definition 6.7
Sei $b \geq 2$ eine natürliche Zahl. Eine reelle Zahl x mit b-adischer Darstellung

$$x = x_0 + \sum_{k=1}^{\infty} x_k b^{-k}$$

ist normal zur Basis b, wenn

$$\lim_{n \to \infty} \frac{\sharp\{k | x_k = i, \quad k = 1, \ldots, n\}}{n} = \frac{1}{b}$$

für alle $i = 0, \ldots, b - 1$ gilt.   ◆

Wir erhalten nun das spektakuläre Resultat von Emile Borel (1881–1956).

Satz 6.14
Fast alle reellen Zahlen in Bezug auf das Lebesgue-Maß ℓ^1 sind normal zu jeder Basis $b \geq 2$.

Beweis Es genügt, den Satz für das Intervall $[0, 1)$ zu beweisen. Wir wissen aus dem letzten Satz, dass ℓ^1 ergodisch in Bezug auf E_b ist und wenden den Ergodensatz 6.6 mit den charakteristischen Funktionen χ_i der Intervalle $[i/b, (i + 1)/b)$ für $i = 0, \ldots, b - 1$ an. Wir erhalten

$$\lim_{n \to \infty} \frac{\sharp\{k | E_b^k(x) \in [i/b, (i + 1)/b), \quad k = 0, \ldots, n - 1\}}{n} =$$

$$\lim_{n \to \infty} \frac{1}{n} \sum_{k=0}^{n-1} \chi_i(E_b^k(x)) = \int \chi_i(x) dx = \ell^1([i/b, (i + 1)/b)) = \frac{1}{b}$$

für fast alle $x \in [0, 1)$ in Bezug auf ℓ^1. Aber es gilt $E_b^k x \in [i/b, (i + 1)/b)$ dann und nur dann, wenn $x_{k+1} = i$ für $i = 0, \ldots, b - 1$. Für alle $b \geq 2$ sind damit fast alle Zahlen in $[0, 1)$ normal zur Basis b. Der Satz folgt, da der Schnitt abzählbar vieler Teilmengen vom Maß eins auch das Maß eins haben muss.   □

Auch für bestimmte stückweise lineare Intervallabbildungen ist das eindimensionale Lebesgue-Maß ℓ^1 ergodisch. Es gilt:

Satz 6.15
Sei $I_i = [a_i, b_i]$ für $i = 1, \ldots, b$ mit $b \geq 2$ eine Partition von $[0, 1]$ in Intervalle, die sich nur in Randpunkten schneiden. Ist $f : [0, 1] \to [0, 1]$ auf jedem offenen Intervall (a_i, b_i) linear mit Bild $(0, 1)$, so ist das Lebesgue-Maß ℓ^1 ergodisch (und mischend) für das System (I, f). Die Entropie des Systems ist

$$h(f, \ell^1) = -\sum_{i=1}^{b} \ell^1(I_i) \log(\ell^1(I_i)).$$

Beweis Der Beweis ähnelt dem Beweis von Satz 6.13. Für den Bernoulli-Shift (Σ_b, σ) wählen wir das Bernoulli-Maß μ_p mit dem Wahrscheinlichkeitsvektor

$$p = (\ell^1(I_1), \ldots, \ell^1(I_b)).$$

Dieses Maß ist ergodisch (und sogar mischend) in Bezug auf den Shift σ und aus 6.12 folgt unmittelbar der im Satz gegebene Ausdruck für die Entropie $h(\mu_p, \sigma)$. Sei $T_i : [0, 1] \to [a_i, b_i]$ linear und durch $T_i(x) = f^{-1}(x)$ auf (a_i, b_i) gegeben. Wir setzen $I_{s_1, \ldots, s_n} = T_{s_1} \circ \cdots \circ T_{s_n}([0, 1])$ für $s_k \in \{1, \ldots, b\}$. Da die Abbildung T_i kontrahierend sind, besteht

$$\bigcap_{n=1}^{\infty} I_{s_1, \ldots, s_n}$$

für jede Folge $(s_k) \in \Sigma_b$ genau aus einen Punkt $\pi((s_k))$. Dies definiert eine Abbildung $\pi : \Sigma_b \to [0, 1]$, die $(\Sigma_b, \sigma, \mu_p)$ und $([0, 1], f, \pi(\mu_p))$ maßtheoretisch konjugiert. Weiterhin gilt

$$\ell^1(I_{s_1, \ldots, s_n}) = \prod_{k=1}^{n} \ell^1(I_{s_k}) = \mu_p([s_1, \ldots, s_n]_1) = \pi(\mu_p)(I_{s_1, \ldots, s_n})$$

und es folgt $\ell^1 = \pi(\mu_p)$.   □

Aus dem letzten Satz erhält man insbesondere, dass das Lebesgue-Maß ℓ^1 ergodisch für die Zeltabbildung $t_2 : [0, 1] \to [0, 1]$ mit $t_2(x) = 1 - 2|x - \frac{1}{2}|$ ist.

Nun betrachten wir das zweidimensionale Lebesgue-Maß

$$\ell^2(B) = (\ell^1 \times \ell^1)(B) = \inf\left\{\sum_{i=1}^{n}(b_i - a_i)(d_i - d_i)|B \subseteq \bigcup_{i=1}^{n}[a_i, b_i] \times [c_i, d_i]\right\}$$

für Borel-Mengen B des $\mathbb{R}^2$ bzw. des Torus $\mathbb{T}^2$, parametrisiert durch $[0, 1)^2$. Für die hyperbolischen linearen Automorphismen $T_A : \mathbb{T}^2 \to \mathbb{T}^2$ des Torus aus Abschn. 5.4 gilt:

Satz 6.16

Das zweidimensionale Lebesgue-Maß ℓ^2 ist ein ergodisches (und mischendes) Maß für $(\mathbb{T}^2, T_A)$.

Beweis Wir verwenden hier die Notationen aus Abschn. 5.4. Sei $\mathfrak{P} = \{P_1, \ldots, P_p\}$ eine Markov-Partition von $\mathbb{T}^2$ für den linearen hyperbolischen Automorphismus T_A durch Parallelogramme. Wir definieren ein Markov-Maß $\mu_{P,p}$ auf $\tilde{\Sigma}_{M(\mathfrak{P})}$ durch

$$p_i = \ell^2(P_i) \text{ und } p_{i,j} = \ell^2(T_A(R_i)) \cap R_j)/\ell^2(R_i).$$

Sei $\pi : \tilde{\Sigma}_{M(\mathfrak{P})} \to \mathbb{T}^2$ die Markov-Codierung aus dem Beweis von Satz 5.12. Wir haben $\mu_{P,p}$ so definiert, dass das Maß $\pi(\mu_{P,p})$ aller Parallelogramme der Form

$$\bigcap_{k=-n}^{n} T_A^k(P_{s_k})$$

mit deren Lebesgue-Maß übereinstimmt. Aus dem Beweis von 5.12 wissen wir, dass der Durchmesser dieser Parallelogramme mit $n \to \infty$ gegen null geht, sie $\mathbb{T}^2$ überdecken und sich (für festes n) nur in den Rändern schneiden. Es folgt $\pi(\mu_{P,p}) = \ell^2$. Die Konjugation π ist zwar nur surjektiv, aber auf einer Menge vom Maß eins bijektiv, da das zweidimensionale Lebesgue-Maß der Ränder aller Partitionsparallelogramme null ist. Damit sind die Systeme $(\mathbb{T}^2, T_A, \ell^2)$ und $(\tilde{\Sigma}_{M(\mathfrak{P})}, \sigma, \mu_{P,p})$ maßtheoretisch konjugiert und das Resultat folgt aus Satz 6.3 und 6.4. $\qquad\square$

Ohne Beweis merken wir hier noch an, dass das Lebesgue-Maß ℓ^2 ein Maß maximaler Entropie für das System $(\mathbb{T}^2, T_A)$ ist. Die maßtheoretische Entropie des Maßes stimmt mit der topologischen Entropie des Systems überein:

$$h(T_A, \ell^2) = h(T_A),$$

siehe hierzu Katok und Hasselblatt (1995).

Unser letztes Beispiel in diesem Abschnitt ist die klassische Bäcker-Transformation $T : [0, 1]^2 \to [0, 1]^2$ mit

$$T(x, y) = \begin{cases} (2x, y/2), & \text{wenn } x \in [0, 1/2] \\ (2x - 1, y/2 + 1/2), & \text{wenn } x \in (1/2, 1]. \end{cases}$$

In Abschn. 5.3 haben wir eine symbolische Codierung der Bäcker-Transformation und ihrer Verallgemeinerungen angegeben. Hier zeigen wir:

Satz 6.17
Das zweidimensionale Lebesgue-Maß ℓ^2 ist ein ergodisches (und mischendes) Maß für $([0, 1]^2, T)$ mit Entropie $h(T, \ell^2) = \log(2)$.

Beweis Wir verwenden hier die Notationen aus 5.2. Sei μ_p das Bernoulli-Maß auf $\bar{\Sigma}_2$ mit $p = (1/2, 1/2)$. Betrachte $\pi : \bar{\Sigma}_2 \to [0, 1]^2$, gegeben durch

$$\pi((s_k)) = \left(\sum_{k=1}^{\infty} s_{-k} 2^{-k}, \sum_{k=0}^{\infty} s_k 2^{-k-1} \right).$$

Die Berechnungen im Beweis von Satz 5.7 zeigen, dass $T(\pi(s_k)) = \pi(\sigma(s_k))$ für alle Folgen (s_k) einer Menge von vollem μ_p gilt. Weiterhin ist π auf einer Menge von vollem μ_p-Maß invertierbar, die Menge der Ausnahmen ist nur abzählbar. Die Systeme $(\bar{\Sigma}_2, \sigma, \mu_p)$ und $([0, 1]^2, T, \pi(\mu_p))$ sind also maßtheoretisch konjugiert. Offensichtlich gilt $\pi(\mu_p) = \ell \times \ell = \ell^2$. Damit folgt das Resultat aus den Sätzen 6.2, 6.4. und 6.10. □

6.5 Absolut stetige ergodische Maße

Sei im Folgenden $\ell^d = \ell^1 \times \cdots \times \ell^1$ das d-dimensionale Lebesgue-Maß der Borel-Mengen $B \subseteq \mathbb{R}^d$. Wir definieren Maße, die absolut stetig in Bezug ℓ^d sind, wie folgt:

Definition 6.8
Ein Maß μ auf den Borel-Mengen $B \subseteq \mathbb{R}^d$ ist absolut stetig in Bezug auf ℓ^d, wenn $\mu(B) = 0$ für alle Borel-Mengen B mit $\ell^d(B) = 0$ gilt. ◆

Eine für endliche Maße äquivalente Charakterisierung absolut stetiger Maße gibt der Satz von Radon-Nikodym:

Satz 6.18

Sei μ ein endliches Maß auf den Borel-Mengen $B \subseteq \mathbb{R}^d$. μ ist absolut stetig in Bezug auf ℓ^d genau dann, wenn eine integrierbare Dichtefunktion $D : \mathbb{R}^d \to \mathbb{R}_0^+$ mit

$$\mu(B) = \int_B D(x)dx$$

für alle Borel-Mengen $B \subseteq \mathbb{R}^d$ existiert.

Der Satz gilt insbesondere für Wahrscheinlichkeitsmaße, die wir in der Ergodentheorie betrachten. Wir beweisen diesen grundlegenden Satz der Maßtheorie hier nicht, sondern verweisen auf Bauer (1992).

Absolut stetige ergodische Maße μ beschreiben gemäß des Ergodensatzes 6.6 die langfristige Dynamik eines dynamischen Systems $(\mathbb{R}^d, f)$ für μ-fast alle Anfangswerte. Den Träger des Maßes μ definieren wir durch

$$\text{supp}(\mu) = \{x \in \mathbb{R}^n | \mu(B_\epsilon(x)) > 0 \,\forall \epsilon > 0\}$$

und erhalten folgenden Zusammenhang zum Chaos im Sinne von Devaney.

Satz 6.19

Sei $T : I \to I$ eine stetige Abbildung auf einem abgeschlossenen Intervall I. Existiert ein absolut stetiges ergodisches Maß μ mit $supp(\mu) = I$, so ist das System (I, T) chaotisch im Sinne von Devaney.

Beweis Für jedes $x \in I' = \text{supp}(\mu)$ und jedes Intervall $B_\epsilon(x)$ existiert eine Menge $A(x, \epsilon)$ mit $\mu(A(x, \epsilon)) = 1$, sodass der Orbit von $y \in A(x, \epsilon)$ das Intervall (in unendlich vielen Punkten) schneidet. Dies folgt aus Satz 6.6. Sei nun $\{B_{\epsilon_i}(x_j) | i, j \in \mathbb{N}\}$ eine abzählbare Basis der Topologie von I und

$$A = \bigcap_{i,j \in \mathbb{N}} A(x_j, \epsilon_i).$$

Da der Schnitt abzählbar vieler Mengen mit vollem Maß volles Maß hat, gilt $\mu(A) = 1$. Jeder Orbit von $y \in A$ schneidet alle Mengen der Basis der Topologie von I und liegt damit dicht in I. (I, T) ist also insbesondere transitiv. Das Ergebnis folgt nun unmittelbar aus Satz 3.8. $\square$

Für den Kreisring $\mathbb{S}^1$ gilt dieser Satz nicht. Zum Beispiel ist das Lebesgue-Maß ergodisch in Bezug auf eine irrationale Rotation, dieses System ist aber minimal oder nicht chaotisch im Sinne von Devaney.

Für stückweise differenzierbare Abbildungen erhält man eine notwendige und hinreichende Bedingung für die Invarianz eines absolut stetigen Maßes.

Satz 6.20

Sei $U \subseteq \mathbb{R}^d$ offen und $T : U \to U$ stückweise differenzierbar und μ ein absolut stetiges Wahrscheinlichkeitsmaß auf U mit Dichte D. μ ist ein invariantes Maß für das System (U, T) genau dann, wenn

$$D(x) = \sum_{y \in T^{-1}(x)} \frac{D(y)}{|\mathrm{Det}(T'(y))|}$$

für fast alle $x \in U$.

Beweis Wir zerlegen U in Mengen U_i mit $i \in I$, sodass $T : U_i \to T(U_i)$ ein Diffeomorphismus ist. $T_i^{-1} : T(U_i) \to U_i$ seien die Zweige der Umkehrfunktion von T. Die Indexmenge I kann hier endlich oder abzählbar unendlich sein. Für alle Borel-Mengen B erhalten wir mittels Integration durch Substitution

$$\mu(T^{-1}(B)) = \int_{T^{-1}(B)} D(y)dy = \sum_{i \in I} \int_{T_i^{-1}(B \cap T(U_i))} D(y)dy$$

$$= \sum_{i \in I} \int_{B \cap T(U_i)} \frac{D(T_i^{-1}(x))}{|\mathrm{Det}(T'(T_i^{-1}(x)))|} dx$$

$$= \int_B \sum_{y \in T^{-1}(x)} \frac{D(y)}{|\mathrm{Det}(T'(y))|} dx.$$

Gilt die Darstellung von $D(x)$, ist das letzte Integral gleich $\mu(B)$ und μ damit invariant. Ist umgekehrt μ invariant, so erhalten wir

$$\int_B \sum_{y \in T^{-1}(x)} \frac{D(y)}{|\mathrm{Det}(T'(y))|} dx = \int_B D(y)dy$$

für alle Borel-Mengen B und damit erhalten wir die Darstellung von $D(x)$ für fast alle x. $\square$

Wir diskutieren drei Beispiele von absolut stetigen ergodischen Maßen mit explizit gegebener Dichte. Sei $f_{-2} : [-2, 2] \rightarrow [-2, 2]$ durch $f_{-2}(x) = x^2 - 2$ gegeben und $D(x) = 2/(\pi\sqrt{4 - x^2})$. Der Faktor $2/\pi$ macht D zu der Dichte eines Wahrscheinlichkeitsmaßes μ, da

$$\int_{-2}^{2} \frac{1}{\sqrt{4 - x^2}} dx = \frac{\pi}{2}.$$

Weiterhin gilt

$$\sum_{y \in f_{-2}^{-1}(x)} \frac{D(y)}{|f_{-2}'(y)|} = \frac{D(\sqrt{x+2}) + D(-\sqrt{x+2})}{2\sqrt{x+2}} == \frac{2}{\pi\sqrt{2-x}\sqrt{2+x}} = D(x).$$

Das Maß μ ist damit invariant unter f_2. Dieses Maß ist sogar ergodisch, dies folgt allerdings nicht unmittelbar aus 6.20. Man nutzt hier die Konjugation π der Zeltabbildung t_2 zu f_2. Wir wissen, dass für t_2 das Lebesgue-Maß ℓ^1 ergodisch ist. $\pi(\ell^1)$ ist nach 6.4 ein ergodisches Maß für $([-2, 2], f_2)$. Dieses Maß ist absolut stetig und stimmt daher mit μ überein.

Als zweites Beispiel betrachten wir $l_4 : [0, 1] \rightarrow [0, 1]$, gegeben durch $l_4(x) = 4x(1 - x)$ und $D(x) = 1/(\pi\sqrt{x(1 - x)})$. Wieder ist D die Dichte eines Wahrscheinlichkeitsmaßes μ, da

$$\int_{0}^{1} \frac{1}{\sqrt{x(1 - x)}} = \pi.$$

Eine einfache Rechnung zeigt, dass

$$\sum_{y \in l_4^{-1}(x)} \frac{D(y)}{|l_4'(y)|} = \frac{D(\frac{1+\sqrt{1-x}}{2}) + D(\frac{1-\sqrt{1-x}}{2})}{4\sqrt{1-x}} = D(x)$$

und μ ist damit invariant. Die Ergodizität des Maßes erhält man wieder durch die Konjugation zum logistischen System.

Unsere drittes Beispiel ist die Gauß-Abbildung $G : (0, 1] \rightarrow (0, 1]$ mit $G(x) = \{1/x\}$, wobei $\{x\}$ den Nachkommaanteil von x bezeichnet. $D(x) = 1/(\log(2)(x + 1))$ ist die Dichte eines Wahrscheinlichkeitsmaßes μ, da

$$\int_{0}^{1} \frac{1}{x} dx = \log(2).$$

Dieses Maß wird Gauß-Maß genannt. Die lokalen Inversen von G sind durch $G_i^{-1}(x) = 1/(x + i)$ gegeben. Wir erhalten damit

$$\sum_{y \in G^{-1}(x)} \frac{D(y)}{|G'(y)|} = \sum_{i=1}^{\infty} \frac{D(1/(x + i))}{(x + i)^2}$$

$$= \sum_{i=1}^{\infty} \frac{1}{\log(2)(x+i)^2(1+1/(x+i))} = D(x).$$

μ ist also G-invariant. Dieses Maß ist tatsächlich auch ergodisch. Zum Beweis der Ergodizität des Maßes ist allerdings ein Einstieg in die Theorie der Kettenbrüche notwendig, den wir hier nicht geben können, siehe Khinchin (1964).

Eine hinreichende Bedingung für die Existenz eines absolut stetigen ergodischen Maßes für Intervallabbildung gibt der Satz von Lasota und Yorke (1973).

Satz 6.21
Sei I ein abgeschlossenes Intervall. Für eine stückweise zweimal stetig diffe-
renzierbare expandierende Abbildung $T : I \to I$ existiert ein absolut stetiges
ergodisches Maß.

Beweisskizze Wir betrachten den Perron-Frobenius-Operator: $\mathfrak{P} : L^1[I] \to L^1[I]$, gegeben durch

$$\mathfrak{P}h(x) = \sum_{y \in T^{-1}(x)} \frac{h(y)}{|T'(y)|}$$

auf dem Raum der Lebesgue-integrierbaren Funktionen. Sei $h \in L^1[I]$ eine Funktion beschränkter Variation. Man zeigt nun, dass die Menge $\{\mathfrak{P}^k h | k \geq 0\}$ relativ kompakt in $L^1[I]$ ist. Hieraus folgt, dass auch

$$\left\{ \frac{1}{n} \sum_{k=0}^{n-1} \mathfrak{P}^k h | n \geq 0 \right\}$$

relativ kompakt ist. Da die Funktionen beschränkter Variation dicht in $L^1[I]$ liegen, ist diese Menge sogar für alle $h \in L^1[I]$ relativ kompakt. Aus dem Fixpunktsatz von Kakuntani und Yosida (1941) folgt nun, dass der Grenzwert

$$D := \lim_{n \to \infty} \frac{1}{n} \sum_{k=0}^{n-1} \mathfrak{P}^k h$$

in $L^1[I]$ existiert und $\mathfrak{P}D = D$ erfüllt. Wählen wir $h \in L^1[I]$ mit $h \geq 0$ und $\int_I h(x)dx = 1$, so folgt $D \geq 0$ und $\int_I D(x)dx = 1$. D ist also die Dichte eines invarianten Wahrscheinlichkeitsmaßes μ. Man zeigt weiterhin die Eindeutigkeit des absolut stetigen invarianten Maßes und erhält so dessen Ergodizität. $\square$

Zum Abschluss dieses Abschnitts präsentieren wir zwei tieferliegende Resultate über die Existenz von absolut stetigen ergodischen Maßen ohne Beweis.

Sei $I_c = [1/2 - \sqrt{1 - 4c}/2, 1/2 + \sqrt{1 - 4c}/2]$ und $f_c : I_c \to I_c$ die quadratische Abbildung $f_c(x) = x^2 + c$. Aus dem Satz von Jakobson (1981) folgt:

Satz 6.22

Es existiert eine Menge $B \subseteq [-1, 4, \, -2]$ mit positivem Lebesgue-Maß, sodass das System (I_c, f_c) für alle $c \in B$ ein absolut stetiges ergodisches Maß hat, dessen Träger das Intervall $[c, c^2 + c]$ ist.[2]

Das gleiche Resultat erhält man für die logistischen Abbildungen $l_\mu : [0, 1] \to [0, 1]$ mit $l_\mu(x) = \mu x(1 - x)$, wobei die Parameter μ, für die ein absolut stetiges ergodisches Maß existieren, aus einer Menge $B \subseteq [3, 56, \, 4]$ von positivem Lebesgue-Maß stammen.

Nun betrachten wir noch einmal die verallgemeinerte Bäcker-Transformationen

$$T_\alpha(x, y) = \begin{cases} (2x, \alpha y), & \text{wenn } x \in [0, 1/2] \\ (2x - 1, \alpha y + (1 - \alpha)), & \text{wenn } x \in (1/2, 1] \end{cases}$$

auf dem Quadrat $[0, 1]^2$ mit $\alpha \in (1/2, 1)$. Aus Neunhäuserer (2002) folgt

---

Satz 6.23

Für fast alle $\alpha \in (1/2, 1)$ existiert ein absolut stetiges ergodisches Maß mit Träger $[0, 1]^2$ für das System $([0, 1]^2, T_\alpha)$. Ist $\alpha^{-1} \in (1, 2)$ eine Pisot-Zahl, so existiert kein absolut stetiges ergodisches Maß für dieses System.[3]

Das absolut stetige ergodische Maß in diesem Satz ist eine Projektion des Bernoulli-Maßes $\mu_{(1/2,1/2)}$ mittels der Codierung $\pi : \Sigma_2 \to [0, 1]^2$, die wir in Abschn. 5.3 angegeben haben. Ob Pisot-Zahlen die einzigen Ausnahmen sind, ist nicht bekannt. Wir wissen allerdings mittlerweile, dass die Menge der Ausnahmen nicht nur Lebesgue-Maß null, sondern sogar Dimension null hat, dies folgt aus Hochman (2014); Shmerkin (2019).

---

[2] Das Maß der Menge B ist unbekannt, es gibt nur unscharfe Abschätzungen.
[3] Eine Pisot-Zahl ist eine algebraische Zahl $\alpha > 1$, deren Konjugierte Betrag kleiner eins haben, wie zum Beispiel die goldene Zahl $(\sqrt{5} + 1)/2$.

6.6 Singuläre ergodische Maße

Absolut stetige ergodische Maße existieren nur für spezielle Familien dynamischer Systeme. Ergodische Maße finden wir oftmals auf fraktalen invarianten Mengen, wie zum Beispiel Cantor-Mengen. Solche ergodischen Maße sind singulär.

Definition 6.9
Ein Maß μ auf den Borel-Mengen $B \subseteq R^d$ ist singulär in Bezug auf ℓ^d, wenn es eine Borel-Menge B mit $\mu(\mathbb{R}^d \setminus B) = 0$ und $\ell^d(B) = 0$ gibt. $\qquad \blacklozenge$

Es gibt Maße, die weder absolut stetig noch rein singulär sind, diese lassen sich allerdings gemäß des lebesgueschen Zerlegungssatzes in einen absolut stetigen und einen singulären Anteil zerlegen. Wir werden im Folgenden nur rein singuläre ergodische Maße vorstellen. Oftmals erhalten wir solche Maße durch die symbolische Codierung der Dynamik eines Systems auf einer invarianten Teilmenge. Hier betrachten wir die quadratische Familie $f_c(x) = x^2 + c$ für $c < -2$. Wir wissen aus Abschn. 5.2, dass es eine f_c-invariante Cantor-Menge Λ_c gibt und dass das System (Λ_c, f_c) zum Shift (Σ_2, σ) topologisch konjugiert ist. Für jedes ergodische (oder mischende) Maß μ auf (Σ_2, σ) ist $\pi(\mu)$ ein singuläres ergodisches (oder mischendes) Maß für (Λ_c, f_c), wobei π die Konjugation der Systeme ist. Genauso erhält man für die Julia-Mengen $J_c \subseteq \mathbb{C}$ aus Abschn. 5.3 singuläre ergodische (oder mischende) Maße in Bezug auf f_c, wenn $|c|$ hinlänglich groß ist. Auch für das Hufeisen (Λ, T) aus Abschn. 5.3, das topologisch konjugiert zu $(\tilde{\Sigma}_2, \sigma)$ ist, erhalten wir mit Hilfe der Konjugation solche Maße.

Die bisher beschriebenen Maße geben allerdings nur Auskunft über Orbits, die in der betrachteten invarianten Menge liegen und diese invariante Menge ist aus maßtheoretischer Sicht klein. Von physikalischen Maßen erwarten wir mehr.

Definition 6.10
Sei M ein Gebiet in $\mathbb{R}^d$ oder eine d-dimensionale kompakte riemannsche Mannigfaltigkeit, dessen Riemann-Lebesgue-Maß wir auch mit ℓ^d bezeichnen. Sei ferner $T : M \to M$ Borel-messbar. Wir nennen ein Maß $\mu \in \mathcal{M}_{\mathrm{ERG}}(M, T)$ physikalisch, wenn es eine Menge $U \subseteq M$ mit $\ell^d(U) > 0$ gibt, sodass für alle stetigen Funktionen $f : M \to \mathbb{R}$

$$\lim_{n \to \infty} \frac{1}{n+1} \sum_{k=0}^{n} f(T^k(x)) = \int_M f(x) d\mu(x)$$

für alle $x \in U$ gilt. $\qquad \blacklozenge$

Absolut stetige ergodische Maße, wie das Lebesgue-Maß als ergodisches Maß, sind physikalisch. Physikalische Maße existieren aber auch für manche fraktale Attraktoren. Diese Maße sind singulär. Wir geben zwei Beispiele. Zunächst betrachten wir noch einmal die verallgemeinerte Bäcker-Transformationen T_α, diesmal für $\alpha < 1/2$. Aus Abschn. 5.3. wissen wir, dass ein Attraktor Λ_α existiert, der für $\alpha < 1/2$ das Produkt eines Intervalls mit einer Cantor-Menge ist. Mittels der in 5.3 gegebenen symbolischen Codierung π erhalten wir ein ergodisches Maß $\pi(\mu_{1/2,1/2})$ für T_α auf Λ_α, wobei $\mu_{1/2,1/2}$ das gleichgewichtete Bernoulli-Maß auf dem zweiseitigen Folgenraum $\hat{\Sigma}_2$ ist. Dieses Maß ist zum einen singulär, da $\ell^2(\Lambda_\alpha) = 0$ und zum anderen physikalisch. Als zweites Beispiel schauen wir uns noch einmal das Solenoid (Ψ, S) aus Abschn. 5.5 an. Wie im ersten Beispiel erhalten wir ein ergodisches Maß $\pi(\mu_{1/2,1/2})$. Es gilt $\ell^3(\Psi) = 0$, da Ψ lokal das Produkt einer Cantor-Menge in $\mathbb{R}^2$ mit einem Intervall ist, daher ist das Maß singulär. Es lässt sich beweisen, dass auch dieses Maß physikalisch ist. Entscheidend im Beweis ist hier, dass die zugehörigen bedingten Maße auf den unstabilen Mannigfaltigkeiten absolut stetig sind. Maße mit dieser Eigenschaft werden Sinai-Ruelle-Bowen-Maße (kurz SRB-Maße) genannt.[4] Wir haben die ergodischen Maße in beiden Beispielen genau so gewählt. dass das bedingte Maß in unstabile Richtung das Lebesgue-Maß, also ein absolut stetiges Maß, ist.

Aus den Arbeiten Sinai (1972), Ruelle (1976) und Bowen (1973) erhalten wir folgenden allgemeinen Satz:

Satz 6.24
Sei M eine kompakte differenzierbare riemannsche Mannigfaltigkeit und f : $M \to M$ ein zweimal stetig differenzierbarer Diffeomorphismus. Für einen kompakten gleichmäßig hyperbolischen transitiven topologischen Attraktor Λ von (M, f) existiert ein eindeutig bestimmtes SRB-Maß μ, das physikalisch ist.

Die Transitivität eines hyperbolischen Attraktors erhält man, wenn das System Faktor eines transitiven Markov-Shifts ist, vgl. hierzu Satz 5.15.

Es ist gelungen, die Existenz von singulären SRB-Maßen bzw. physikalischen Maßen auch für einige nicht gleichmäßig hyperbolische Systeme zu beweisen. Als Beispiel betrachten wir die Hénon-Abbildung $H_{a,b} : \mathbb{R}^2 \to \mathbb{R}^2$ mit

$$H_{a,b} \begin{pmatrix} x \\ y \end{pmatrix} = \begin{pmatrix} 1 - ax^2 + y \\ bx \end{pmatrix}.$$

Benedicks und Young (1993) beweisen, dass für alle hinlänglich kleinen $b > 0$ ein $\alpha(b) < 2$ existiert, sodass die Abbildung $H_{a,b}$ für fast alle $a \in [\alpha(b), 2]$ ein physikalisches SRB-Maß auf einer kompakten invarianten Menge Λ hat.

Der Beweis der Resultate über physikalische und SRB-Maße, die wir hier vorstellen, liegt jenseits der Reichweite dieses Buches. Wir werden auf die numerische

---

[4] Zuweilen werden physikalische und SRB-Maße gleichgesetzt. In unserer Begrifflichkeit ist dies nicht möglich. Nur SRB-Maße, für die 0 kein Lyapunov-Exponent ist, sind physikalisch und physikalische Maße, zum Beispiel auf Fixpunkten müssen keine SRB-Maße sein.

Untersuchung einer speziellen Hennon-Abbildung allerdings im nächsten Kapitel eingehen.

Dimensionstheorie dynamischer Systeme

7

Inhaltsverzeichnis

Invariante Mengen dynamischer Systeme, wie Repeller, Attraktoren und hyperbolische Mengen, haben oftmals eine fraktale Geometrie. Die klassische Maßtheorie, also das Lebesgue-Maß, differenziert die Größe solcher Mengen nicht. Dies leisten fraktale Dimensionsbegriffe, die die Größe invarianter Mengen, insbesondere chaotischer Systeme, quantifizieren. Im ersten Abschnitt des Kapitels führen wir mit der Hausdorff- und der Minkowski-Dimension die wichtigsten Dimensionen ein, die nicht ganzzahlige Werte annehmen können. Wie stellen einige elementare Resultate vor, die wir in den folgenden Abschnitten verwenden. Im zweiten Abschnitt entwickeln wir die Dimensionstheorie iterierter Funktionssysteme. Diese Systeme sind mit dynamischen Systemen verwandt und erlauben in vielen Fällen die Beschreibung invarianter Mengen. Wir erhalten obere und untere Abschätzungen der Dimension des Attraktors iterierter Funktionssysteme und im Falle exakt selbstähnlicher Mengen sogar eine Dimensionsformel. Im folgenden Abschnitt bestimmen wir mit Hilfe iterierter Funktionssysteme Formeln und Abschätzungen für die Dimension invarianter Mengen einiger eindimensionaler Systeme aus Kap. 5. Insbesondere studieren wir die Dimension von Repellern der Zeltabbildungen sowie der quadratischen und der logistischen Familie und die Dimension des Feigenbaumattraktors. Im letzten Abschnitt bestimmen wir dann Formeln und Abschätzungen für die Dimension invarianter Mengen einiger höherdimensionaler Systeme aus Kap. 5. Wir gehen auf den Attraktor der Bäcker-Transformation, auf das Hufeisen, auf Julia-Mengen und auf das Solenoid ein.

J. Neunhäuserer, *Chaotische dynamische Systeme*,
https://doi.org/10.1007/978-3-662-72389-0_7

7.1   Hausdorff- und Minkowski-Dimension

Wir führen in diesem Abschnitt zwei Dimensionsbegriffe ein, die die Größe fraktaler Mengen differenzieren.

Definition 7.1
Der Durchmesser einer Menge $U \subseteq \mathbb{R}^n$ ist

$$|U| = \sup\{d(x, y)|x, y \in U\}.$$

Sei $A \subseteq \mathbb{R}^n$. Wir setzen

$$\mathcal{H}_\epsilon^d(A) = \inf\left\{\sum_{i=1}^{\infty} |U_i|^d \mid A \subseteq \bigcup_{i=1}^{\infty} U_i, \ |U_i| \leq \epsilon, U_i \ \text{offen}\right\}.$$

Für eine reelle Zahl $d \in [0, n]$ ist das d-dimensionale Hausdorff-Maß von A

$$\mathcal{H}^d(A) = \lim_{\epsilon \to 0} \mathcal{H}_\epsilon^d(A).$$

Die Hausdorff-Dimension von A ist

$$\dim_H A = \sup\{d \geq 0|\mathcal{H}^d(A) = \infty\} = \inf\{d \geq 0|\mathcal{H}^d(A) = 0\}.$$

◆

Unmittelbar aus der Definition folgt, dass die Hausdorff-Dimension monoton und abzählbar stabil ist, d. h.

$$A \subseteq B \Rightarrow \dim_H A \leq \dim_H B$$

und

$$\dim_H \bigcup_{i=1}^{\infty} A_i = \sup\{\dim_H A_i | i \in \mathbb{N}\}.$$

Es folgt, dass die Hausdorff-Dimension abzählbarer Mengen null ist. Das n-dimensionale Hausdorff-Maß stimmt bis auf eine Konstante mit dem n-dimensionalen Lebesgue-Maß überein. Für alle Borel-Mengen $B \subseteq \mathbb{R}^n$ gilt $\mathcal{H}^n(B) = \ell^n(B)c_n$, wobei die Konstante $c_n = \pi^{n/2}/(2^n(n/2)!)$ das Volumen der n-dimensionalen Kugel mit Durchmesser eins ist. Hat B also positives n-dimensionales Lebesgue-Maß, folgt $\dim_H B = n$. Körper im $\mathbb{R}^n$ mit einem Volumen haben also, wie zu erwarten, Hausdorff-Dimension n. Wir gehen auf fraktale Mengen mit nicht ganzzahliger Dimension im nächsten Abschnitt ausführlich ein.

Nun kommen wir zur zweiten Definition einer Dimension, die nicht ganzzahlige Werte annehmen kann.

Definition 7.2

Für eine nicht leere beschränkte Menge $A \subseteq \mathbb{R}^n$ sei $N_\epsilon(A)$ die kleinste Anzahl von Kugeln mit Radius ϵ, die gebraucht werden, um A zu überdecken. Die obere Minkowski-Dimension ist durch

$$\overline{\dim}_M A = \liminf_{\epsilon \to 0} \frac{N_\epsilon(A)}{-\log(\epsilon)}$$

gegeben. Die untere Minkowski-Dimension ist durch

$$\underline{\dim}_M A = \limsup_{\epsilon \to 0} \frac{N_\epsilon(A)}{-\log(\epsilon)}$$

gegeben. Existiert der Grenzwert, so wird er Minkowski-Dimension $\dim_M(A)$ von A genannt.   ◆

Man kann in dieser Definition $N_\epsilon(A)$ auch durch $\hat{N}_\epsilon(A)$ die Anzahl der Würfel mit Kantenlängen ϵ eines Gitters in $\mathbb{R}^n$, die A schneiden, ersetzen.[1] Die Minkowski-Dimension wird daher auch Box-Counting-Dimension genannt. Sie hat gegenüber der Hausdorff-Dimension einen großen Nachteil; sie ist nicht abzählbar stabil. Nur die endliche Stabilität der oberen Minkowski-Dimension lässt sich leicht beweisen:

$$\overline{\dim}_M(A \cup B) = \max\{\overline{\dim}_M A, \overline{\dim}_M B\}.$$

Abzählbare Mengen können positive Minkowski-Dimension haben, zum Beispiel mögen Lesende zeigen, dass

$$\dim_M \left\{0, 1, \frac{1}{2}, \frac{1}{3}, \frac{1}{4}, \dots \right\} = 1/2 \quad \text{und} \quad \dim_M(\mathbb{Q} \cap [0,1]) = 1.$$

Dies widerspricht dem intuitiven Dimensionsbegriff. Wenn die Minkowski-Dimension von beschränkten Mengen $A \subseteq \mathbb{R}^n$ und $A \subseteq \mathbb{R}^m$ existieren, erhält man allerdings folgende naheliegende Formel für das kartesische Produkt $A \times B := \{(x, y) \mid x \in A, y \in B\}$ der beiden Mengen.

Satz 7.1

Wenn die Minkowski-Dimension von A, B existieren, gilt

$$\dim_M(A \times B) = \dim_M A + \dim_M B.$$

---

[1] Die Äquivalenz folgt aus $N_{\epsilon\sqrt{n}}(A) \leq \hat{N}_\epsilon(A)$ und $\hat{N}_\epsilon(A) \leq 3^n N_\epsilon(A)$.

Beweis Offensichtlich gilt $\hat{N}_\epsilon(A \times B) = \hat{N}_\epsilon(A)\hat{N}_\epsilon(B)$. Damit folgt

$$\dim_M(A \times B) = \lim_{\epsilon \to 0} \frac{\hat{N}_\epsilon(A \times B)}{-\log(\epsilon)}$$

$$= \lim_{\epsilon \to 0} \frac{\hat{N}_\epsilon(A)}{-\log(\epsilon)} + \lim_{\epsilon \to 0} \frac{\hat{N}_\epsilon(B)}{-\log(\epsilon)} = \dim_M(A) + \dim_M(B).$$

□

Die Minkowski-Dimension stimmt, wie wir im nächsten Abschnitte sehen werden, für selbstähnliche und auch für selbstkonforme Mengen mit der Hausdorff-Dimension überein. Allgemein gilt folgender Satz:

Satz 7.2
Ist $A \subseteq \mathbb{R}^n$ eine nicht leere beschränkte Menge, so gilt

$$\dim_H A \leq \underline{\dim}_M A \leq \overline{\dim}_M A.$$

Beweis Sei $d < \dim_H A$. Aus der Definition der Hausdorff-Dimension folgt $1 < \mathcal{H}^d(A) = \lim_{\epsilon \to 0} \mathcal{H}^d_\epsilon(A)$ und damit

$$1 < \mathcal{H}^d(A)_\epsilon \leq N_\epsilon(A)\epsilon^d,$$

wenn ϵ hinlänglich klein ist. Nehmen wir den Logarithmus, folgt

$$0 < \log(N_\epsilon(A)) + d\log(\epsilon)$$

und damit $d \leq \underline{\dim}_M A$.

□

Wenn Hausdorff- und Minkowski-Dimension einer beschränkten Menge A übereinstimmen, erhält man folgende nützliche Produktformel:

Satz 7.3
Gilt $\dim_H A = \overline{\dim}_M A$ für eine beschränkte Menge $A \subseteq \mathbb{R}^n$, so folgt

$$\dim_H(A \times B) = \dim_H A + \dim_H B$$

für alle $B \subseteq \mathbb{R}^m$.

Der recht aufwendige Beweis dieses Satzes findet sich in Kap. 7 in Falconer (2014).

Untere Abschätzungen der Hausdorff-Dimension erhält man gewöhnlich durch das sogenannte Massenverteilungsprinzip, das wir zum Abschluss des Abschnitts formulieren.

Satz 7.4
Sei $A \in \mathbb{R}^n$ und μ ein Wahrscheinlichkeitsmaß auf $\mathbb{R}^n$ mit $\mu(A) = 1$. Existieren Konstanten $d, c, \epsilon_0 > 0$, sodass

$$\mu(B_\epsilon(x)) \leq c\epsilon^d$$

für alle $\epsilon \leq \epsilon_0$ und $x \in \mathbb{R}^n$, so gilt $\dim_H A \geq d$.

Beweis Sei $\{U_i | i \in \mathbb{N}\}$ eine Überdeckung von A durch offene Kugeln mit Durchmesser kleiner $\epsilon < \epsilon_0$. Es gilt

$$1 = \mu(A) \leq \mu\left(\bigcup_{i=1}^{\infty} U_i\right) \leq \sum_{i=1}^{\infty} \mu(U_i) \leq \sum_{i=1}^{\infty} c|U_i|^d.$$

Zur Bestimmung von $\mathcal{H}_\epsilon^d(A)$ reicht es, Überdeckungen von A mit offenen Kugeln zu betrachten. Wir erhalten also $\mathcal{H}_\epsilon^d(A) \geq 1/c > 0$. Mit dem Grenzwert $\epsilon \to 0$ folgt $\mathcal{H}^d(A) \geq 1/c > 0$ und damit $\dim_H A \geq d$.

$\square$

Wir werden diesen Satz im nächsten Abschnitt zum Einsatz bringen.

7.2   Iterierte Funktionssysteme

Sei $X \subseteq \mathbb{R}^n$ im Folgenden nicht leer und abgeschlossen oder allgemeiner ein vollständiger metrischer Raum. Für $i = 1, \ldots, m$ seien $T_i : X \to X$ Kontraktionen, d. h., es gibt Konstanten $c_i \in (0, 1)$, sodass

$$d(T_i(x), T_i(y)) \leq c_i d(x, y)$$

für alle $x, y \in X$ gilt. Wir nennen $(X, T_1, \ldots, T_m)$ ein iteriertes Funktionssystem, kurz IFS. Der Satz von Huchinson (1981) zeigt, dass jedes IFS eine im verallgemeinerten Sinne selbstähnliche Menge definiert.

Satz 7.5

Für jedes IFS $(X, T_1, \ldots, T_m)$ existiert ein eindeutig bestimmter nicht leerer kompakter Attraktor $\Lambda \subseteq X$ mit

$$T(\Lambda) := \bigcup_{i=1}^{m} T_i(\Lambda) = \Lambda.$$

Für alle kompakten Mengen $K \subseteq X$ gilt

$$\Lambda = \lim_{j \to \infty} T^j(K) = \bigcap_{j=1}^{\infty} T^j(K).$$

Beweis Wir betrachten $\mathfrak{K}$, die Menge aller kompakten Teilmengen von X. Mit der Hausdorff-Metrik

$$d_H(A, B) = \max \left\{ \sup_{a \in A} \inf_{b \in B} d(a, b), \sup_{b \in B} \inf_{a \in A} d(a, b) \right\}$$

ist $\mathfrak{K}$ ein vollständiger metrischer Raum, da X vollständig ist. Nun betrachten wir den Operator

$$T(K) = \bigcap_{j=1}^{\infty} T^j(K)$$

auf $\mathfrak{K}$. Es gilt

$$d_H(T(K_1), T(K_2)) = d_H \left(\bigcup_{i=1}^{m} T_i(K_1), \bigcup_{i=1}^{n} T_i(K_2) \right)$$

$$\leq \max_{i=1,\ldots,m} d_H(T_i(K_1), T_i(K_2)) \leq \max_{i=1,\ldots,m} c_i \cdot d_H(K_1, K_2),$$

wobei $c_i \in (0, 1)$ die Kontraktionskonstanten der Abbildungen T_i sind. Der Operator ist also eine Kontraktion und die Aussage folgt aus dem Fixpunktsatz von Banach.

$\square$

IFS stellen ein universelles Verfahren zur Konstruktion fraktaler Mengen dar. Wir betrachten zwei klassische Beispiele. Sei $X = [0, 1]$, $T_1(x) = x/3$ und $T_2 x = x/3 + 2/3$. Der Attraktor des IFS (X, T_1, T_2) ist die klassische triadische Cantor-Menge

$$C = \left\{ \sum_{i=1}^{\infty} s_i 3^{-i} \,|\, s_i \in \{0, 2\} \right\}.$$

Abb. 7.1 Approximation der Cantor-Menge

Wir zeigen die Approximation von C durch $T^j(X)$ für $j = 1, \ldots, 6$ in Abb. 7.1. Als zweites Beispiel betrachten wir das Sierpinski-Dreieck S, gegeben durch das IFS (X, T_1, T_2, T_3), wobei X das gleichseitige Dreieck ist und die Kontraktionen durch

$$T_1(x, y) = (x/2, y/2) \qquad T_2(x, y) = (x/2 + 1/2, y/2)$$

$$\text{und} \qquad T_3(x, y) = (x/2 + 1/4, y/2 + \sqrt{3}/4)$$

gegeben sind. In Abb. 7.2. zeigen wir die Approximation von S durch $T^5(X)$. Wir werden in den nächsten beiden Abschnitten des Kapitels sehen, dass sich invariante Mengen dynamischer Systeme oftmals als Attraktoren von IFS beschreiben lassen. Aus diesem Grund entwickeln wir hier die Dimensionstheorie der IFS. Durch die Kontraktionskonstanten $(c_1, \ldots, c_m) \in (0, 1)^m$ eines IFS erhält man eine obere Abschätzung der Minkowski-Dimension und damit der Hausdorff-Dimension des Attraktors.

> **Satz 7.6**
> *Ist Λ der Attraktor eines IFS $(X, T_1, \ldots, T_m)$ mit Kontraktionskonstanten $(c_1, \ldots, c_m) \in (0, 1)^m$ und $d > 0$ die Lösung von*
>
> $$\sum_{i=1}^m c_i^d = 1,$$
>
> *so gilt* $\dim_H \Lambda \le \underline{\dim}_M \Lambda < \overline{\dim}_M \Lambda \le d$.

Beweis Sei $\epsilon > 0$ und Q_ϵ die Menge aller endlichen Folgen $(s_1, \ldots, s_k)$ mit Einträgen in $\{1, \ldots, m\}$, sodass

$$\min\{c_i \mid i = 1, \ldots, m\}\epsilon \le c_{s_1} \cdot \ldots \cdot c_{s_k} \le \epsilon.$$

Aus der Annahme $\sum_{i=1}^m c_i^d = 1$ erhalten wir induktiv

$$\sum_{(s_k) \in Q_\epsilon} c_{s_1}^d \cdot \ldots \cdot c_{s_k}^d = 1.$$

Abb. 7.2 Approximation
des Sierpinski-Dreiecks

Damit enthält Q_ϵ höchstens $(\min\{c_i \mid i = 1, \ldots, m\}\epsilon)^{-d}$ Elemente. Sei $B_R(0)$ eine
Kugel mit $\Lambda \subseteq B_R(0)$.

$$\{T_{s_1} \circ \cdots \circ T_{s_k}(B_R(0)) \mid (s_k) \in Q_\epsilon\}$$

bildet eine Überdeckung von Λ und jedes der Überdeckungselemente ist in einer
Kugel mit Radius ϵR enthalten. Wir haben also

$$N_{R\epsilon}(\Lambda) \leq (\min\{c_i \mid i = 1, \ldots, m\}\epsilon)^{-d}$$

und das Resultat folgt aus der Definition der Minkowski-Dimension. $\qquad\square$

Mit Hilfe des Massenverteilungsprinzips aus dem letzten Abschnitt erhalten wir
untere Abschätzungen der Hausdorff-Dimension des Attraktors eines IFS.

Satz 7.7
*Sei Λ der Attraktor eines IFS $(X, T_1, \ldots, T_m)$. Wenn es Konstanten
$(b_1, \ldots b_m) \in (0, 1)^m$ mit*

$$d(T_i(x), T_i(y)) \geq b_i d(x, y)$$

für alle $x, y \in X$ gibt und $T_k(\Lambda) \cap T_l(\Lambda) = \emptyset$ für $k \neq l$ gilt, so ist $\dim_H \Lambda \geq d$, wobei $d > 0$ die Lösung von

$$\sum_{i=1}^m b_i^d = 1$$

ist.

Beweis Sei $\delta > 0$ der minimale Abstand zwischen zwei disjunkten kompakten Mengen $T_i(\Lambda)$ für $i = 1, \ldots, m$, d. h.,

$$\delta := \inf\{|x - y| \mid x \in T_i(\Lambda),\, y \in T_j(\Lambda),\, i \neq j\}.$$

Wir setzen

$$\Lambda_{s_1 \ldots s_k} = T_{s_1} \circ \cdots \circ T_{s_k}(\Lambda)$$

mit $s_l \in \{1, \ldots, m\}$. Wir definieren ein Wahrscheinlichkeitsmaß auf Λ durch

$$\mu(\Lambda_{s_1 \ldots s_k}) = (b_{s_1} \cdot \ldots \cdot b_{s_k})^d.$$

Aus $\sum_{i=1}^{m} b_i^d = 1$ folgt $\mu(\Lambda) = 1$.

Für $x \in \lambda$ sei (s_k) die eindeutig bestimme Folge mit $x \in \Lambda_{s_1 \ldots s_k}$ für alle $k \in \mathbb{N}$. Für $0 < \epsilon < \delta$ sei k die kleinste natürliche Zahl, sodass

$$\delta \cdot b_{s_1} \cdot \ldots \cdot b_{s_k} \leq \epsilon < \delta \cdot b_{s_1} \cdot \ldots \cdot b_{s_{k-1}}.$$

Wenn $(\bar{s}_1, \ldots \bar{s}_k) \neq (s_1, \ldots s_k)$, sind $\Lambda_{\bar{s}_1 \ldots \bar{s}_k}$ und $\Lambda_{s_1 \ldots s_k}$ um mindesten $\delta \cdot b_{s_1} \cdot \ldots \cdot b_{s_{k-1}} > \epsilon$ separiert. Es folgt $\Lambda \cap B_\epsilon(x) \subseteq \Lambda_{s_1 \ldots s_k}$ und damit

$$\mu(\Lambda \cap B_\epsilon(x)) \leq \mu(\Lambda_{s_1 \ldots s_k}) \leq (b_{s_1} \cdot \ldots \cdot b_{s_k})^d \leq \delta^{-d} \epsilon^d.$$

Aus Satz 7.4 folgt $\dim_H \Lambda \geq d$.

□

Sind die Kontraktionen T_i Ähnlichkeiten, der Attraktor des IFS also im eigentlichen Sinne selbstähnlich, so folgt aus den letzten beiden Sätzen unmittelbar:

Satz 7.8
Sei Λ der Attraktor eines IFS $(X, T_1, \ldots, T_m)$. Wenn es Konstanten $(c_1, \ldots c_m) \in (0, 1)^m$ mit

$$d(T_i(x), T_i(y)) = c_i d(x, y)$$

für alle $x, y \in X$ gibt und $T_k(\Lambda) \cap T_l(\Lambda) = \emptyset$ für $k \neq l$ gilt, so ist

$$\dim_H \Lambda = \dim_M \Lambda = d,$$

wobei $d > 0$ die Lösung von

$$\sum_{i=1}^{m} c_i^d = 1$$

ist.

Aus diesem Satz erhalten wir die Dimension der klassischen triadischen Cantor-Menge

$$\dim_H C = \dim_M C = \frac{\log(2)}{\log(3)}.$$

Die Separationsbedingung $T_k(\Lambda) \cap T_l(\Lambda) = \emptyset$ für $k \neq l$ im letzten Satz lässt sich abschwächen. Der Satz gilt, wenn es eine offene Menge $O \subseteq X$ mit $T_i(O) \subseteq O$ für $i = 1, \ldots, m$ und $T_k(O) \cap T_l(O) = \emptyset$ für $k \neq l$ gibt. Wir erhalten damit die Dimension des Sierpinski-Dreiecks

$$\dim_H S = \dim_M S = \frac{\log(3)}{\log(2)}.$$

Wir verzichten auf den Beweis des stärkeren Resultates, da dieses im Folgenden keine entscheidende Rolle spielt. Interessierte Lesende verweisen wir auf Theorem 9.3 in Falconer (2014). Ohne Beweis merken wir auch noch an, dass die Identität von Hausdorff- und Minkowski-Dimension nicht nur für selbstähnliche, sondern auch für selbstkonforme Mengen gilt.

Satz 7.9
Ist Λ der Attraktor eines IFS $(X, T_1, \ldots, T_m)$ mit konformen Kontraktionen $T_i : X \to X$ für $i = 1, \ldots, m$, so gilt

$$\dim_H \Lambda = \dim_M \Lambda.$$

Unter den Voraussetzungen des letzten Satzes stellt der thermodynamische Formalismus ein Verfahren zur Approximation der Dimension des Attraktors bereit. Die Entwicklung dieser Theorie würde hier zu weit führen, wir verweisen auf Pesin (1992). Für nicht selbstkonforme Mengen, wie etwa selbstaffine Mengen, verfügen wir über keine vollständig entwickelte Dimensionstheorie. In diesem Falle stimmen Hausdorff- und Minkowski-Dimension nicht immer überein, was erhebliche Schwierigkeiten bereitet.

7.3   Eindimensionale Systeme

Sei $b \geq 3$ und $B \subseteq \{0, 1, \ldots, b - 1\}$ eine Teilmenge mit $\sharp B$ Elementen. Wir betrachten die Menge

$$\Lambda(B) = \left\{ \sum_{k=1}^{\infty} s_k b^{-k} \mid s_k \in B \right\}$$

der reellen Zahlen in [0, 1], die in ihrer Darstellung zur Basis b Ziffern in B haben. Es handelt sich um eine invariante Menge für die lineare Expansion $E_b = \{bx\}$ auf $\mathbb{S}^1$, die allerdings kein Attraktor oder Repeller ist. Aus den Ergebnissen des letzten Abschnitts folgt:

Satz 7.10

$$\dim_H \Lambda(B) = \dim_M \Lambda(B) = \frac{\log(\sharp B)}{\log(b)}.$$

Beweis $\Lambda(B)$ ist Attraktor des IFS mit $X = [0, 1]$ und

$$T_i x = x/b + i/b$$

für $i \in B$. Aus den Ergebnissen des letzten Abschnitts erhalten wir, dass die Dimension d des Attraktors durch $\sharp B \cdot b^{-d} = 1$ gegeben ist. Die obige Dimensionsformel folgt.

$\square$

Als zweite Anwendung der Ergebnisse aus dem letzten Abschnitt betrachten wir die Familie der Zeltabbildungen $t_\lambda : [0, 1] \to [0, 1]$

$$t_\lambda(x) = \frac{\lambda}{2} - \lambda \left| x - \frac{1}{2} \right|$$

für $\lambda \geq 2$. Das System hat einen Repeller Λ_λ, siehe Abschn. 5.2, und wir erhalten:

Satz 7.11
Für alle $\lambda \geq 2$ gilt:

$$\dim_H \Lambda_\lambda = \dim_M \Lambda_\lambda = \frac{\log(2)}{\log(\lambda)}.$$

Beweis Die Inverse der Abbildung t_λ hat zwei kontrahierende Zweige

$$T_1(x) = x/\lambda \quad \text{und} \quad T_2(x) = x/\lambda + (1 - 1/\lambda)$$

auf $X = [0, 1]$. Der Repeller des Systems Λ_λ ist der Attraktor des IFS (X, T_1, T_2). Die Dimensionsformel folgt aus den Ergebnissen des letzten Abschnitts. $\square$

Als Nächstes finden wir Dimensionsabschätzungen für den Repeller Λ_μ der logistischen Abbildungen $l_\mu : [0, 1] \to [0, 1]$, gegeben durch

$$l_\mu(x) = \mu x(1 - x),$$

wenn μ hinlänglich groß ist, vgl. Abschn. 5.2. Es gilt:

Satz 7.12
Für alle $\mu > 2 + \sqrt{5}$ gilt:

$$\frac{\log(2)}{\log(\mu)} \leq \dim_H \Lambda_\mu = \dim_M \Lambda_\mu \leq \frac{\log(2)}{\log(\sqrt{\mu^2 - 4\mu})}.$$

Beweis Die Inverse der Abbildung l_μ hat die Zweige

$$T_\pm(x) = \frac{1}{2} \pm \sqrt{\frac{x}{\mu} + \frac{1}{4}},$$

für die

$$T'_\pm(x) = \pm 1/\sqrt{-4x\mu + \mu^2}$$

gilt. Für $\mu > 2 + \sqrt{5}$ sind dies Kontraktionen und Λ_μ ist der Attraktor des IFS $([0, 1], T_\pm)$. Es gilt

$$\max\{|T'_\pm(x)| \mid x \in [0, 1]\} = 1/\sqrt{\mu^2 - 4\mu} < 1$$

und aus Satz 7.6 folgt $\overline{\dim}_M \Lambda_\lambda \leq D$, wobei $D > 0$ die Lösung von $2(1/\sqrt{\mu^2 - 4\mu})^D = 1$ ist. Weiterhin gilt

$$\min\{|T'_\pm(x)| \mid x \in [0, 1]\} = 1/\mu.$$

Damit folgt aus Satz 7.7 $\dim_H \Lambda_\lambda \geq d$, wobei $d > 0$ die Lösung von $2(1/\mu)^d = 1$ ist. $\dim_H \Lambda_\lambda = \dim_M \Lambda_\lambda$ folgt aus Satz 7.8.

$\square$

Für $c \leq 2$ hat $f_c(x) = x^2 + c$ einen Repeller Λ_c, vgl. Abschn. 2.4 und 5.2. Wir erhalten Dimensionsabschätzungen für diesen Repeller, wenn c hinreichend klein ist:

Satz 7.13
Für alle $c < (-5 - 2\sqrt{5})/4$ gilt

$$\frac{\log(2)}{\log(2p(c))} \leq \dim_H \Lambda_c = \dim_M \Lambda_c = \frac{\log(2)}{\log(2\sqrt{-p(c) - c})}$$

mit $p(c) = 1/2 + \sqrt{1/4 - c}$.

Beweis Wir betrachten die inversen Zweige

$$T_\pm(x) = \pm\sqrt{x - c}$$

von f_c. Für diese gilt

$$T'_\pm(x) = \pm 1/(2\sqrt{x - c}).$$

Aus der Bedingung an c folgt, dass diese Abbildungen auf dem Intervall $I = [-p(c), p(c)]$ Kontraktionen sind und Λ_c der Attraktor des IFS $(I, T_\pm)$ ist. Es gilt

$$\max\{|T'_\pm(x)| \mid x \in I\} = \frac{1}{2\sqrt{-p(c) - c}}$$

und aus Satz 7.6 folgt wie im Beweis des letzten Satzes die obere Dimensionsabschätzung. Weiterhin gilt

$$\min\{|T'_\pm(x)| \mid x \in I\} = \frac{1}{2\sqrt{p(c) - c}} = \frac{1}{2p(c)}$$

und aus Satz 7.7 folgt die untere Dimensionsabschätzung. Die Identität von Hausdorff- und Minkowski-Dimension folgt wieder aus Satz 7.8.

$\square$

Für den Feigenbaumparameter $c_\infty = -1{,}40115\ldots$ gibt es einen fraktalen Attraktor

$$\Lambda_{c_\infty} := \overline{\bigcup_{n=1}^{\infty} f_{c_\infty}^n(0)}$$

für die quadratische Familie $f_c(x) = x^2 + c$, siehe Satz 2.8. Dieser Attraktor wird auch Feigenbaumattraktor genant. Feigenbaum (1988) zeigt, dass dieser Attraktor durch ein IFS (I, T_1, T_2) mit

$$T_1(x) = -x/\alpha \quad \text{und} \quad T_2(x) = g^{-1}(-x/\alpha)$$

gegeben ist. Hier ist

$$\alpha = \lim_{n \to \infty} \frac{d_n}{d_{n+1}} = 2{,}50290\ldots$$

die zweite Feigenbaumkonstante, wobei d_n den maximalen Abstand zwischen zwei Punkten des periodischen Orbits mit Periode 2^n im Bereich der Periodenverdoppelung bezeichnet. g ist eine gerade analytische Funktion, die die Funktionalgleichung

$$g^2(x/\alpha) = -g(x)/\alpha$$

mit $g(0) = 1$ erfüllt. Diese Funktion wird Feigenbaumfunktion genannt. Ein rigoroser Beweis der Existenz dieser Funktion und des Attraktors bereitet beträchtliche Schwierigkeiten, siehe Epstein (1986). Wir präsentieren diesen Beweis hier nicht, können aber mit Hilfe der Ergebnisse aus dem letzten Abschnitt Dimensionsabschätzungen für den Feigenbaumattraktor angeben.

Satz 7.14

$$0{,}52451 < \dim_H \Lambda_{c_\infty} = \dim_M \Lambda_{c_\infty} < 0{,}55435.$$

Beweis Aus der Funktionsgleichung erhält man mit dem Einsatz eines Rechners oder langwierigen Kalkulationen folgende Approximation für die Feigenbaumfunktion:

$$g(x) \approx 1 - 1{,}52763x^2 + 0{,}10482x^4 + 0{,}02671x^6 - 0{,}00353x^8 + 0{,}00008x^{10} + 0{,}00003x^{12}$$

und damit

$$g'(x) \approx -3{,}05526x + 0{,}41928x^3 + 0{,}16026x^5 - 0{,}02824x^7 + 0{,}0008x^9 + 0{,}00036x^{11}.$$

Wir betrachten das IFS (I, T_1, T_2) mit $I = [g(1), 1] \approx [-0{,}39952,\ 1]$. Es gilt $T_1(I) = [g(1), g^3(1)] \approx [-0{,}39952,\ 0{,}15959]$ und $T_2(I) = [g^2(1), 1] = [0{,}75894,\ 1]$. Das IFS erfüllt also die Separationsbedingung. Wir haben

$$\max\{|T_1'(x)| \mid x \in I\} = \alpha^{-1} \approx 0{,}39952$$

und

$$\max\{|T_2'(x)| \mid x \in I\} = (\alpha g'(g^2(1)))^{-1} \approx 0{,}19033.$$

$D = 0{,}55435$, gegeben durch $0{,}39952^D + 0{,}19033^D = 1$, ist also gemäß Satz 7.6 eine obere Abschätzung der Dimension von Λ_{c_∞}. Weiterhin gilt

$$\min\{|T_1'(x)| \mid x \in I\} = \alpha^{-1} \approx 0{,}39952$$

und

$$\min\{|T_2'(x)| \mid x \in I\} = (\alpha g'(1))^{-1} \approx 0,15963.$$

$d = 0,52451$, gegeben durch $0,39952^d + 0,15963^d = 1$, ist damit gemäß Satz 7.7 eine untere Abschätzung der Dimension von Λ_{c_∞}. Aus Satz 7.8 folgt auch hier $\dim_H \Lambda_{c_\infty} = \dim_M \Lambda_{c_\infty}$.

□

Durch den Einsatz geeigneter numerischer Algorithmen erhält man die nicht rigorose Approximation

$$\dim_{H/M} \Lambda_{c_\infty} = 0,5380451435805499116714155567\ldots,$$

siehe Christiansen, Cvitanovic, and H. Rugh (1990). Die Feigenbaumkonstante und die Feigenbaumfunktion sind universell für alle hinlänglich glatten Familien unimodaler Abbildungen. Auch die Dimension des Feigenbaumattraktors ist damit eine universelle Konstante. Nur der Feigenbaumparameter, für den der Attraktor existiert, ändert sich je nach Familie. Für die logistische Familie $l_\mu(x) = \mu x(1 - x)$ erhält man zum Beispiel den Feigenbaumparameter $\mu_\infty = 3,56994\ldots$, für den ein Attraktor existiert.

7.4 Höherdimensionale Systeme

Wir beginnen diesen Abschnitt mit der stückweise linearen Hufeisenabbildung T aus Abschn. 5.3, die eine invariante Cantor-Menge Λ hat. Es gilt:

Satz 7.15

$$\dim_H \Lambda = \dim_M \Lambda = \frac{\log(4)}{\log(3)}.$$

Beweis Λ ist ein Attraktor des IFS $([0,1]^2, T_1, \ldots, T_4)$ mit

$$T_1(x, y) = (x/3, y/3), \qquad T_2(x, y) = (x/3, y/3) + (1/3, 0),$$

$$T_3(x, y) = (x/3, y/3) + (0, 1/3), \quad T_4(x, y) = (x/3, y/3) + (1/3, 1/3).$$

Das Resultat folgt damit unmittelbar aus Satz 7.8. Alternativ kann man auch $\Lambda = C \times C$, wobei C die klassische triadische Cantor-Menge ist, verwenden. Wir wissen, dass $\dim_H C = \dim_M C = \log(2)/\log(3)$, damit folgt das Resultat aus den Sätzen 7.2 und 7.3.

$\square$

Als Zweites schauen wir uns die verallgemeinerte Bäcker-Transformationen T_α aus Abschn. 5.3 an. Diese hat für $\alpha \in (0, 1/2)$ einen fraktalen Attraktor Λ_α, für den folgender Satz gilt.

Satz 7.16
Für $\alpha \in (0, 1/2)$ gilt

$$\dim_H \Lambda_\alpha = \dim_M \Lambda_\alpha = 1 - \frac{\log(2)}{\log(\alpha)}.$$

Beweis Es gilt

$$\Lambda_\alpha = [0,1] \times C_\alpha = [0,1] \times \left\{ (1-\alpha) \sum_{k=0}^{\infty} s_k \alpha^k \, | \, s_k \in \{0,1\} \right\}.$$

Wir wissen aus dem Beweis von 7.10 schon, dass

$$\dim_H C_\alpha = \dim_M C_\alpha = -\frac{\log(2)}{\log(\alpha)}.$$

Das Resultat folgt nun aus $\dim_H[0,1] = \dim_M[0,1] = 1$ und den Sätzen 7.2 und 7.3.

$\square$

Für $c \in \mathbb{C}$ studieren wir nun die Julia-Menge J_c, die einen Repeller für die quadratische Abbildung $f_c(z) = z^2 + c$ auf $\mathbb{C}$ bildet, vgl. Abschn. 2.4 und 5.4. Ist $|c|$ hinlänglich groß, so erhalten wir mit Hilfe der Ergebnisse in Abschn. 7.2 folgende Dimensionsabschätzungen:

Satz 7.17
Für $|c| > (5 + 2\sqrt{6})/4$ gilt

$$\frac{2\log(2)}{\log(4(|c| + \sqrt{2|c|}))} \leq \dim_H J_c = \dim_M \leq \frac{2\log(2)}{\log(4(|c| - \sqrt{2|c|}))}.$$

Beweis Sei $B = \{z \mid |z| \le \sqrt{|2c|}\}$. Eine einfache Rechnung zeigt, dass $f_c^{-1}(B) \subseteq B$. Sei $B_0 = \{z \mid |z + c| \le \sqrt{|2c|}\}$. Da $0 \notin D$, besteht $f_c^{-1}(B) = \{|z| \mid z^2 \in B_0\}$ aus zwei disjunkten Gebieten D_1 und D_2. Seien T_1 und T_2 die Zweige der Inversen von f_c auf D mit $T_1(D) = D_1$ und $T_2(D) = D_1$. Es gilt

$$|T_i(z_1) - T_i(z_2)| = |\sqrt{z_1 - c} - \sqrt{z_1 - c}| = \frac{|z_1 - z_2|}{|\sqrt{z_1 - c} + \sqrt{z_1 - c}|}$$

für $i = 1, 2$. Damit gilt für $z_1, z_2 \in D$

$$\frac{1}{2}(|c| + \sqrt{|2c|})^{-1/2} \le \frac{|T_i(z_1) - T_i(z_2)|}{|z_1 - z_2|} \le \frac{1}{2}(|c| - \sqrt{|2c|})^{-1/2}$$

für $i = 1, 2$. Aus $|c| > (5 + 2\sqrt{6})/4$ erhält man, dass die obere Abschätzung in der letzten Formel echt kleiner 1 ist. Die Abbildungen T_1 und T_2 sind damit Kontraktionen und die Julia-Menge J_c ist Attraktor des IFS (B, T_1, T_2). Aus Satz 7.6 und 7.7 folgt, dass

$$d \le \dim_H J_c \le \overline{\dim}_M \le D,$$

wobei

$$2\left(\frac{1}{2}(|c| + \sqrt{|2c|})^{-1/2}\right)^d = 1 \quad \text{und} \quad 2\left(\frac{1}{2}(|c| - \sqrt{|2c|})^{-1/2}\right)^D = 1.$$

Auflösen der Gleichungen gibt die im Satz gegebenen Dimensionsabschätzungen. Holomorphe Funktionen auf $\mathbb{C}$ sind konform. Wir können also auch hier Satz 7.8 einsetzen, um die Identität von Hausdorff- und Minkowski-Dimension zu erhalten.

$\square$

Unter Verwendung des thermodynamischen Formalismus, den wir hier nicht entwickeln, erhalten Baker und Stallard (1996) aufbauend auf Ruelle (1982) folgendes Resultat für $c \in \mathbb{C}$ mit kleinem Betrag:

Satz 7.18
Für $|c| < 1/10$ gilt

$$1 + \frac{|c|^2 - 80|c|^3}{4\log(2)} \le \dim_H J_c = \dim_H J_c \le 1 + \frac{|c|^2 + 80|c|^3}{4\log(2)}.$$

Daneben finden sich auch einige verlässliche numerische Approximationen von $\dim_{H/M} J_c$ für ausgewählte Parameter. So zeigt McMullen (1998)

$$\dim_{H/M} J_{-1} = 1,26835\ldots$$

und in Jenkinson und Pollicott (2002) finden wir

$$\dim_{H/M} J_{i/4} = 1,02319\ldots \text{ und } \dim_{H/M} J_{-3/2+2i/3} = 0,90387\ldots$$

Zum Abschluss dieses Abschnitts zitieren wir noch das Resultat von Bothe (1995) und Simon (1997) über das Solenoid Ψ aus Abschn. 5.5.

Satz 7.19

$$\dim_H \Psi = 1 + \frac{\log(2)}{\log(10)}.$$

Da Ψ keine exakte Produktstruktur besitzt, erfordert der Beweis fortgeschrittene dimensionstheoretische Techniken.

Computationale und numerische Aspekte

8

Inhaltsverzeichnis

In diesem Kapitel gehen wir auf computationale und numerische Aspekte der Theorie dynamischer Systeme ein. Wir legen dabei unseren Berechnungen das Computeralgebrasystem Mathematica von Wolfram zugrunde und geben die Mathematica-Befehle, die den Berechnungen dienen, an. Im ersten Abschnitt beschäftigen wir uns mit der algebraischen und numerischen Bestimmung von Anfangsorbits. Wir sehen anhand von Beispielen, dass die Berechnung von Anfangsorbits und deren graphische Darstellung Indizien für eine chaotische Dynamik eines Systems geben kann. Im zweiten Abschnitt beschäftigen wir uns mit der Berechnung periodischer Orbits und der Bestimmung der Stabilität solcher Orbits. Im dritten Abschnitt mit dem Titel Pseudoorbits diskutieren wir die Frage, inwieweit die mit numerischen Fehlern behaftete Berechnung von Orbits die tatsächliche Dynamik eines Systems widerspiegelt. Wir stellen zwei Resultate vor, die zeigen, dass dies für viele dynamische Systeme der Fall ist. Im nächsten Abschnitt gehen wir auf die Berechnung lokaler Lyapunov-Exponenten ein, die quantitative Indizien für eine chaotische Dynamik geben. Daraufhin stellen wir computationale Methoden vor, die dazu dienen, Julia-Mengen zu approximieren und eine Grundlage der allseits bekannten reizvollen Abbildungen sind. Im letzten Abschnitt stellen wir eine Methode vor, die auf Ulam zurückgeht und es erlaubt, die Dichte absolut stetiger ergodischer Maße in Fällen zu

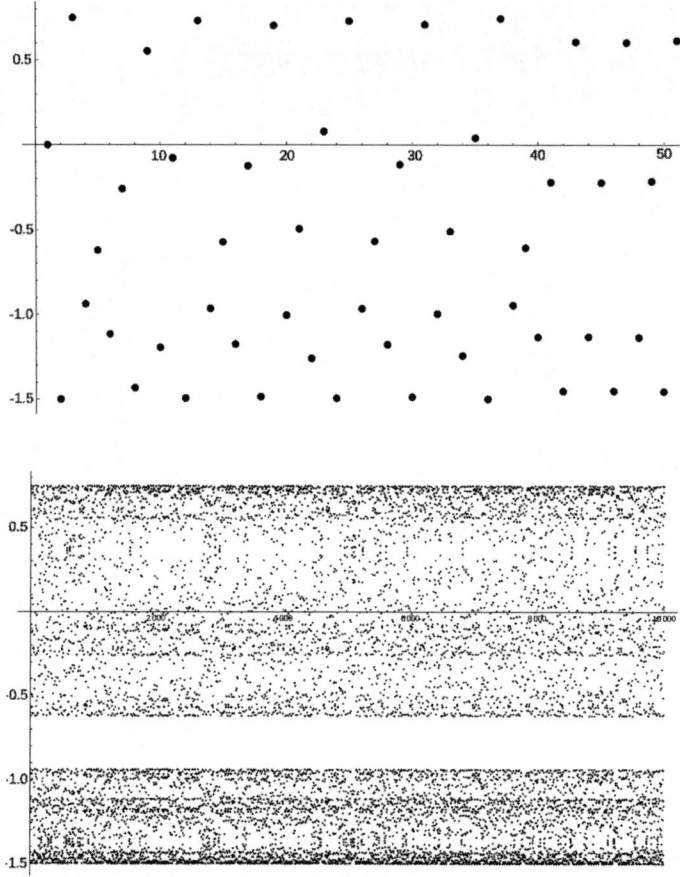

Abb. 8.1 $\mathcal{O}_f^{50}(0)$ und eine Annäherung von $\mathcal{O}_f^{10.000}(0)$ für $f(x) = x^2 - 3/2$

approximieren, in denen eine explizite Berechnung dieser Dichten nicht möglich ist (Abb. 8.1).

8.1   Berechnung von Anfangsorbits

Sei (X, T) ein dynamisches System und

$$\mathcal{O}_T(x) = \{T^k(x) | k \in \mathbb{N}_0\}$$

ein Orbit des Systems für $x \in X$. Für $n \in \mathbb{N}$ ist der n-Anfangsorbit von $\mathcal{O}_T(x)$ durch

$$\mathcal{O}_T^n(x) = \{T^k(x) | k = 0, \dots, n - 1\}$$

gegeben. Ist $\mathcal{O}_T(x)$ ein unendlicher Orbit, so hat $\mathcal{O}_T^n(x)$ die Länge n für alle $n \in \mathbb{N}$. Hat $\mathcal{O}_T(x)$ jedoch die Länge p, d.h., der Orbit ist periodisch oder endet periodisch, so hat $\mathcal{O}_T^n(x)$ die Länge p für $n \geq p$.

Zur Berechnung von n-Anfangsorbits für alle $x \in X$ müssen wir die Kompositionen $f^k = f \circ \cdots \circ f$ einer Funktion f für alle $k < n$ bestimmen. Moderne Computeralgebrasysteme wie Wolfram Mathematica sind in der Lage, solche Kompositionen für explizite gegebene Funktionen symbolisch zu berechnen, wenn n hinlänglich klein ist.[1] Das Kommando zur Bestimmung endlicher Orbits im Mathematica lautet **NestList[f,x,n]**.

Wir betrachten als erstes Beispiel $f : \mathbb{R} \to \mathbb{R}$ mit $f(x) = x^2 - 3/2$, siehe hierzu auch Abschn. 2.4. und 6.5. Wolfram Mathematica liefert:

$$\mathcal{O}_f^6(x) = \left\{ x, x^2 - \frac{3}{2}, x^4 - 3x^2 + \frac{3}{4}, x^8 - 6x^6 + \frac{21x^4}{2} - \frac{9x^2}{2} - \frac{15}{16}, \right.$$

$$x^{16} - 12x^{14} + 57x^{12} - 135x^{10} + \frac{1299x^8}{8} - \frac{333x^6}{4} + \frac{9x^4}{16}$$

$$+ \frac{135x^2}{16} - \frac{159}{256},$$

$$x^{32} - 24x^{30} + 258x^{28} - 1638x^{26} + \frac{27.255x^{24}}{4} - \frac{38.907x^{22}}{2}$$

$$+ \frac{309.879x^{20}}{8}$$

$$- \frac{426.627x^{18}}{8} + \frac{6.234.051x^{16}}{128} - \frac{838.737x^{14}}{32} + \frac{609.831x^{12}}{128}$$

$$+ \frac{360.207x^{10}}{128}$$

$$\left. - \frac{1.644.777x^8}{1024} + \frac{57.807x^6}{512} + \frac{144.369x^4}{2048} - \frac{21.465x^2}{2048} - \frac{73.023}{65.536} \right\}$$

und speziell

$$\mathcal{O}_f^6(0) = \left\{ 0, -\frac{3}{2}, \frac{3}{4}, -\frac{15}{16}, -\frac{159}{256}, -\frac{73.023}{65.536} \right\}.$$

In Abb. 7.1. stellen wir $\mathcal{O}_f^{50}(0)$ und eine Annäherung von $\mathcal{O}_f^{10.000}(0)$ dar. Im ersten Fall haben wir den Orbit symbolisch bestimmt. Im zweiten Fall wurde in jedem Iterationsschritt auf 16 Dezimalziffern gerundet. Es handelt sich hier um einen Pseudoorbit, auf dieses Konzept gehen wir im übernächsten Abschnitt näher ein. Weiterhin haben wir $\mathcal{O}_f^{100}(x)$ für 400 äquidistante Argumente $x \in [-(\sqrt{7} + 1)/2, (\sqrt{7} + 1)/2]$ bestimmt, siehe Abb. 8.2

---

[1] Lesende, die keinen Zugang zu Wolfram Mathematica haben, können Wolfram Alpha Online kostenfrei nutzen. Die Rechenkapazität ist hier allerdings eingeschränkt.

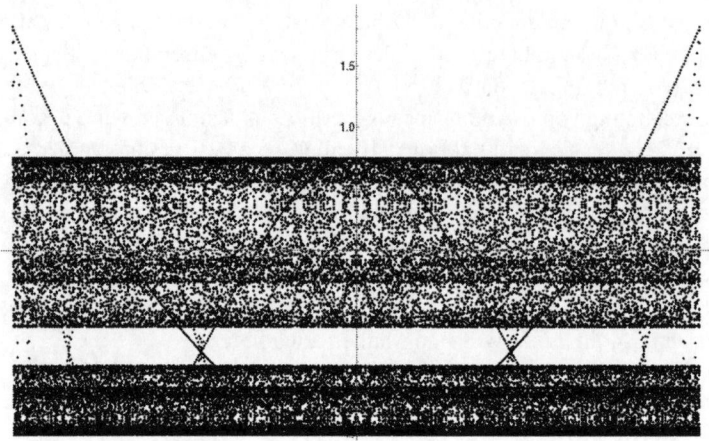

Abb. 8.2 $\mathcal{O}_f^{100}(x)$ für $f(x) = x^2 - 3/2$ und 400 äquidistante Argumente

Die Anschauung legt die Vermutung nahe, dass die Dynamik von $f(x) = x^2 - 3/2$ chaotisch ist. Anders als im Fall von $f(x) = x^2 - 2$ kennen wir keinen rigorosen Beweis dieser Vermutung. Wir können nicht ausschließen, dass die Abbildungen einen langen anziehenden periodischen Orbit besitzt. Indem man Orbits für eine Reihe von Abbildungen $f_c(x) = x^2 - c$ mit $c \in [-2, -1]$ berechnet, erhält man die Abbildung aus Abschn. 2.4. Diese Abbildung gibt Hinweise auf periodisches und chaotisches Verhalten des Systems.

Als zweites Beispiel betrachten wir $f : \mathbb{R}^2 \to \mathbb{R}^2$ mit

$$f((x, y)) = \left(1 + y - \frac{5x^2}{4}, \frac{x}{4}\right).$$

Wolfram Mathematica liefert mittels symbolischer Rechnung:

$$\mathcal{O}_f^6((0,0)) = \left\{(0,0), (1,0), \left(-\frac{1}{4}, \frac{1}{4}\right), \left(\frac{75}{64}, -\frac{1}{16}\right),\right.$$
$$\left.\left(-\frac{12.765}{16.384}, \frac{75}{256}\right), \left(\frac{573.588.499}{1.073.741.824}, -\frac{12.765}{65.536}\right)\right\}.$$

Wie oben haben wir auch hier wieder $\mathcal{O}_f^{50}(0)$ symbolisch berechnet und eine Annäherung an $\mathcal{O}_f^{10.000}(0)$ numerisch bestimmt. Wir zeigen die Ergebnisse in Abb. 8.3. Auch hier legt die Anschauung wieder die Vermutung nahe, dass die Dynamik von $f((x, y)) = (1 + y - \frac{5x^2}{4}, \frac{x}{4})$ chaotisch ist. Die Abbildung f ist ein Vertreter der Hénon-Familie $H_{a,b}$, die wir im letzten Abschnitt definiert hatten. Die Existenz von Parametergebieten, für die die Dynamik von $H_{a,b}$ chaotisch ist, wurde bewiesen. Ein Beweis für einzelne Parameter wie $(5/4, 1/4)$ ist unseres Wissen nach nicht bekannt.

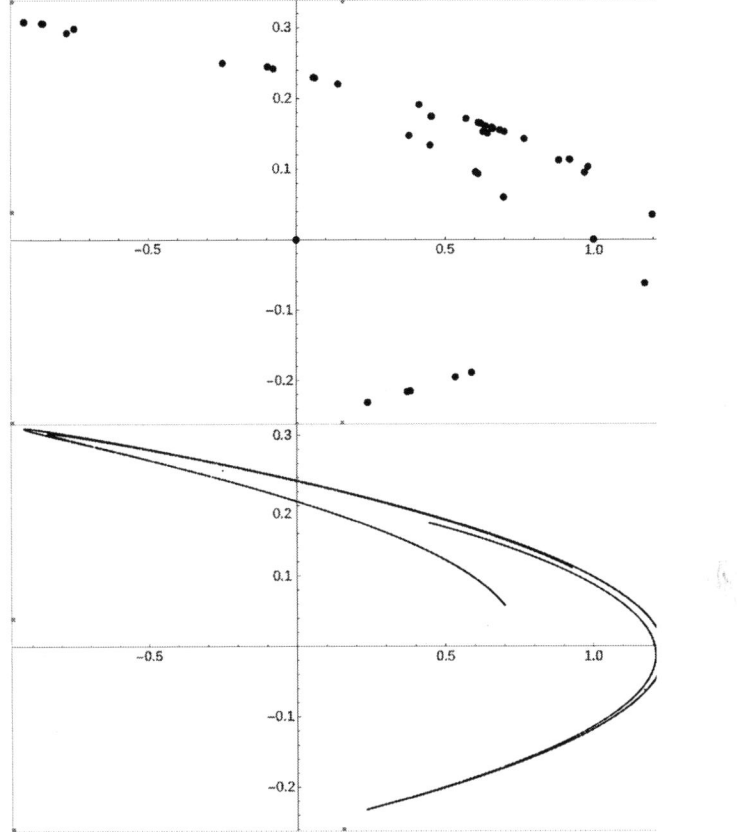

Abb. 8.3 $\mathcal{O}_f^{50}(0)$ und eine Annäherung von $\mathcal{O}_f^{10.000}(0)$ für $f((x, y)) = (1 + y - \frac{5x^2}{4}, \frac{x}{4})$

Wir halten fest: Symbolische und numerische Berechnungen von Anfangsorbits und deren graphische Darstellung können die Vermutung einer chaotischen Dynamik eines Systems nahelegen. Ein rigoroser Beweis solcher Vermutungen ist aber oftmals diffizil.

8.2 Berechnung periodischer Orbits

Ist $\mathcal{O}_T(x)$ ein periodischer Orbit der Periode $p \in \mathbb{N}$ für ein dynamisches System (X, T), so gilt $T^p(x) = x$. Gilt $T^n(x) = x$ für ein $n \in \mathbb{N}$, so ist $\mathcal{O}_T(x)$ ein periodischer Orbit der Periode p, wobei p ein Teiler von n ist.

$$\overline{\mathcal{P}}_T^n = \{\mathcal{O}_T(x) | T^n(x) = x\}$$

ist also die Menge aller periodischen Orbits von T einer Periode, die ein Teiler von $n \in \mathbb{N}$ ist. Die Menge der periodischen Orbits der Periode p ist

$$\mathcal{P}_T^p = \overline{\mathcal{P}}_T^p(x) \backslash \bigcup_{1 \le n < p, n \text{ teilt } p} \overline{\mathcal{P}}_T^n(x).$$

Ist $X \subseteq \mathbb{R}$, so sind also Gleichungen der Form $T^n(x) = x$ zu lösen, um $\overline{\mathcal{P}}_T^n(x)$ und damit $\mathcal{P}_T^p(x)$ zu bestimmen. Ist $X \subseteq \mathbb{R}^m$, so ist ein Gleichungssystem $T^n(x) = x$ mit m Gleichungen zu lösen. Für nicht lineare Funktionen T ist dies nur in wenigen Fällen explizit möglich. Die näherungsweise Lösung solcher Gleichungen bzw. Gleichungssysteme ist ein zentrales Thema der numerischen Mathematik. Wir entwickeln die umfangreiche numerische Theorie hierzu nicht, sondern verweisen auf entsprechende Lehrbücher, wie Neher (2024).

In modernen Computeralgebrasystemen sind symbolische und numerische Algorithmen zur Lösung von Gleichungen und Gleichungssystemen implementiert. So stehen in Wolframs Mathematica die Kommandos **Solve** und **Nsolve** zur Verfügung. Für eine explizit gegebene hinlänglich glatte Funktion $f : \mathbb{R}^m \to \mathbb{R}^m$ lässt sich die Menge $M_f^n = \{x \mid f^n(x) = x\}$ für hinlänglich kleines n mit dem Kommando

$$\textbf{Nsolve[Nest[f, x, n]} == \textbf{x, Reals]}$$

numerisch annähern, wobei **Nest[f, x, n]** die Komposition $f^n(x)$ symbolisch berechnet.

$$\textbf{Solve[Nest[f, x, n]} == \textbf{x, Reals]}$$

versucht sich in einer symbolischen Lösung, was aber nur für quadratische Systeme und $n = 1$ oder $n = 2$ gelingt.[2] Aus $M_f^n = \{x \mid f^n(x) = x\}$ bestimmt man $\overline{\mathcal{P}}_f^n$ durch Partition in Orbits und rekursiv $\mathcal{P}_f^n$. Ob ein periodischer Orbit $\mathcal{O}_f(x)$ der Periode p für eine stetig differenzierbare Funktion $f : \mathbb{R}^m \to \mathbb{R}^m$ anziehend bzw. abstoßend ist, lässt sich mittels der Jacobi-Matrix $Df^p(x)$ (bzw. der Ableitung im Falle $m = 1$) bestimmen, siehe hierzu Satz 2.3 und 3.5. Computeralgebrasysteme können explizit gegebene Funktionen differenzieren. In Wolfram Mathematica steht hierzu das Kommando **D[f, {x}]** zur Verfügung. Die Jacobi-Matrix $Df^p(x)$ lässt sich mittels

$$\textbf{MatrixForm[D[Nest[f, x, p], {x}]]}$$

symbolisch berechnen, wobei für einen Punkt $x \in \mathbb{R}^m$ der Ausdruck $x = \{x_1, \ldots, x_m\}$ zu verwenden ist. Als erstes Beispiel betrachten wir wieder $f(x) =$

---

[2] Es gibt Algorithmen mit polynomialer Laufzeit, die bestimmen, ob eine algebraische Gleichung vom Grad $n \ge 5$ durch Radikale auflösbar ist und die Lösungen durch verschachtelte Wurzeln bestimmt, siehe Landau und Miller (1985). Ist f ein Polynom vom Grad 2, so ist $f^n(x) = x$ allerdings eine Gleichung vom Grad 2^n. Eine symbolische Lösung ist daher auch mit optimierten Algorithmen nur für kleine n zu erwarten.

$x^2 - 3/2$. Mathematica (oder eine einfache Rechnung) liefert zwei abstoßende Fixpunkte und einen abstoßenden periodischen Orbit der Periode zwei:

$$\mathcal{P}_f^1 = \left\{ \left\{ \frac{1}{2}\left(1 - \sqrt{7}\right) \right\}, \left\{ \frac{1}{2}\left(1 + \sqrt{7}\right) \right\} \right\}$$

$$\mathcal{P}_f^2 = \left\{ \left\{ \frac{1}{2}\left(-1 - \sqrt{3}\right), \frac{1}{2}\left(-1 + \sqrt{3}\right) \right\} \right\}.$$

Wir erhalten numerisch keine periodischen Orbits der Periode 3 und 5, aber einen abstoßenden periodischen Orbit der Periode 4 und einen abstoßenden periodischen Orbit der Periode 6:

$$\mathcal{P}_f^4 = \{-1,45161\,0,60714,\ -1,13138,\ -0,21998\},$$

$$\mathcal{P}_f^6 = \{-0,97067,\ -0,55780,\ -1,18886,\ -0,08661, -1,49250,\ 0,72755\}.$$

Als zweites Beispiel betrachten wir wieder $f((x, y)) = (1 + y - \frac{5x^2}{4}, \frac{x}{4})$. Mathematica liefert durch symbolische Rechnung zwei Fixpunkte und einen periodischen Orbit der Periode zwei:

$$\mathcal{P}_f^1 = \left\{ \left\{ \left(\frac{1}{10}(-3 - \sqrt{89}), \frac{1}{40}(-3 - \sqrt{89}) \right) \right\}, \left\{ \left(\frac{1}{10}(\sqrt{89} - 3), \frac{1}{40}(\sqrt{89} - 3) \right) \right\} \right\}.$$

$$\mathcal{P}_f^2 = \left\{ \left\{ \left(\frac{1}{10}\left(3 - \sqrt{53}\right), \frac{1}{12}\left(4 - \frac{1}{20}\left(3 - \sqrt{53}\right)^2\right) \right), \right. \right.$$

$$\left. \left. \left(\frac{1}{10}\left(3 + \sqrt{53}\right), \frac{1}{12}\left(4 - \frac{1}{20}\left(3 + \sqrt{53}\right)^2\right) \right) \right\} \right\}.$$

Weiterhin erhalten wir numerisch einen Orbit der Periode 4,

$$\mathcal{P}_f^4 = \{(1,16384,\ 0,03401149), (-0,659143, 0,29096),$$

$$(0,747873,\ -0,164786), (0,136072,\ 0,186968)\}.$$

Keiner dieser Fixpunkte bzw. periodischen Orbits ist gemäß symbolischen bzw. numerischen Rechnungen mit Mathematica anziehend oder abstoßend. Wir haben die Eigenwerte der Jacobi-Matrix in allen Fällen mit dem Kommando **Eigenvalues** approximiert. Es existiert jeweils ein Eigenwert vom Betrag größer und ein Eigenwert vom Betrag kleiner 1, damit gibt es lokal stabile und lokal unstabile eindimensionale Mannigfaltigkeiten, siehe hierzu Abschn. 2.2.

8.3   Pseudoorbits

Berechnen wir den Orbit eines dynamischen Systems (X, T) nicht algebraisch exakt, sondern approximieren ihn numerisch, so ergibt sich bei jeder Näherung von $T(x)$ für $x \in X$ ein Rundungsfehler. Die Größe dieses Fehlers ist durch die Maschinengenauigkeit des Computersystems, das wir verwenden, gegeben. Diese Genauigkeit lässt sich in Wolframs Mathematica mit **SetPrecision** einstellen. Wie genau wir diese Präzision auch immer wählen, in jedem Fall bestimmen wir numerisch nur sogenannte Pseudoorbits im Sinne folgender Definition:

Definition 8.1
Sei (X, T) ein dynamisches System mit einer Metrik d auf X. Eine Folge $(x_i)_{i \in \mathbb{N}}$ in X wird ϵ-Pseudoorbit genannt, wenn $d(x_{i+1}, f(x_i)) < \epsilon$ für alle $i \in \mathbb{N}$ gilt.   ◆

Numerische Berechnungen von Pseudoorbits sind nur dann aussagekräftig, wenn sich in der Nähe des Pseudoorbits ein echter Orbit des Systems findet. Man spricht in diesem Fall von Beschattung in folgendem Sinne:

Definition 8.2
Ein dynamisches System (X, T) mit einer Metrik d auf X hat die Beschattungseigenschaft, wenn für alle $\delta > 0$ ein $\epsilon > 0$ existiert, sodass für jeden ϵ-Pseudoorbit ein $x \in X$ existiert, sodass $d(x_i, f^i(x)) \leq \delta$ für alle $i \in \mathbb{N}$ gilt.   ◆

Es stellt sich nun die Frage, ob dynamische Systeme diese Eigenschaft haben. Die gute Nachricht ist, dass dies für in einem topologischen Sinne typische Systeme tatsächlich der Fall ist. Um dies zu präzisieren, benötigen wir eine weitere Definition.

Definition 8.3
Eine Teilmenge Y eines metrischen Raumes X wird residual genannt, wenn Y den abzählbaren Schnitt offener und dichter Mengen in X enthält. Eine Eigenschaft P von Elementen in X wird generisch genannt, wenn die Menge $\{x \in X \mid P(x)\}$ residual in X ist.   ◆

In einer wenig bekannten Arbeit zeigt Mizera (1992):

Satz 8.1
Die Beschattungseigenschaft ist generisch im Raum $C^0(I)$ der stetigen Funktionen $f : I \to I$ auf einem abgeschlossenen Intervall I mit der Supremumsmetrik

$$d(f, g) = \sup\{|f(x) - g(x)| \mid x \in I\}.$$

Dieses Resultat lässt sich auf Homöomorphismen mehrdimensionaler kompakter Mannigfaltigkeiten ausdehnen, siehe Pilyugin and Plamenevskaya (1999). Im topologischen Sinne ist also mit Beschattung und der Aussagekraft numerisch bestimmter Orbits zu rechnen. Für die hyperbolische Systeme, die wir in Abschn. 5.5 eingeführt haben, gilt die Beschattungseigenschaft nicht nur generisch, sondern generell. Es gilt:

Satz 8.2
Ist $f : M \to M$ ein Diffeomorphismus und $\Lambda \subseteq M$ eine gleichmäßig hyperbolische Menge, dann hat das System (U, f) für eine offene Umgebung U von Λ die Beschattungseigenschaft.

Ein Beweis dieses Satzes ist aufwendig, wir verweisen auf Kap. 18 in Katok und Hasselblatt (1995).

8.4 Lokale Lyapunov-Exponenten

Sei $I \subseteq \mathbb{R}$ ein Intervall und $f : I \to I$ differenzierbar. Für $x \in I$ setzen wir

$$\lambda_n(x) = \frac{1}{n} \log(|(f^n)'(x)|) = \frac{1}{n} \sum_{k=0}^{n-1} \log(|f'(f^k(x))|)$$

und definieren den lokalen Lyapunov-Exponenten durch

$$\lambda(x) = \lim_{n \to \infty} \lambda_n(x),$$

wenn dieser Grenzwert existiert. Aus Satz 6.6 folgt, dass dieser Grenzwert für fast alle $x \in I$ in Bezug auf ein ergodisches Maß existiert und konstant ist. Für absolute stetige ergodische Maße oder auch singuläre ergodische Maße auf einer fraktalen Menge kennen wir nur selten explizite Argumente $x \in I$, für die dies gilt. Die Berechnung von $\lambda_n(x)$ für einige x und n können die Vermutung nahelegen, dass ein positiver Lyapunov-Exponent in Bezug auf ein ergodisches Maß existiert; einen rigorosen Beweis dieser Behauptung stellen diese Berechnungen allerdings nicht dar.

Ist ein Orbit $\mathcal{O}_f^n(x)$ explizit gegeben, so lässt sich $\lambda_n(x)$ effizient mit vorgegebener Genauigkeit bestimmen. Wenn wir Mathematica benutzen, lautet die Definition von $\lambda_n(x)$

$$\mathbf{L(x, n) := Sum[Log[Abs[D[f[x]], x \to Part[O[x], i]]], \{i, 1, n\}],}$$

wobei $O[x]$ der Orbit ist. Auch für numerisch bestimmte Pseudoorbits der Länge n sind Fehlerabschätzungen der Approximation von $\lambda_n(x)$ möglich. Für den lokalen Lyapunov-Exponenten $\lambda(x)$ erhält man so aber nur heuristische Werte, da wir im Allgemeinen keine Information über die Konvergenz von $\lambda_n(x)$ gegen $\lambda(x)$ haben.

Als Beispiel betrachten wir wieder die quadratische Abbildung $f(x) = x^2 - 3/2$. Abb. 8.4 zeigt eine Approximation von $\lambda_n(1)$ in Grau und $\lambda_n(-0{,}5)$ in Schwarz für $n = 1, \ldots, 300$. Die Abbildung legt die Vermutung nahe, dass die Folgen gegen den

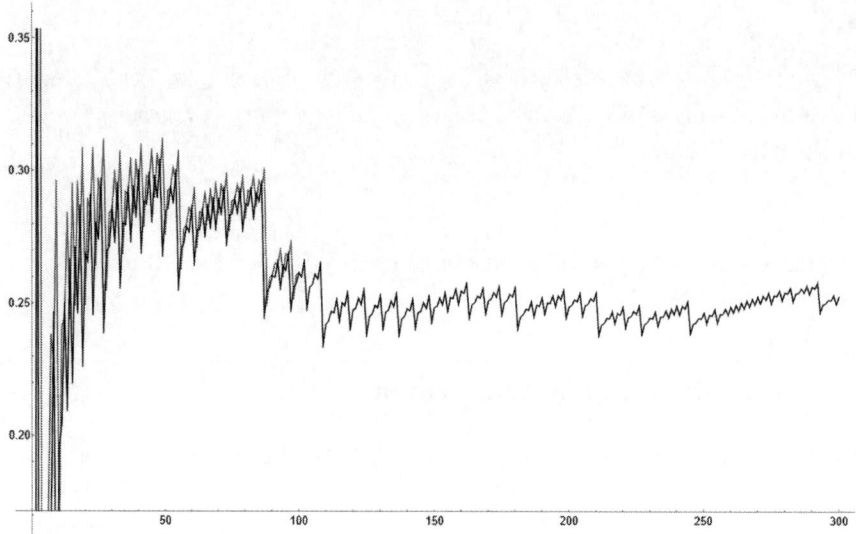

Abb. 8.4 $\lambda_n(1)$ in Grau und $\lambda_n(-0,5)$ in Schwarz für $f(x) = x^2 - 3/2$ und $n = 1, \ldots, 300$

gleichen Grenzwert konvergieren. Wir haben weiterhin für 800 äquidistante Argumente $x \in [-(\sqrt{7} + 1)/2, (\sqrt{7} + 1)/2]$ den Orbit $\mathcal{O}_f^{50}(x)$ algebraisch mit Mathematica bestimmt und $\lambda_{50}(x)$ mit einer Präzision von 16 Dezimalstellen berechnet. Das Ergebnis ist in Abb. 8.4 in grauer Farbe dargestellt. Zusätzlich haben wir für diese Stellen $\lambda_{1000}(x)$ approximiert, das Ergebnis ist in Abb. 8.4 in schwarzer Farbe dargestellt. Die Anschauung legt die Vermutung nahe, dass für das System ein absolut stetiges ergodisches Maß mit einem Lyapunov-Exponenten in $[0,2,\ 0,3]$ existiert. Ein Beweis dieser Vermutung ist unseres Wissens nach nicht bekannt. Es ist nicht auszuschließen, dass die Berechnungen in die Irre führen und tatsächlich ein sehr langer anziehender periodischer Orbit oder ein fraktaler Attraktor, und damit kein absolut stetiges ergodisches Maß, existiert.

Wir betrachten nun differenzierbare Systeme in höherer Dimension. Sei $U \subseteq \mathbb{R}^d$ ein Gebiet und $f : U \to U$ differenzierbar. Für $x \in U$ setzen wir hier

$$\lambda_n(x) = \frac{1}{n} \log(||Df^n(x)||) = \frac{1}{n} \log \left(\left\| \prod_{k=0}^{n-1} Df(f^k(x)) \right\| \right)$$

und definieren den größten lokalen Lyapunov-Exponenten durch $\lambda(x) = \lim_{n \to \infty} \lambda_n(x)$, wenn dieser Grenzwert existiert. Wir nutzen in dieser Definition die natürliche Matrixnorm

$$||A|| = \max\{||Av|| \mid ||v|| = 1\},$$

wobei wir auf $\mathbb{R}^n$ die euklidische Norm zugrunde legen.

Aus Satz 6.8 folgt, dass der Grenzwert für fast alle $x \in U$ in Bezug auf ein ergodisches Maß existiert, konstant ist und den größten Lyapunov Exponenten angibt.

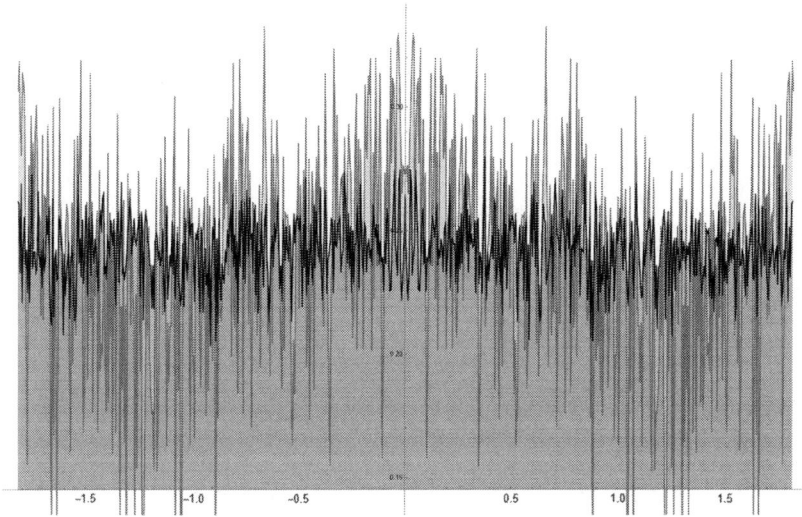

Abb. 8.5 $\lambda_{50}(x)$ in Grau und $\lambda_{1000}(x)$ in Schwarz für $f(x) = x^2 - 3/2$ und 800 äquidistante Argumente

Auch hier ist im Allgemeinen wieder nicht bekannt, für welche expliziten Argumente $x \in U$ dies gilt.

Die Berechnung von $\lambda_n(x)$ mit Mathematica ist für mehrdimensionale Systeme etwas aufwendiger als für eindimensionale Systeme. Wir betrachten den zweidimensionalen Fall. Zunächst erhalten wir die Folge der relevanten Jacobi-Matrizen durch

$$\mathbf{J[x, y, n] := Table[}$$
$$\mathbf{D[f[x, y]], x \to Part[Part[O[x, y], k], 1], y \to Part[Part[O[x, y], k], 2], \{k, 1, n\}]}$$

für einen Orbit $\mathbf{O[x, y]}$. Die Matrixmultiplikation einer Folge von Matrizen definieren wir durch $\mathbf{MatrixProduct[J] := DOT @ @ J}$. Der lokale Lyapunov-Exponent $\lambda_n(x, y)$ wird dann durch

$$\mathbf{L(x, y, n) := Log[MatrixNorm[MatrixProduct[J[x, y, n]], 2]]/n}$$

für $x, y \in \mathbb{R}$ approximiert (Abb. 8.5).

Als Beispiel untersuchen wir die Hénon-Abbildung $f(x, y) = (1 + y - \frac{5x^2}{4}, \frac{x}{4})$. Wir haben $\lambda_n(0,5, 0,5)$, $\lambda_n(-0,5, 0,5)$ $\lambda_n(0,5, -0,5)$ und $\lambda_n(-0,5, -0,5)$ für $n = 1, \ldots, 500$ mit obigen Mathematica-Formeln bestimmt. Das Ergebnis ist in Abb. 8.6 dargestellt. Man mag vermuten, dass wir hier den größten Lyapunov-Exponenten des Systems in Bezug auf ein SRB-Maß, bzw. physikalisches Maß, annähern. Es existiert allerdings, soweit wir wissen, kein rigoroser Beweis, dass solch ein Maß überhaupt existiert. Wir haben weiterhin die Kontur von $\lambda_{10}(x, y)$, $\lambda_{50}(x, y)$ und $\lambda_{100}(x, y)$ bestimmt, siehe Abb. 8.7. Die Anschauung legt die Vermutung nahe, dass $\lambda(x, y)$

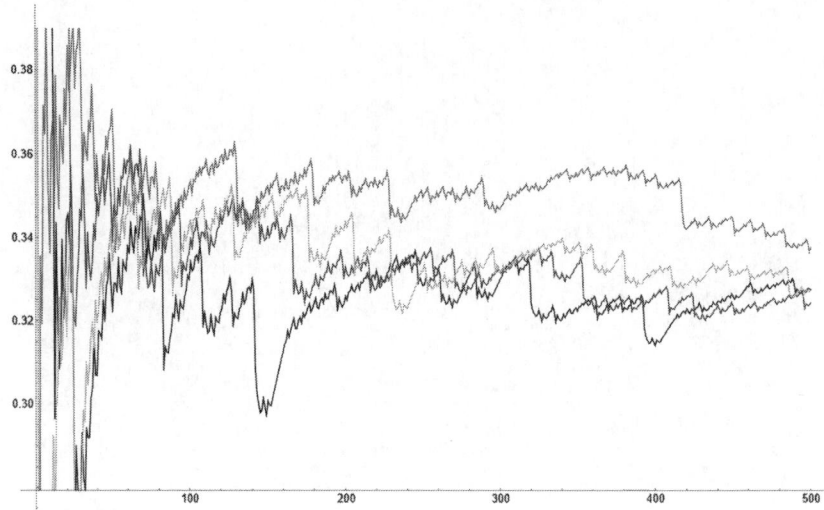

Abb. 8.6 $\lambda_n(0,5, 0,5)$, $\lambda_n(-0,5, 0,5)$ $\lambda_n(0,5, -0,5)$ und $\lambda_n(-0,5, -0,5)$ mit $n = 1, \ldots, 500$ für eine Hénon-Abbildung

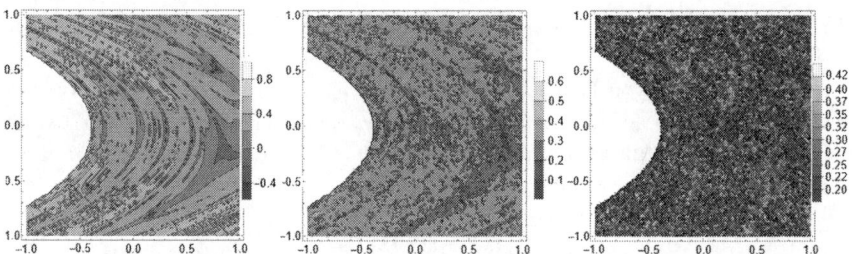

Abb. 8.7 $\lambda_{10}(x, y)$, $\lambda_{50}(x, y)$ und $\lambda_{100}(x, y)$ für eine Hénon-Abbildung

tatsächlich für eine Menge von Argumenten (x, y) mit positivem Lebesgue-Maß konstant und positiv ist. Dies ist ein weiteres Indiz für eine chaotische Dynamik. Ein Beweis dieser Vermutung steht jedoch aus.

8.5   Julia-Mengen

Wir approximieren in diesem Abschnitt Julia-Mengen der quadratischen Familie $f_c : \mathbb{C} \to \mathbb{C}$ mit $f_c(z) = z^2 + c$ und $c \in \mathbb{C}$. Die gefüllte Julia-Menge von f_c ist durch

$$\tilde{J}_c = \{z \in \mathbb{C} \mid (f_c^n(z))_{n\in\mathbb{N}} \text{ ist beschränkt}\}$$

gegeben. Für $N \in \mathbb{N}$ setzen wir

$$\tilde{J}_c^N = \{z \in \mathbb{C} \mid |f_c^N(z)| \leq \max\{|c|, 2\}\}.$$

Dies sind Obermengen von $\tilde{J}_c$, die diese Menge mit $N \to \infty$ in folgendem Sinne annähern:

Satz 8.3
Es gilt $\tilde{J}_c^{N+1} \subseteq \tilde{J}_c^N$ für alle $N \in \mathbb{N}$ und

$$\tilde{J}_c = \bigcap_{N=1}^{\infty} \tilde{J}_c^N.$$

Beweis Gilt $|z| > \max\{|c|, 2\}$, so erhalten wir

$$|f_c(z)| = |z^2 + c| \geq ||z|^2 - |c|| > (|z| - 1)|z| > |z|$$

und es folgt

$$\lim_{n \to \infty} |f_c(z)| = \infty.$$

Ist $z \in \tilde{J}_c^{N+1}$, so gilt $|f_c^{N+1}(z)| \leq \max\{|c|, 2\}\}$ und daher $|f_c^N(z)| \leq \max\{|c|, 2\}\}$, also $z \in \tilde{J}_c^{N+1}$. Ist $z \in \bigcap_{N=1}^{\infty} \tilde{J}_c^N$, so ist $|f_c^N| \leq \max\{|c|, 2\}$ für alle $N \geq 1$. Der Orbit $(f_c^n(z))_{n \in \mathbb{N}}$ ist also beschränkt und $z \in \tilde{J}_c$. Ist $z \notin \bigcap_{N=1}^{\infty} \tilde{J}_c^N$, so ist $|f_c^N| > \max\{|c|, 2\}$ für ein $N \in \mathbb{N}$, damit ist $(f_c^n(z))_{n \in \mathbb{N}}$ unbeschränkt und $z \notin \tilde{J}_c$. $\square$

Die Funktion, die für ein $z \in \mathbb{C}$ angibt, wie lange der Anfangsorbit im Kreis $|z| < \max\{|c|, 2\}\}$ bleibt, ist durch

$$h(z, c, N) = \max\{n \in \{1, \dots, N\} | |f_c^n(z)| < \max\{|c|, 2\}\}$$

gegeben. Offensichtlich ist $z \in \tilde{J}_c^N$ genau dann, wenn $h(z, c, N) = N$. Diese Funktion lässt sich leicht in Computeralgebrasystemen definieren. In Mathematica erhält man

h[z, c, N] :=
Length[NestWhileList[$\sharp^2$ + c&, z, Abs[$\sharp$] <= Max[4, Abs[c]]&, 1, N]].

In Abb. 8.8, 8.9 und 8.10 stellen wir die Kontur von $h(z, c, 5)$ und $h(z, c, 15)$ für $c = -1$, $c = 0{,}8i$ und $c = -0{,}5 + 0{,}5i$ dar. Man erkennt die Approximation der gefüllten Julia-Menge $\tilde{J}_c$ durch unser Verfahren.

Genau wie gefüllte Julia-Mengen lässt sich auch die Mandelbrot-Menge

$$\mathfrak{M} = \{c \in \mathbb{C} | (f_c^n(0))_{n \in \mathbb{N}} \text{ ist beschränkt}\}$$

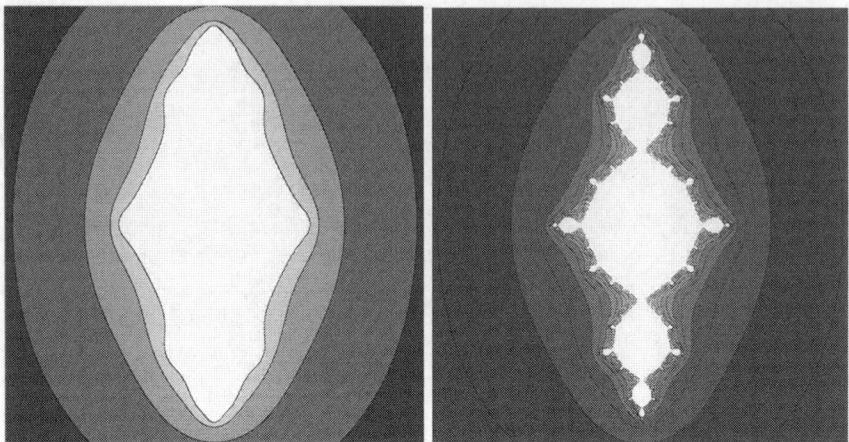

Abb. 8.8 Eine Approximation von $\tilde{J}_{-1}$

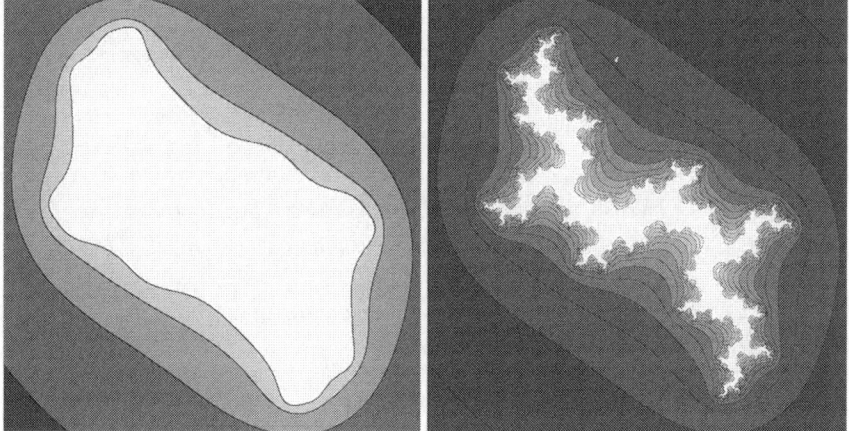

Abb. 8.9 Eine Approximation von $\tilde{J}_{0,8i}$

approximieren, siehe Abb. 8.11. Für $c \in \mathbb{C}$ haben wir die nicht gefüllte Julia-Menge J_c in Definition 2.11 als den Abschluss der Menge der abstoßenden periodischen Orbits der Abbildung $f_c(z) = z^2 + c$ auf $\mathbb{C}$ definiert. Wir approximieren die Julia-Menge durch eine Folge endlicher Teilmengen,

$$J_c^N(z) = \bigcup_{n=1}^{N} f_c^{-n}(\{z\}).$$

z ist hier ein beliebiger Punkt aus J_c. Es gilt:

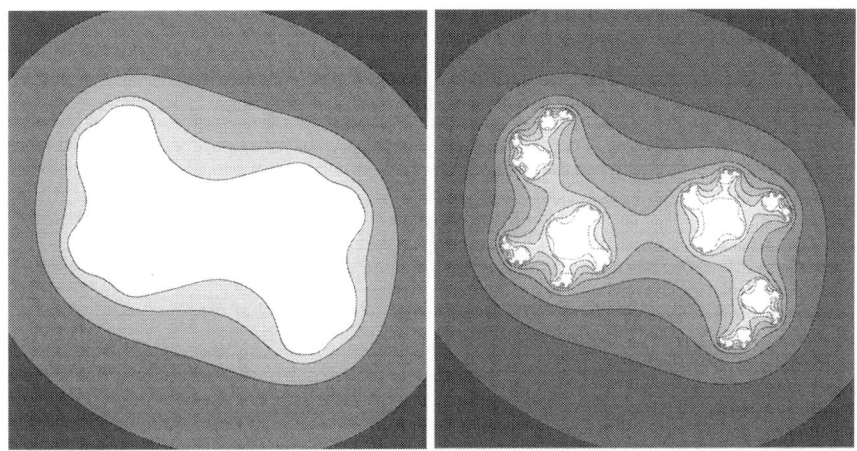

Abb. 8.10 Eine Approximation von $\hat{J}_{0.5+0.5i}$

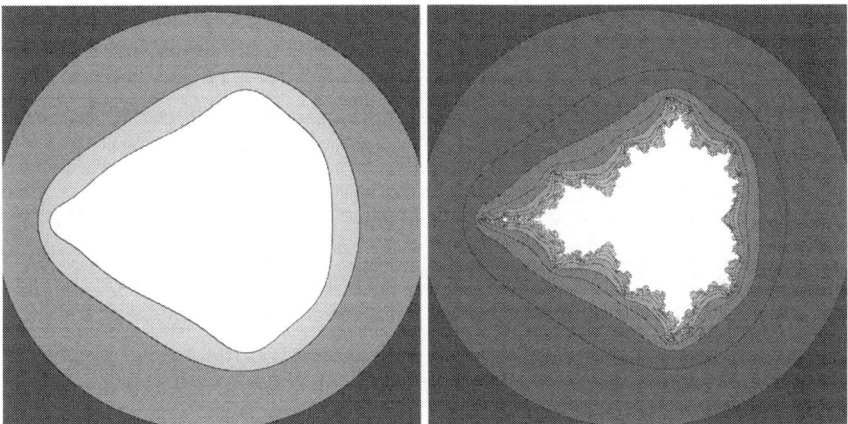

Abb. 8.11 Eine Approximation von $\mathfrak{M}$

Satz 8.4
Für alle $z \in J_c$ liegt

$$\bigcup_{n=1}^{\infty} f_c^{-n}(\{z\})$$

dicht in J_c.

Beweis Sei $w \in J_c$ und U eine Umgebung von w. Aus dem Beweis von Satz 3.4 wissen wir, dass es ein $n \geq 0$ gibt, sodass $z \in f_c^n(U)$. Damit gilt $f_c^{-n}(\{z\}) \cap U \neq \emptyset$.

Abb. 8.12 Approximationen der Julia-Menge J_c für $c = -1$, $c = 0{,}8i$ und $c = -0{,}5 + 0{,}5i$

w ist also eine Häufungspunkt von $\bigcup_{n=1}^{\infty} f_c^{-n}(\{z\})$. Da w beliebig war, folgt der Satz. □

Tatsächlich gilt ein ähnliches Resultat auch für viele $z \notin J_c$. Für unsere Zwecke reicht der Satz aber in der hier gegebenen Form aus. Wir wählen als $z \in J_c$ einen abstoßenden Fixpunkt oder einen Punkt mit abstoßendem periodischem Orbit. Solche Punkte lassen sich mit den Methoden aus Abschn. 8.2 computational bestimmen. Ist ein solcher Punkt gegeben, bestimmen wir $f_c^{-n}(\{z\})$ mit Mathematica numerisch durch

$$\mathbf{J[z, c, N] := Nest[Flatten[(\{1, -1\}Sqrt[\#^2 - c]\&)/@z], \{z\}, N].}$$

Für $c = -1$, $c = 0{,}8i$ und $c = -0{,}5 + 0{,}5i$ haben wir mit diesem Ansatz $J_c^{20}(z)$ für einen abstoßenden Fixpunkt z von f_c berechnet. Das Ergebnis zeigt die Abb. 8.12. Auch Abb. 2.8 wurde mit dieser Methode erzeugt.

8.6   Ulam-Methode

Sei $f : [0, 1] \to [0, 1]$ eine stückweise zweimal stetig differenzierbare Abbildung, die auf einer maßtheoretischen Partition von $[0, 1]$ in offene Intervalle stückweise monoton und surjektiv ist. Seien $g_k : [0, 1] \to [0, 1]$ für $k = 1, \ldots, m$ die Zweige der Inversen von f. Wir wissen aus Abschn. 6.5, dass ein absolut stetiges ergodisches Maß μ existiert, dessen Dichte $D : [0, 1] \to \mathbb{R}_0^+$ die Funktionalgleichung

$$D(x) = \sum_{y \in T^{-1}(x)} \frac{D(y)}{|\mathrm{Det}(T'(y))|}$$

erfüllt. Diese ist nur in Ausnahmefällen explizit lösbar. Die Ulam-Methode erlaubt die Approximation von D durch stückweise konstante Abbildungen D_n.

Für $n \in \mathbb{N}$ zerlegen wir $[0, 1]$ in Intervalle $I_{n,i} = [(i - 1)/n, i/n]$ mit $i = 1, \ldots, n$ und definieren eine stochastische $n \times n$-Matrix durch

$$P_n = \left(\frac{\ell(f^{-1}(I_{j,n}) \cap I_{i,n})}{\ell(I_{i,n})} \right)_{i,j=1,\ldots,n} = \left(n\ell(f^{-1}(I_{j,n}) \cap I_{i,n}) \right)_{i,j=1,\ldots,n}$$

$$= \left(n \sum_{k=1}^{m} \ell(g_k(I_{j,n}) \cap I_{i,n}) \right)_{i,j=1,\ldots,n}.$$

Da

$$\ell\left([a_1, b_1] \cap [a_2, b_2]\right) = (|b_1 - a_2| + |a_1 - b_2| - |a_1 - a_2| - |b_1 - b_2|)/2,$$

erhalten wir

$$\ell(g_k(I_{j,n}) \cap I_{i,n}) = (|g_k(j/n) - (i - 1)/n| + |g_k((j - 1)/n) - i/n|$$
$$- |g_k((j - 1)/n) - (i - 1)/n| - |g_k(j/n) - i/n|)/2.$$

Diese stochastischen Matrizen lassen sich in Computeralgebrasystemen definieren. In Mathematica erhält man zum Beispiel

L[a, b, c, d] := (Abs[a − d] + Abs[b − c] − Abs[a − c] − Abs[b − d])/2

P[n] := Table[Table[

n ∗ Sum[L[g[(j − 1)/n, k], g[j/n, k], (i − 1)/n, i/n], k, 1, m], j, 1, n], i, 1, n].

Wir bestimmen nun den invarianten Wahrscheinlichkeitsvektor $(p_1, \ldots, p_n)$ $\in [0, 1]^n$, der das lineare Gleichungssystem

$$P_n(p_1, \ldots, p_n)^T = (p_1, \ldots, p_n)^T$$

löst. In Mathematica erhält man diesen, indem man einen Eigenvektor von P_n zum Eigenwert 1

e[n] := Eigenvectors[P[n], 1]

normiert. Wir definieren eine stückweise konstante Abbildung $D_n : [0, 1] \to \mathbb{R}_0^+$ durch

$$D_n(x) = np_i \text{ wenn } x \in [(i - 1)/n, i/n)$$

für $i = 1, \ldots, n$ und $D_n(1) = np_n$. Die Folge D_n konvergiert im Raum der integrierbaren Funktionen $L^1[0, 1]$ gegen die gesuchte Dichte D. Es gilt:

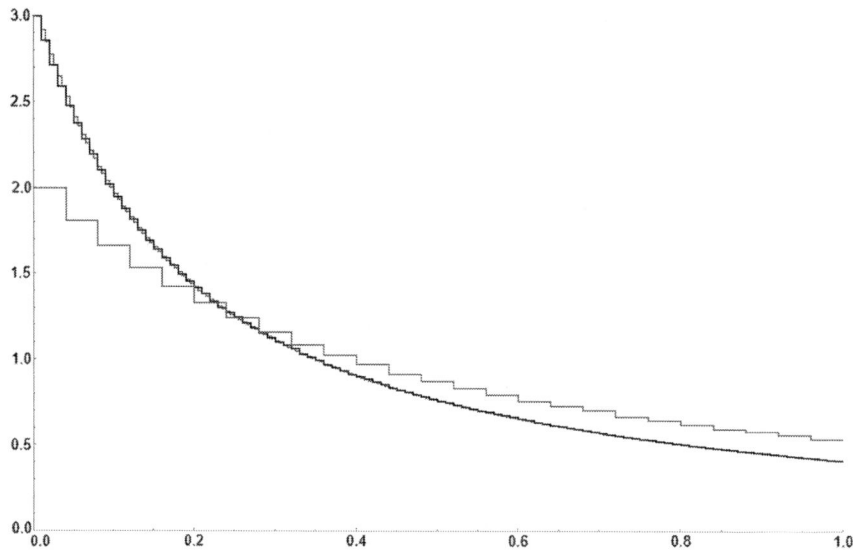

Abb. 8.13 D_{25}, D_{100} und D_{200} für $f(x) = \{3^x\}$

Satz 8.5
Es gibt eine Konstante $C > 0$, sodass

$$\|D_n - D\|_{L^1[0,1]} < C\frac{\log n}{n}$$

für alle $n > 0$.

Die Konvergenz der Methode wurde von Li (1976) bewiesen, die gegebene Fehler-
abschätzung stammt von Murray (1998).

Als Beispiel betrachten wir $f(x) = \{3^x\}$ auf $[0, 1]$. Die inversen Zweige sind
$g_1(x) = \log_3(x + 1)$ und $g_2(x) = \log_3(x + 2)$. Die Dichte D des Systems erfüllt

$$D(x) = \frac{D(\log_3(x + 1))}{\log(3)(x + 1)} + \frac{D(\log_3(x + 2))}{\log(3)(x + 2)}.$$

Wir haben diese Dichte durch D_{25}, D_{100} und D_{200} mit Mathematica approximiert.
Das Ergebnis zeigt Abb. 8.13.

Chaotische Systeme aus den empirischen Wissenschaften

9

Inhaltsverzeichnis

In diesem Kapitel stellen wir einige dynamische Systeme aus den empirischen Wissenschaften vor, für die wir entweder eine chaotische Dynamik rigoros beweisen können oder eindeutige computationale Indizien für eine solche Dynamik finden. Im ersten Abschnitt studieren wir ein mittlerweile klassisches Beispiel eines chaotischen Systems aus der Mechanik. Für einen Ball, der auf einer sinoidal vibrierenden Platte hüpft, lässt sich mit Hilfe einer Hufeisenkonstruktion Chaos nachweisen. Im nächsten Abschnitt betrachten wir das Belykh-System, ein einfaches Modell eines digitalen Phasenregelkreises in der Elektronik. Hier lassen sich ergodentheoretische Methoden anwenden und mit Hilfe dieser Methoden lässt sich eine chaotische Dynamik nachweisen. Daraufhin stellen wir ein diskretes Lotka-Volterra-System der Populationsdynamik in der Biologie vor und erhalten mit einer modifizierten Hufeisenkonstruktion eine symbolische Codierung und den Nachweis einer chaotischen Dynamik. In Abschnitt vier beschreiben wir das mathematische Modell der Dynamik einzelner Neuronen von Chialvo. Für das eindimensionale reduzierte Chialvo-System können wir topologisches Chaos nachweisen. Daraufhin kommen wir zum Lorenz-System aus der Metrologie, das für die Entwicklung der Theorie dynamischer Systeme von großer Bedeutung war. Wir studieren das zweidimensionale diskrete Lorenz-System von Pesin. In einem eindimensionalen Faktor dieses Systems lässt sich topologisches Chaos nachweisen. In den letzten drei Abschnitten stellen wir Systeme vor, für die wir eine chaotische Dynamik zwar nicht nachweisen können, aber eindeutige Indizien für eine solche Dynamik finden. Als Erstes betrachten wir die Kepler-Abbildung aus der Astronomie, die die Dynamik bestimmter Dreikörper-Systeme beschreibt. Dann kommen wir zum Andrecut-Kauffman-Modell, das die Dynamik der Expression von zwei interagierenden Genen in einer Zelle modelliert. Zuletzt verlassen wir die Naturwissenschaften und stellen Paul de Grauwes Wechselkursmodell vor, das Chaos in realen Wechselkursentwicklungen adäquat widerzuspiegeln scheint.

9.1   Der hüpfende Ball (Mechanik)

Seit Holmes (1982) ist der hüpfende Ball ein Standardbeispiel eines einfachen chaotischen Systems aus der Mechanik. Wir betrachten einen kleinen Ball, der auf einer massiven sinoidal vibrierenden Platte vertikal hüpft. Sei (t_i) die Folge der Zeitpunkte, zu denen der Ball die Platten trifft, U sei die Geschwindigkeit des Balls vor dem Stoß, V die Geschwindigkeit des Balls nach dem Stoß und W die Geschwindigkeit der Platte. Die Stoßgleichung aus der Mechanik liefert

$$V(t_i) - W(t_i) = -\alpha(U(t_i) - W(t_i)),$$

wobei $\alpha \in (0, 1]$ ein Maß für die Elastizität des Stoßes ist. Nehmen wir an, dass die Bewegung der Plattform relativ zur Bewegung des Balls (unter Einfluss der Gravitation g) verschwindend gering ist, so erhalten wir

$$t_{i+1} = 2V(t_i)/g + t_i.$$

Die Geschwindigkeit des ankommenden Balls beim $i + 1$ Stoß ist

$$U(t_{i+1}) = -V(t_i).$$

Kombinieren wir die Gleichungen, so erhalten wir die Differenzgleichung

$$V_{i+1} = \alpha V_i + (1 + \alpha)W(2V_i/g + t_i),$$

wobei $V_i = V(t_i)$. Ist die Bewegung der Platte durch $-\beta \sin(\omega t)$ gegeben, so gilt

$$W(t) = -\beta\omega \cos(\omega t).$$

Wir legen die dimensionslose Zeit $\phi = \omega t$ und Geschwindigkeit $v = 2\omega V/g$ zugrunde, wobei g die Gravitationskonstante ist. Setzen wir $\gamma = 2\omega^2(1 + \alpha)\beta/g$, so hat das dynamische System $(\mathbb{S}^1 \times \mathbb{R}, f_{\alpha,\gamma})$ mit $(\phi_{i+1}, v_{i+1}) = f_{\alpha,\gamma}((\phi_i, v_i)))$ die Form

$$f_{\alpha,\gamma}\begin{pmatrix} \phi \\ v \end{pmatrix} = \begin{pmatrix} \phi + v \\ \alpha v - \gamma \cos(\phi + v) \end{pmatrix}.$$

Der Parameter γ ist die Kraftamplitude des Systems. Die Abbildung $f_{\alpha,\gamma}$ ist invertierbar mit

$$f_{\alpha,\gamma}^{-1}\begin{pmatrix}\phi\\v\end{pmatrix}=\begin{pmatrix}\phi-(\gamma\cos(\phi)+v)/\alpha\\\gamma\cos(\phi)+v)/\alpha\end{pmatrix}$$

und eine einfache Rechnung zeigt, dass die Determinate der Jacobi-Matrix von $f_{\alpha,\gamma}$ durch $\det Df_{\alpha,\gamma}=\alpha$ gegeben ist.

Wir betrachten zunächst den Fall eines vollkommen elastischen Stoßes, d.h., $\alpha=1$. Physiker sprechen in diesem Fall von einem hamiltonschen System. Das zweidimensionale Lebesgue-Maß ℓ^2 ist für solche Systeme invariant. Ist γ hinlänglich groß, so existiert ein topologisches Hufeisen und damit eine chaotische Dynamik. Wir zeigen:

Satz 9.1

Ist $\gamma>4\pi$, existiert für das dynamische System $(\mathbb{S}^1\times\mathbb{R},f_{1,\gamma})$ ein topologisches Hufeisen im Sinne von Definition 5.1.

Beweis Wir betrachten das Parallelogramm $\mathfrak{P}=\overline{ABCD}$ mit Ecken $A=(0,0)$, $B=(2\pi,2\pi)$, $C=(2\pi,0)$ und $D=(0,2\pi)$. Das Bild der Geraden $\overline{AD}$ ist durch die Kurve $v=\phi-\gamma\cos(\phi)$ und das Bild der Geraden $\overline{BC}$ ist durch die Kurve $v=\phi-\gamma\cos(\phi)-2\pi$ gegeben. Einfache Abschätzungen zeigen, dass diese Kurven für ϕ aus einem Intervall um π oberhalb von $\mathfrak{P}$ liegen, siehe Abb. 9.1 oben. Das Bild von $\overline{AB}$ ist die Strecke $\{0\}\times[-\gamma-2\pi,-\gamma]$ und das Bild von $\overline{CD}$ ist $\{2\pi\}\times[-\gamma,-\gamma+2\pi]$. Für $\gamma>4\pi$ liegen diese Strecken unterhalb von $\mathfrak{P}$. Wir haben damit ein topologisches Hufeisen gefunden. $\square$

Aus dem letzten Satz und Satz 5.8 folgt, dass das System unter den genannten Bedingungen auf einer invarianten kompakten Menge Λ Devaney-chaotisch und topologisch-chaotisch ist.

Wir betrachten nun den Fall eines dissipativen Stoßes, d.h., $\alpha\in(0,1)$. Im Gegensatz zum Fall $\alpha=1$ sind hier alle Orbits beschränkt, da $|v_{i+1}|<|v_i|$, wenn $|v_i|>\gamma/(1-\alpha)$. Die Orbits verbleiben in einem Zylinder

$$Z=\mathbb{S}^1\times\{v\mid|v|\le c+\gamma/(1-\alpha)\}$$

und wir haben einen Attraktor

$$\Lambda=\bigcap_{n=0}^{\infty}f_{\alpha,\gamma}(Z).$$

Auch im dissipativen Fall existieren Hufeisen, wenn die Kraft γ hinlänglich groß ist.

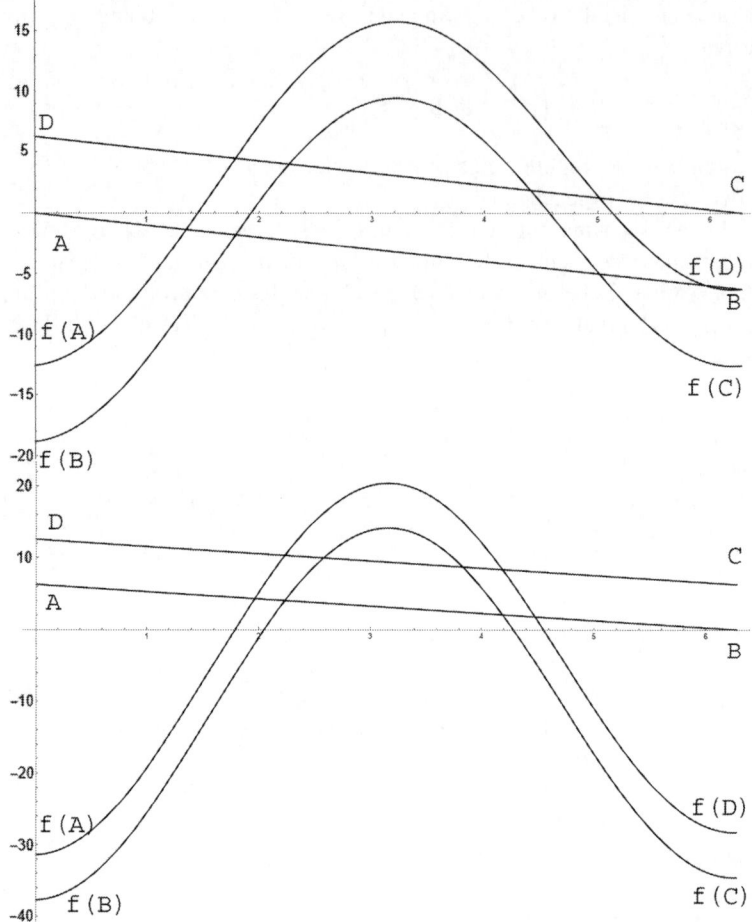

Abb. 9.1 Ein Hufeisen für die Abbildung $f_{\alpha,\gamma}$ des hüpfenden Balls. Oben $\alpha = 1$, $\gamma = 4\pi$. Unten $\alpha = 0{,}5$, $\gamma = 8\pi$

Satz 9.2

Für alle $\alpha \in (0, 1)$ existiert ein $\gamma_\alpha > 4\pi$, sodass für ein dynamisches System $(\mathbb{S}^1 \times \mathbb{R}, f_{\alpha,\gamma})$ mit $\gamma > \gamma_\alpha$ ein topologisches Hufeisen existiert.

Beweis Wir betrachten hier ein Parallelogramm $\mathfrak{P}_n = \overline{ABCD}$ mit Ecken $A = (0,2n\pi)$, $B = (2\pi, 2(n-1)\pi)$, $C = (2\pi, 2n\pi)$ und $D = (0,2\pi(n+1))$, wobei wir n in Abhängigkeit von α so groß wählen, dass $f_{\alpha,0}(\mathfrak{P}_n)$ unterhalb von $\mathfrak{P}_n$ liegt. Insbesondere liegen damit die Bilder von $\overline{AB}$ und $\overline{CD}$ unter der Abbildung $f_{\alpha,\gamma}$ für alle γ unterhalb von $\mathfrak{P}_n$. Das Bild der Geraden $\overline{AD}$ ist durch die Kurve $v = \alpha\phi - \gamma\cos(\phi) - 2n\pi$ und das Bild der Geraden $\overline{BC}$ ist durch die Kurve

Abb. 9.2 Annährung des chaotischen Attraktors von $f_{\alpha,\gamma}$ im Falle $\alpha = 0,5$ und $\gamma = 8\pi$

$v = \alpha\phi - \gamma\cos(\phi) - 2(n + 1)\pi$ gegeben. Ist γ groß genug, so liegen die Kurven für ϕ aus einem Intervall um π oberhalb von $\mathfrak{P}_n$. In Abb. 9.1 unten zeigen wir den Fall $\alpha = 0,5$, $n = 1$ und $\gamma = 8\pi$. Wir erhalten damit ein topologisches Hufeisen. $\square$

Aus diesem Resultat und Satz 5.2 folgt, dass die Dynamik des Systems auf dem Attraktor unter den genannten Bedingungen Devaney-chaotisch und topologisch-chaotisch ist. Eine Annäherung des chaotischen Attraktors von $f_{\alpha,\gamma}$ im Falle $\alpha = 0,5$ und $\gamma = 8\pi$ zeigen wir in Abb. 9.2. Experimente zeigen, dass sich das Chaos, das wir im Modell der Dynamik des hüpfenden Balls finden, tatsächlich beobachten lässt, siehe Albano und Tufillaro (1986).

9.2   Das Belykh-System (Elektronik)

Ein einfaches Modell eines digitalen Phasenregelkreises geht auf Belykh (1982) zurück. Ein Phasenregelkreis ist in der Elektronik eine geschlossene Schleife, die ihre Anfangsphase mit der Phase eines eintreffenden Signals vergleicht und sich selbst so einstellt, dass beide Signal synchronisiert sind. Solche Phasenregelkreise finden Einsatz in der Nachrichten-, Regel- und Messtechnik. Belykhs Modell ist durch die stückweise lineare Abbildung $f_{\lambda,\gamma,k} : [-1, 1]^2 \to [-1, 1]^2$ mit

$$f_{\lambda,\gamma,k}(x, y) = \begin{pmatrix} \lambda x + (1 - \lambda),\, \gamma y + (1 - \gamma) \text{ für } y \geq kx \\ \lambda x + (\lambda - 1),\, \gamma y + (\gamma - 1) \text{ für } y < kx \end{pmatrix}$$

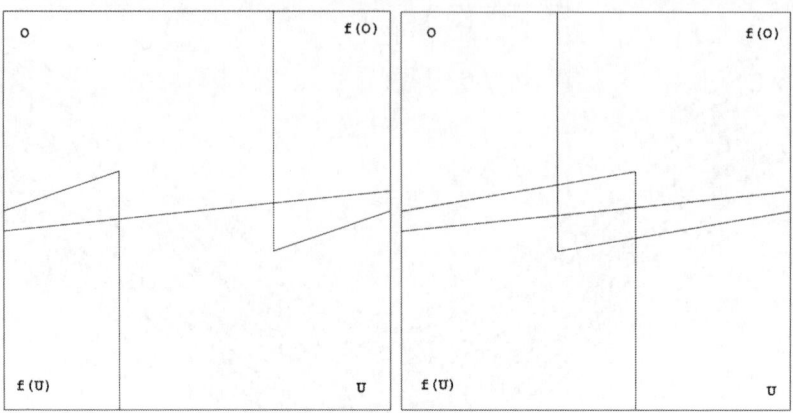

Abb. 9.3 Die Wirkung der Belykh-Abbildung im injektiven und im nicht injektiven Fall

und $\lambda \in (0, 1]$, $k \in (-1, 1)$ sowie $\gamma \in (1, 2/(|k| + 1)]$ gegeben. Wir setzen im Folgenden

$$O = \{(x, y) \in [-1, 1]^2 | y \geq kx\}, U = \{(x, y) \in [-1, 1]^2 | y < kx\}$$

und

$$L = \{(x, y) \in [-1, 1]^2 | y = kx\}.$$

Ist $\lambda < 1/2$, so gilt $f(U) \cap f(V) = \emptyset$, die Abbildung $f_{\lambda,\mu,k}$ ist damit injektiv. Für $\lambda \geq 1/2$ ist der Schnitt $f(U) \cap f(V)$ nicht leer, die Abbildung also nicht injektiv. Siehe Abb. 9.3. Wir definieren den Belykh-Attraktor $\Lambda_{\lambda,\gamma,k}$ als den Abschluss der Menge

$$A = \bigcap_{n=0}^{\infty} f_{\lambda,\gamma,k}^n (\{(x, y) \in [0, 1]^2 | f_{\lambda,\gamma,k}^i(x, y) \notin L, i \in \mathbb{N}_0\}).$$

Abb. 9.4 zeigt eine Annährung dieses Attraktors für $(\lambda, \gamma, k) = (0{,}4, \ 1{,}5, \ 0{,}2)$ oben und für $(\lambda, \gamma, k) = (0{,}7, \ 1{,}5, \ 0{,}2)$ unten. Insbesondere ergodentheoretische Aspekte des Belykh-Systems wurden eingehend untersucht. Wir stellen folgendes Resultat, ohne den aufwendigen Beweis zu geben, vor.

Satz 9.3
Auf dem Attraktor $\Lambda_{\lambda,\gamma,k}$ des Belykh-Systems $([-1, 1]^2, f_{\lambda,\gamma,k})$ existiert ein ergodisches Maß μ mit Entropie $h(f_{\lambda,\gamma,k}, \mu) = \log(\gamma)$. Insbesondere ist das System topologisch-chaotisch.

Das ergodische Maß im letzten Satz ist ein Sinai-Ruelle-Bowen-Maß, vgl. Abschn. 6.6. Im injektiven Fall $\lambda \in (0, 1/2)$ folgt das Resultat aus Pesin (1992) und Sataev

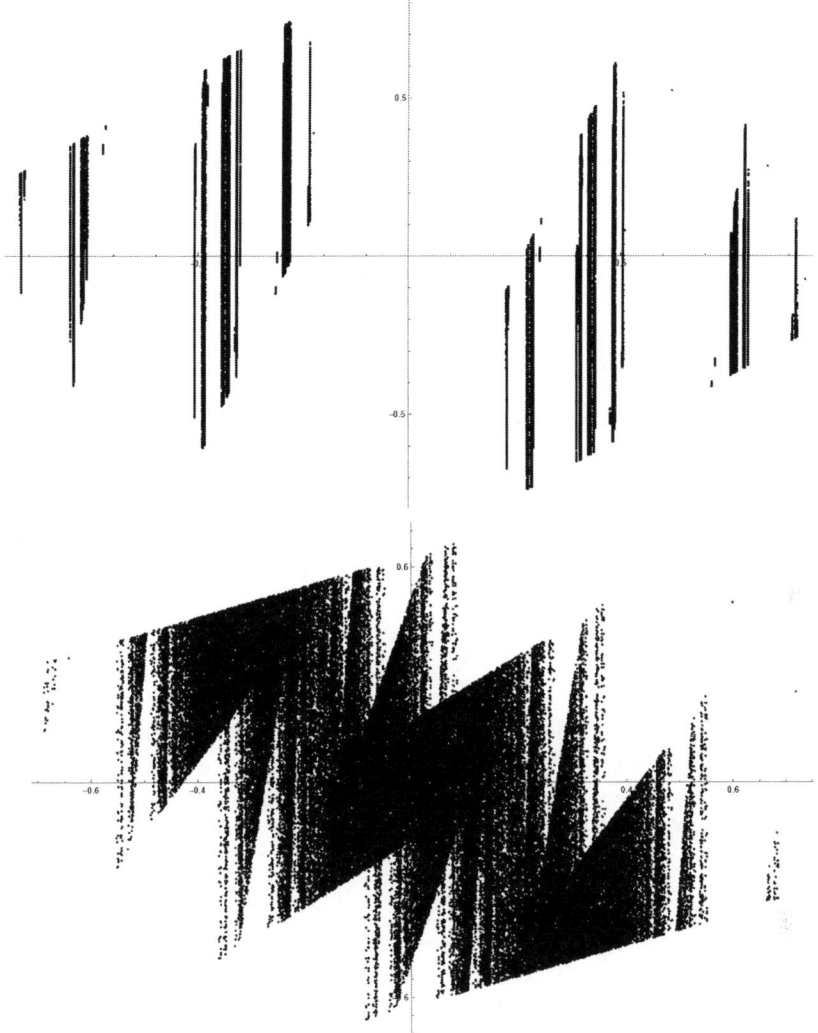

Abb. 9.4 Annäherung des Belykh-Attraktors für $(\lambda, \gamma, k) = (0,4, \quad 1,5, \quad 0,2)$ oben und für $(\lambda, \gamma, k) = (0,7, \quad 1,5, \quad 0,2)$ unten

(1992) und im Fall $\lambda \in (1/2, 1]$ folgt das Resultat aus Schmeling und Troubetzkoy (1992). Ist $\lambda \in (1/2, 1]$ und $\lambda\gamma > 1$, ist der Attraktor des Belykh-Systems zweidimensional. Es wird vermutet, dass das Sinai-Ruelle-Bowen-Maß in diesem Fall typischerweise absolut stetig ist, vgl. Abschn. 6.5. Persson (2008) gelingt der Beweis folgenden Satzes:

> **Satz 9.4**
> *Für fast alle* (λ, γ, k) *(im Sinne des Lebesgue-Maßes) mit* $\lambda \in (0,5, 0,61)$ *und* $\lambda\gamma > 1$ *existiert für das Belykh-System* $([-1, 1]^2, f_{\lambda,\gamma,k})$ *ein absolut stetiges ergodisches Maß.*

Die obere Grenze $0,61$ in diesem Satz geht auf die verwendete Beweistechnik zurück und kann vermutlich durch 1 ersetzt werden. Ein Beweis dieser Vermutung erfordert aber neue Ideen.

9.3   Ein diskretes Lotka-Volterra-System (Biologie)

Ein klassisches Modell der Populationsdynamik in der Biologie, das ein Räuber-Beute-System beschreibt, geht auf Lotka (1925) und Volterra (1926) zurück. Eine Variante dieses Modells für zwei konkurrierende Spezies ist durch das Differential-gleichungssystem

$$x'(t) = \lambda x(t)(1 - x(t) - ay(t))$$
$$y'(t) = \mu y(t)(1 - y(t) - bx(t))$$

gegeben. $x(t)$, $y(t)$ sind hier die Dichten der beiden Populationen, die Parameter $\lambda, \mu > 0$ beschreiben die Entwicklung der Populationen ohne wechselseitigen Einfluss und die Parameter $a, b \in \mathbb{R}$ quantifizieren eben dieses Einfluss. Wir betrachten hier eine diskrete Version dieses Systems, das durch die Abbildung $F_{\lambda,\mu}^{a,b} : \mathbb{R}^2 \to \mathbb{R}^2$ mit

$$F_{\lambda,\mu}^{a,b}\begin{pmatrix} x \\ y \end{pmatrix} = \begin{pmatrix} \lambda x(1 - x - ay) \\ \mu y(1 - y - bx) \end{pmatrix}$$

gegeben ist. Haben die Spezies keinen Einfluss aufeinander, gilt also $a = b = 0$, so ist die Entwicklung beider Populationen durch die logistische Abbildung $l_\lambda(x) = \lambda x(1 - x)$ (bzw. $l_\mu(x) = \mu x(1 - x)$) gegeben. Dies ist ein übliches Modell der Populationsdynamik einer Spezies, siehe zum Beispiel den einflussreichen Aufsatz von May (1976). In Abschn. 5.2 haben wir gesehen, dass die Dynamik von l_μ für $\mu \geq 4$ chaotisch ist und aus Satz 6.22 folgt, dass dies auch für eine Menge von Parametern $\mu < 4$ mit positivem Lebesgue-Maß gilt. Im ersten Fall haben wir einen chaotischen Repeller, im zweiten Fall einen chaotischen Attraktor. Auch im Falle $a = b$ und $\lambda = \mu$ erhalten wir eine logistische Dynamik, und zwar auf der Diagonalen $x = y$. Wie Blackmore et. al. (2001) feststellen, erhält man auch im Fall einer nicht trivialen Wechselwirkung eine chaotische Dynamik.[1] Wir zeigen hier:

---

[1] Das Hauptergebnis dieses Artikels ist korrekt. Uns scheinen allerdings nicht alle durchgeführten numerischen Berechnungen stimmig zu sein.

Satz 9.5
*Für eine offene Menge von Parametern $\lambda, \mu, a, b > 0$ hat die Abbildung $F_{\lambda,\mu}^{a,b}$
ein orientierungsumkehrendes Hufeisen und damit eine kompakte invariante
Menge Λ, sodass der Shift (Σ_2, σ) ein Faktor von $(\Lambda, F_{\lambda,\mu}^{a,b})$ ist. Das System
ist damit topologisch-chaotisch.*

Beweis Wir fixieren zunächst $\lambda = 2{,}1$, $\mu = 8{,}9$, $a = 0{,}2$ und $b = 0{,}81$. Wir setzen
$F = F_{\lambda,\mu}^{a,b}$ und betrachten ein Trapez $\mathfrak{T} = \overline{ABCD}$ mit Ecken

$$A = \left(\frac{\lambda - 1}{\lambda} - \frac{1}{5}, 0\right), \quad B = \left(\frac{\lambda - 1}{\lambda} + \frac{1}{100}, 0\right)$$

und

$$C = \left(\frac{\lambda - 1}{\lambda} + \frac{1}{100}, 1 - b\left(\frac{\lambda - 1}{\lambda} + \frac{1}{100}\right)\right), D = \left(\frac{\lambda - 1}{\lambda} - \frac{1}{5}, \ 1 - b\left(\frac{\lambda - 1}{\lambda} - \frac{1}{5}\right)\right).$$

Das Bild der Strecke $\overline{AB}$ unter $F_{\lambda,\mu}^{a,b}$ ist eine Strecke $\overline{A'B'}$ auf der x-Achse und das
Bild der Strecke $\overline{DC}$ ist eine Strecke $\overline{D'C'}$ auf der x-Achse. Beide Bilder liegen in
$\overline{AB}$, wobei die zweite Strecke links der ersten Strecke liegt. Das Bild von $\overline{AD}$ ist
eine Parabel P_1 zwischen A' und D'. Das Bild von $\overline{BC}$ ist eine Parabel P_2 zwischen
B' und C'. Das Maximum von P_1 und P_2 oberhalb von $\mathfrak{T}$ und die Kurven schneiden
sich in genau einem Punkt, der oberhalb von $\mathfrak{T}$ liegt. Siehe hierzu Abb. 9.3. Es
handelt sich hier um ein orientierungsumkehrendes Hufeisen. Wir bezeichnen die
beiden vertikalen Streifen, aus denen $\mathfrak{T} \cap F(\mathfrak{T})$ besteht, mit S_1 und S_2. Es ist leicht
zu sehen, dass $\mathfrak{T} \cap F^n(\mathfrak{T})$ aus 2^n vertikalen Streifen besteht, die in $\mathfrak{T} \cap F^{n-1}(\mathfrak{T})$
liegen und deren Breite mit $n \to \infty$ gegen 0 geht. Wir definieren nun eine kompakte
invariante Menge

$$\Lambda = \bigcap_{n=0}^{\infty} F^n(\mathfrak{T})$$

und eine surjektive Abbildung $\kappa : \Lambda \to \Sigma_2$ durch $\pi(x) = (s_i)$ mit $f^{i-1}(x) \in S_{s_i}$.
(Σ_2, σ) ist kraft dieser Abbildung ein Faktor von (Λ, F). Da $F_{\lambda,\mu}^{a,b}$ in den Parametern
stetig ist, bleibt das orientierungsumkehrende Hufeisen für kleine Änderungen der
fixierten Parameter bestehen. Topologisches Chaos folgt aus Satz 3.16. $\qquad\square$

Da es sich bei der Menge Λ aus dem letzten Satz um keinen Attraktor handelt, ist
davon auszugehen, dass die chaotische Dynamik in einer empirischen Anwendung
des Modells nur kurzfristig zu beobachten ist.

9.4   Das Chialvo-System (Neurologie)

Chialvo (1995) stellt ein mathematisches Modell der Dynamik einzelner Neuronen in diskreter Zeit vor. Das Modell ist durch die Abbildung $F : \mathbb{R}^2 \to \mathbb{R}^2$ mit

$$F \begin{pmatrix} x \\ y \end{pmatrix} = \begin{pmatrix} x^2 e^{y-x} + k \\ ay - bx + c \end{pmatrix}$$

gegeben (Abb. 9.5). x ist hier das Spannungspotential der Membran des Neurons. Dies ist die ausschlaggebende dynamische Variable in Modellen einzelner Neuronen. y beschreibt den Wiederaufbauprozess des Potentials. a, b, c sind hierbei reelle Parameter, wobei $a \in (0, 1)$ die Zeitkonstante des Wiederaufbaus beschreibt, $b \in (0, 1)$ die Abhängigkeit des Wiederaufbaus vom Spannungspotential x bestimmt und $c > 0$ ein Grundwert ist. Der Parameter $k \geq 0$ ist hier eine additive Störung der Spannung x. Wir folgen hier Trujillo et al. (2003) und betrachten das eindimensionale reduzierte Chialvo-System $f_{r,k} : \mathbb{R}_0^+ \to \mathbb{R}_0^+$, gegeben durch

$$f_{r,k}(x) = x^2 e^{r-x} + k.$$

Zunächst nehmen wir $k = 0$ an und setzen $f_r = f_{r,0}$. Diese Funktion ist unimodal, streng monoton wachsend auf $(0,2)$ und streng monoton fallend auf $(2, \infty)$ mit einem Maximum bei $x = 2$, siehe Abb. 9.6. Für $r < 1$ liegt der einzige Fixpunkt bei $(0,0)$ und dieser ist anziehend. Für $r \geq 1$ existiert ein zweiter Fixpunkt, der zunächst anziehend ist. Dann findet, wie bei dem quadratischen oder logistischen System, eine

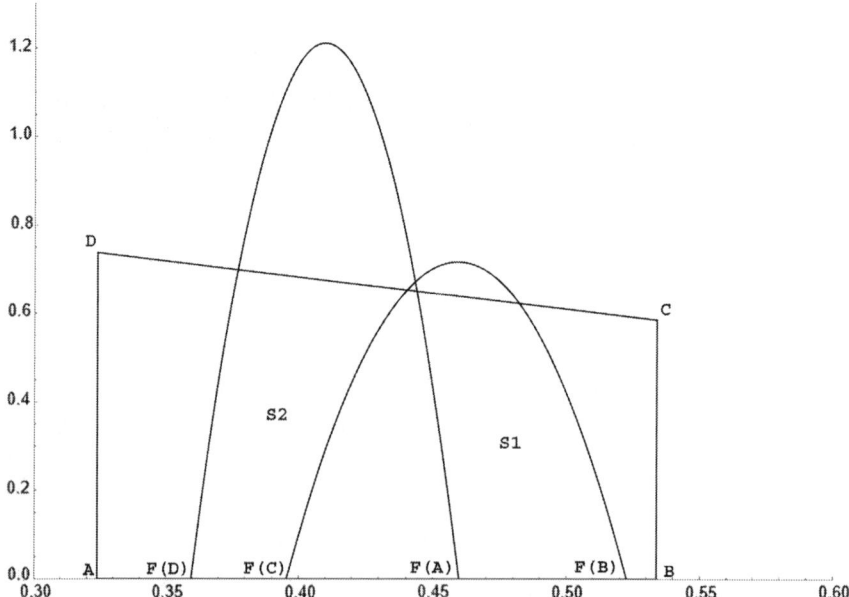

Abb. 9.5 Die Wirkung von F auf $\mathfrak{T}$

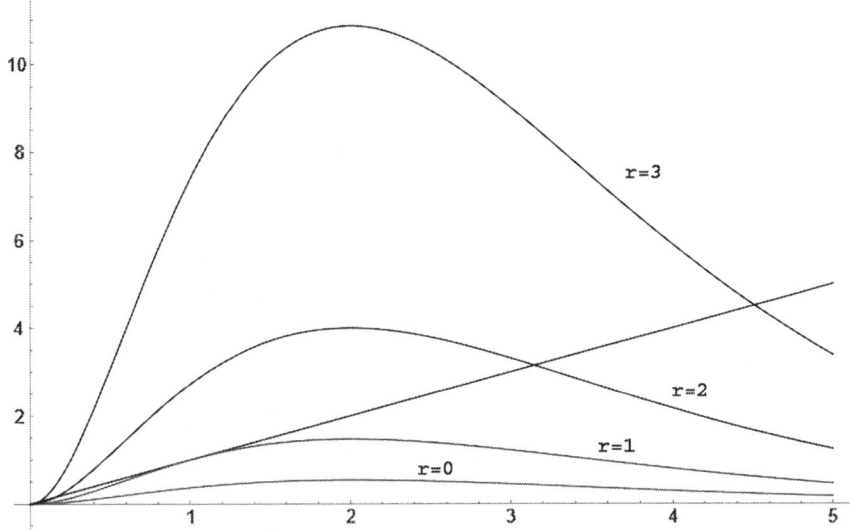

Abb. 9.6 Die Abbildung f_r für $r = 0, 1, 2, 3$

Periodenverdopplung des anziehenden Orbits statt. Ab $r^\star \approx 2,34$ scheint es periodisches und chaotisches Verhalten des Systems zu geben, siehe Abb. 9.7. Tatsächlich gilt folgender Satz:

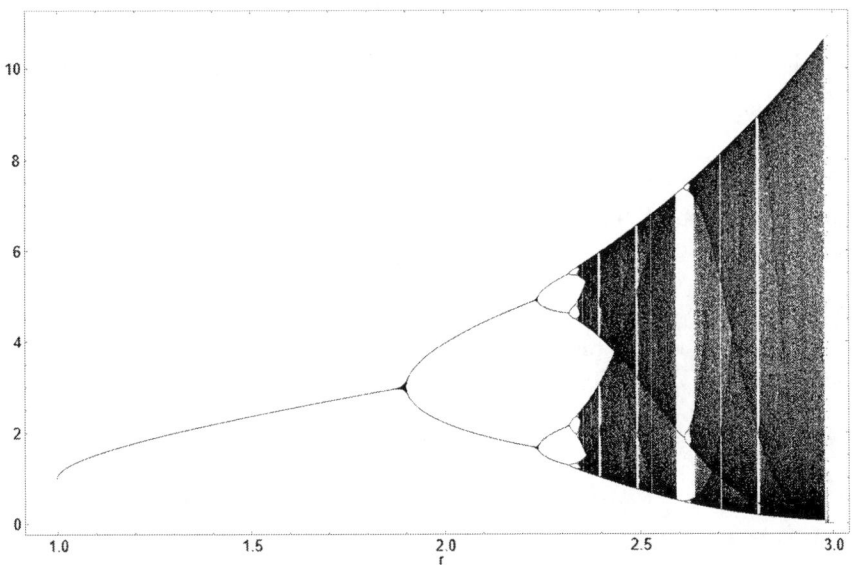

Abb. 9.7 Orbits der Abbildung f_r für den Startwert $x = 1,1$ und $r \in [1, 3]$

Satz 9.6
Es existiert eine Menge $R \subseteq [2,34, \ 3]$ mit positivem Lebesgue-Maß, sodass die Abbildung $f_r : [f_r^2(2), \ f_r(2)] \rightarrow [f_r^2(2), \ f_r(2)]$ für alle $r \in R$ ein absolut stetiges ergodisches Maß positiver Entropie besitzt, also insbesondere topologisch chaotisch ist.

Am einfachsten erhält man diesen Satz aus Theorem 18 in Thunberg (2023), indem man die dort genannten Voraussetzungen für das vorliegende System prüft. Durch ein rein topologisches Argument erhalten wir aus Satz 5.5 sogar:

Satz 9.7
Für alle $r \in [2,6, \ 2,9]$ ist das System $([f_r^2(2), \ f_r(2)], \ f_r)$ topologisch-chaotisch.

Beweis Einige Abschätzungen zeigen, dass für $r \in [2,6, \ 2,9]$

$$f_r^2(2) < f_r^3(2) < 2 < f_r(2)$$

gilt. Die Abbildung $f_r : [2, f_r(2)] \rightarrow [f_r^2(2), f_r(2)]$ hat also gemäß des Zwischenwertsatzes einen Fixpunkt $x \in (2, f_r(2))$. Es gilt

$$[x, f_r(2)] \subseteq f_r([f_r^2(2), 2] = [f_r^3(2), f_r(2)] \text{ und } f_r([2, x]) = [x, f_r(2)]$$

und es folgt

$$[f_r^2(2), x] = [f_r^2(2), 2] \cup [2, x] \subseteq f_r^2([f_r^2(2), 2]) \cap f_r^2([2, x]).$$

Aus Satz 5.5 erhalten wir $h(f_r^2) \geq \log(2)$ für die topologische Entropie der Abbildung f_r^2. Es folgt $h(f_r) \geq \log(2)/2$, das System ist damit topologisch chaotisch. $\square$

Nun betrachten wir $f_{r,k}$ für $k > 0$. Aus dem Beweis des letzten Satzes erhalten wir unmittelbar:

Satz 9.8
Sind $r, k \geq 0$ so gewählt, dass

$$f_{r,k}^2(2) < f_{r,k}^3(2) < 2 < f_{r,k}(2),$$

so ist das System $([f_{r,k}^2(2), \ f_{r,k}(2)], \ f_{r,k})$ topologisch-chaotisch.

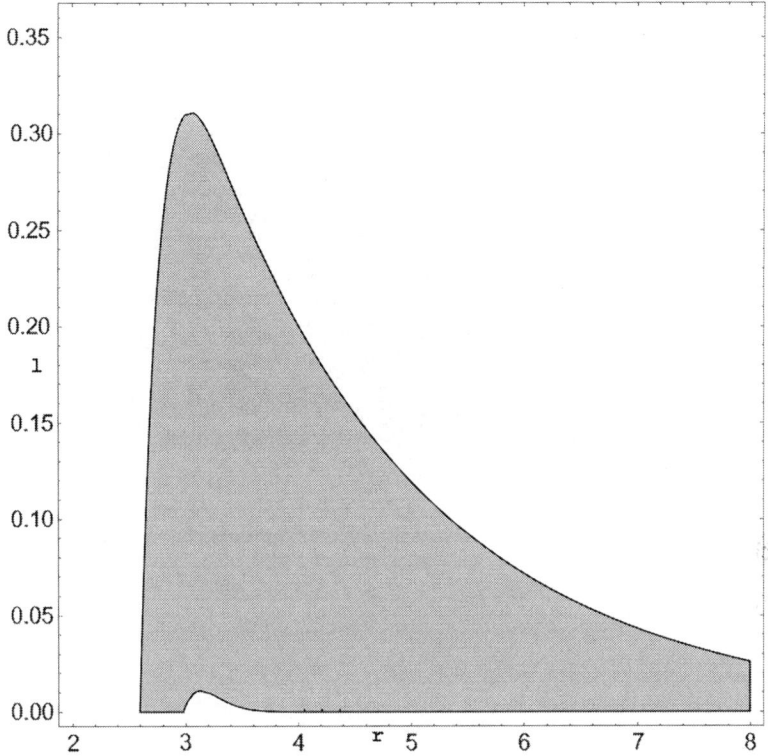

Abb. 9.8 Parametergebiet für topologisches Chaos von $f_{r,k}$

Ein Gebiet von Parametern, für die dieser Satz anwendbar ist, zeigen wir in Abb. 9.8.

9.5   Das Lorenz-System (Meteorologie)

Das System von Lorenz (1963) war wegbereitend für die Entwicklung der Theorie chaotischer dynamischer Systeme. Es handelt sich um ein idealisiertes Modell von Konvektionsströmungen in der Erdatmosphäre, das durch das Differentialgleichungssystem

$$x'(t) = a(y(t) - x(t))$$
$$y'(t) = x(t)(b - z(t))$$
$$z'(t) = x(t)y(t) - cz(t)$$

gegeben ist. Die Variable x gibt die Intensität einer Konvektionsströmung in einem Fluid an. y ist die Temperaturdifferenz zwischen aufsteigender und fallender Strömung und z ist die Abweichung von einem linearen Temperaturprofil. Der Parameter a ist hier die (skalierte) Prandtl-Zahl, die das Verhältnis zwischen Viskosität

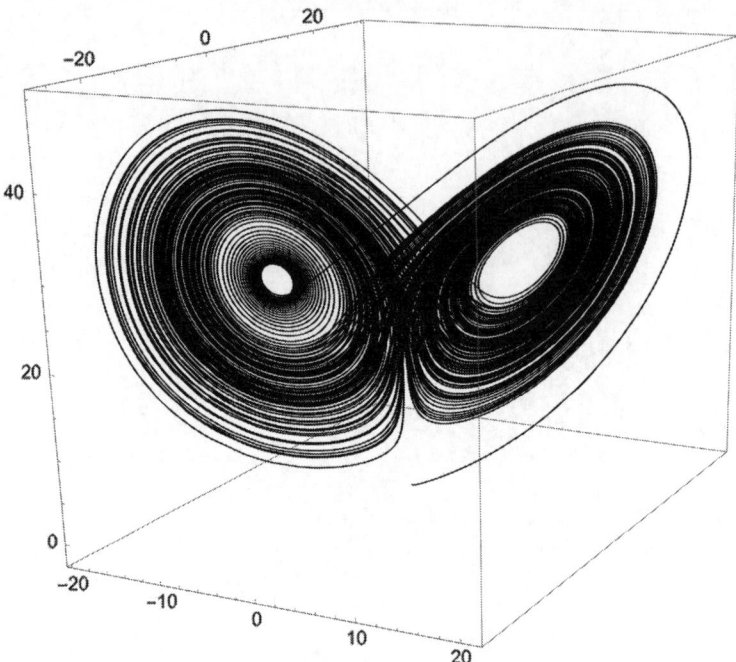

Abb. 9.9 Eine Annäherung des Lorenz-Attraktors für die klassischen Parameter $a = 10$, $b = 28$ und $c = 8/3$

und Temperaturleitfähigkeit von Fluiden bezeichnet, b ist die (skalierte) Rayleigh-Zahl, die den Charakter der Wärmeübertragung innerhalb eines Fluids beschreibt. c ist ein Parameter, der durch die Geometrie der Konvektionsbereiche bestimmt ist. Klassisch werden als Parameter $a = 10$, $b = 28$ und $c = 8/3$ gewählt. Numerische Approximationen von Trajektorie des Systems legen die Vermutung nahe, dass für die klassischen Parameter ein chaotischer Attraktor existiert, siehe Abb. 9.9. Tucker (2002) zeigt mit Hilfe eines rigoros bestätigten numerischen Algorithmus, dass dies tatsächlich der Fall ist. Wir gehen auf Differentialgleichungen und zeitkontinuierliche dynamische Systeme im letzten Kapitel des Buches weiter ein. Hier betrachten wir das diskrete geometrische Lorenz-System $F : [-1, 1]^2 \to [-1, 1]^2$ aus Pesin und Climenhaga (2009), gegeben durch

$$F \begin{pmatrix} x \\ y \end{pmatrix} = \begin{pmatrix} (-B|y|^{v_0} + B\mathrm{sgn}(y)|y|^v x + 1)\mathrm{sgn}(y) \\ ((1 + A)|y|^{v_0} - A)\mathrm{sgn}(y) \end{pmatrix}$$

mit den Parametern $A \in (1/2, 1]$, $B \in (0, 1/2]$, $v > 1$ und $v_0 \in (1/1 + A, 1)$. $\mathrm{sgn}(y) = y/|y|$ bezeichnet das Vorzeichen von y. Durch die Verwendung des Vorzeichens hat die Funktion eine Unstetigkeit bei $S = [-1, 1] \times \{0\}$. Abb. 9.10 zeigt die Wirkung von F auf $[-1, 1]^2$ im Fall $A = 0{,}6$, $B = 0{,}4$, $v = 1{,}5$ $v_0 = 0{,}8$.

Das geometrische Lorenz-System spiegelt die Eigenschaften eines Poincaré-Schnitts des ursprünglichen kontinuierlichen Lorenz-Systems wider, siehe hierzu

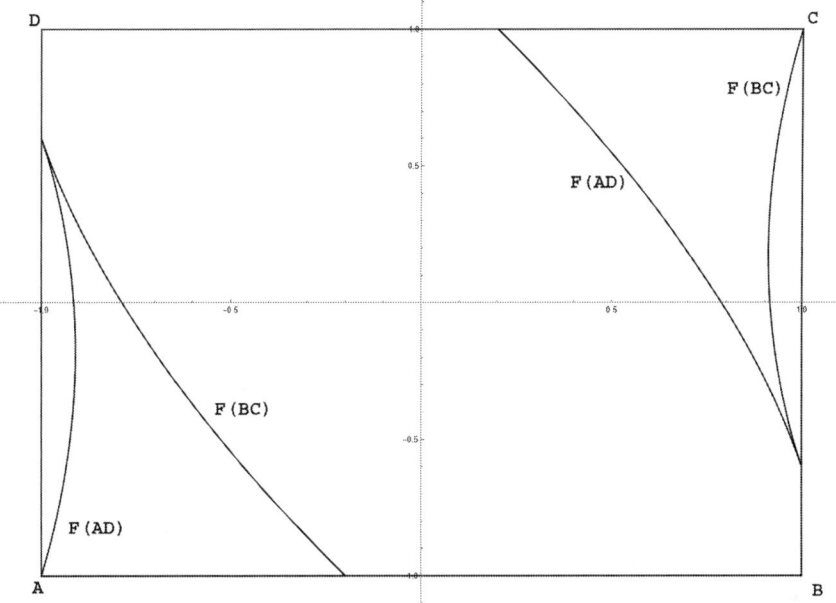

Abb. 9.10 Die Abbildung F im Fall $A = 0{,}6$, $B = 0{,}4$, $v = 1{,}5$ $v_0 = 0{,}8$

Abschn. 11.3. Wir definieren den Attraktor des Systems durch

$$\Lambda = \bigcap_{n=1}^{\infty} F^n([-1, 1]^2 \backslash F^{-n+1}(S)),$$

siehe Abb. 9.11.

Aus den ergodentheoretischen Ergebnissen in Pesin (1992) folgt, dass die Dynamik von F auf diesem Attraktor chaotisch ist. Wir führen hier einen elementaren topologischen Beweis für folgenden Satz:

Satz 9.9
(Λ, T) *ist topologisch-chaotisch.*

Beweis Wir betrachten die Abbildung $f : [-1, 1] \to [-1, 1]$, gegeben durch

$$f(y) = ((1 + A)|y|^{v_0} - A)\mathrm{sgn}(y).$$

Setzen wir

$$I = \bigcap_{n=1}^{\infty} f^n([-1, 1] \backslash f^{-n+1}(0)),$$

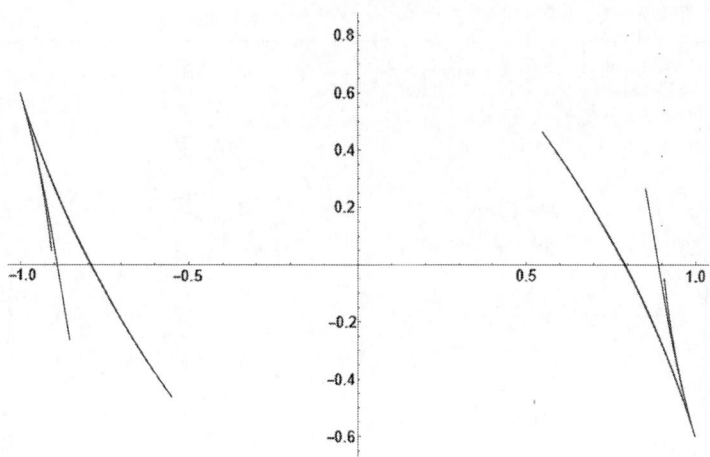

Abb. 9.11 Annährung des geometrischen Lorenz-Attraktors für die Parameter $A = 0,6$, $B = 0,4$, $v = 1,5$ $v_0 = 0,8$

so ist das System (I, f) offensichtlich ein Faktor von (Λ, T). Es verbleibt zu zeigen, dass (I, f) positive topologische Entropie hat. Wir betrachten $g = f^2$ auf $(-A, A) \cap I$. Da

$$\lim_{y \to 0^{\pm}} f(y) = \pm A,$$

gilt

$$\lim_{y \to w^{\pm}} g(y) = \pm A \text{ und } \lim_{y \to -w^{\pm}} g(y) = \pm A$$

für $f^{-1}(0) = \{-w, w\}$. Mit Hilfe dieser Grenzwerte folgt

$$g((-A, 0) \cap I) = (-A, A) \cap I \text{ und } g((0, A) \cap I) = (-A, A) \cap I,$$

siehe Abb. 9.12. Wir setzen $V_1 = (-A, 0) \cap I$ und $V_2 = (0, A) \cap I$ und definieren eine Abbildung $\pi : (-A, A) \cap I \to \Sigma_2$ durch $\pi(y) = (s_k)$ mit $s_k = 1$, wenn $g^{k-1}(y) \in V_1$ und $s_k = 2$, wenn $f^{k-1}(y) \in V_2$. Durch diese Abbildung wird der Shift (Σ_2, σ) ein Faktor von $((-A, A) \cap I, g)$. Alles in allem erhalten wir also

$$h(F) \geq h(f) \geq h(g)/2 \geq h(\sigma)/2 = \log(2)/2,$$

die topologische Entropie von (Λ, T) ist also positiv. □

9.6   Die Kepler-Abbildung (Astronomie)

Die Kepler-Abbildung beschreibt die Dynamik bestimmter Dreikörper-Systeme in der Astronomie, siehe Shevchenko (2011). Wir betrachten zwei Körper großer Masse

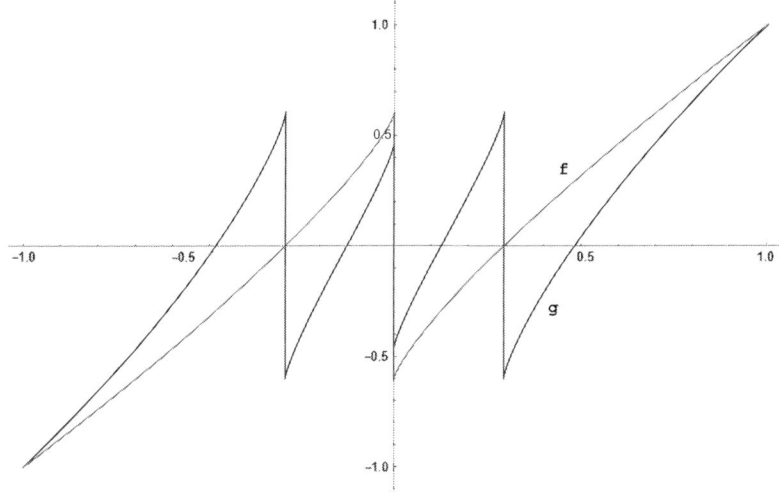

Abb. 9.12 Die Abbildungen f und $g = f^2$ für $A = 0{,}6$ und $v = 0{,}8$

und einen Körper relativ kleiner Masse unter dem Einfluss der Gravitation. Ein Beispiel ist ein Stern, ein massereicher Planet und ein Asteroid auf seiner Bahn um den Stern. Die Kepler-Abbildung für solche Systeme hat die Form $f : \mathbb{R} \times \mathbb{S}^1 \to \mathbb{R} \times \mathbb{S}^1$, gegeben durch

$$f_a \begin{pmatrix} x \\ y \end{pmatrix} = \begin{pmatrix} x + a \sin(4\pi y) \\ y + (x + a \sin(4\pi y))^{-3/2} \end{pmatrix}$$

für $a > 0$. x ist hier die Energie des Asteroiden zu der Zeit, an dem sein Orbit dem Stern am nächsten kommt. y ist die Phase des Planeten zu diesem Zeitpunkt. $k_a(y) = a \sin(4\pi y)$ ist die sogenannte Kick-Funktion, die den Einfluss des Planeten auf die Energie des Asteroiden beschreibt. Die Annahme eines sinoidalen Kicks ist hier idealisierend, für konkrete Systeme ist diese Funktion von empirischen Befunden abhängig. Mit Hilfe der Kepler-Abbildung finden Chirikov und Vecheslavov (1989) Indizien für eine chaotische Dynamik des Halleyschen Kometen unter dem Einfluss des Jupiters. Uns ist kein rigoroser Beweis bekannt, dass die Kepler-Abbildung eine chaotische Dynamik aufweist. Computationale Untersuchungen legen diese Vermutung jedoch nahe. Wir haben einen Orbit von f_a für den Anfangswert $(x, y) = (11/10, 3/10)$ und $a \in \{1/10 + 3i/10 | i = 0, \dots, 11\}$ approximiert. Das Ergebnis in Abb. 9.13 mag als ein Indiz für eine chaotische Dynamik gewertet werden. Für einen kleinen Kick a ergeben sich nur kleine annähernd periodische Schwankungen der Energie. Abb. 9.14 stellt eine Approximation des Orbits von f_a für den Anfangswert $(x, y) = (11/10, 3/10)$ und $a \in \{0, 0{,}02, 0{,}04, 0{,}06\}$ dar. Für $a \in \{1/10 + 3j/10 | j = 0, \dots, 11\}$ haben wir noch lokale Lyapunov-Exponenten des Systems für eine Reihe von Startwerten approximiert. Das Ergebnis zeigt Abb. 9.15. Man mag vermuten, dass lokale Lyapunov-Exponenten für eine große Menge von Orbits tatsächlich existieren und konstant sind. Ein rigoroser Beweis,

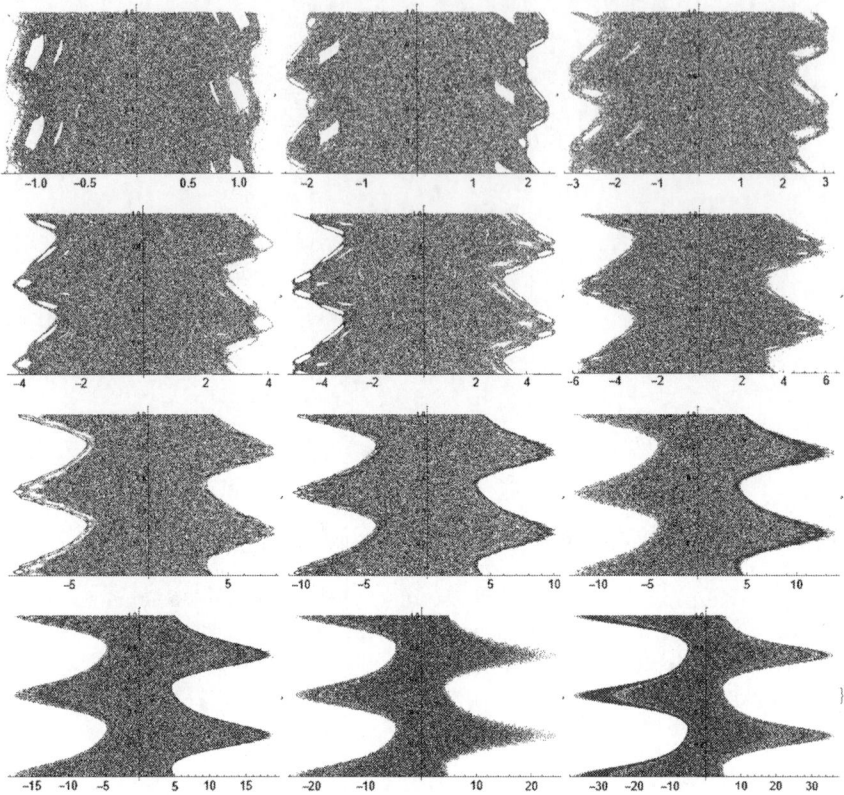

Abb. 9.13 Approximation eines Orbits der Abbildung f_a für $a \in \{1/10 + 3i/10 | i = 0, \dots, 11\}$

dass für das System ein ergodisches Maß mit einem positiven Lyapunov-Exponenten und damit positiver Entropie existiert, wäre wünschenswert, ist aber nicht in Sicht.

9.7   Das Andrecut-Kauffman-Modell (Genetik)

Das diskrete Modell von Andrecut und Kauffman (2007) beschreibt die Dynamik der Expression von zwei interagierenden Genen in einer Zelle. Der Begriff der Expression bezeichnet hier die Menge der Proteine in einer Zelle, die aufgrund der spezifischen Information des Gens biologisch synthetisiert werden. Modelle der Genexpression dienen dem Verständnis biologischer Regulationsmechanismen in Zellen auf molekularer Ebene. Das Modell von Andrecut-Kauffman hat die Form $f : \mathbb{R}^2 \to \mathbb{R}^2$

$$f \begin{pmatrix} x \\ y \end{pmatrix} = \begin{pmatrix} bx + a/(1 + (1 - w)x^k + wy^k) \\ bx + a/(1 + (1 - w)y^k + wx^k) \end{pmatrix}.$$

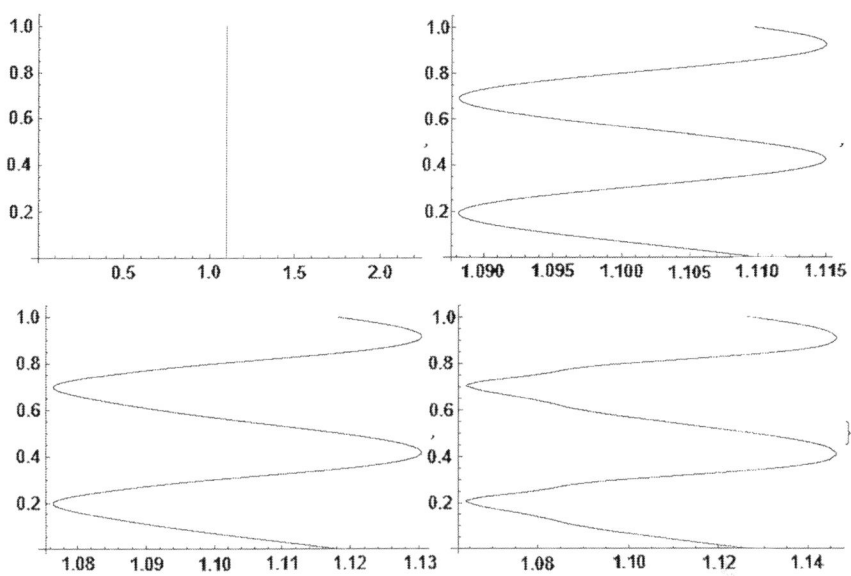

Abb. 9.14 Approximation eines Orbits der Abbildung f_a für $a \in \{0, 0{,}02, 0{,}04, 0{,}06\}$

x und y bezeichnen die Expressionen der beiden Gene. $a \geq 0$ ist die Rate der Genexpression und $b \in [0, 1)$ ist die Rate der Degradation der Gene, welche die Lebensdauer der Proteine beschreibt. Der Exponent $k \in \mathbb{N}$ bezeichnet die Anzahl der Monomere der synthetisierten Proteine. Der Parameter $w \in [0, 1]$ quantifiziert eine symmetrische Kopplung zwischen den Genen. Im Falle $w = 0$ liegt keine Kopplung vor, die Expression x ist von y unabhängig. Mit steigendem w nimmt der Einfluss der Expression des zweiten Genes auf die Expression des ersten Gens zu. Und im Grenzfall $w = 1$ ist die Expression des ersten Gens durch die Expression des zweiten Genes bestimmt.

Im Fall $k = 1$ und $k = 2$ scheint das System keine chaotische Dynamik aufzuweisen. Kalkulationen weisen auf die Existenz anziehender Fixpunkte und anziehender periodischer Orbits hin. Wir betrachten im Folgenden den Fall $k = 3$. Wie im Falle der Kepler-Abbildung im letzten Abschnitt haben wir keinen rigorosen Beweis, dass das Andrecut-Kauffman-Modell eine chaotische Dynamik aufweist. Numerische Approximationen von Orbits legen diese Vermutung auch hier nahe. Wir haben für den Startwert $(x, y) = (2, 3)$, $b = 0{,}2$, $a \in [1, 50]$ und $w \in \{0, 0{,}2, 0{,}8, 1\}$ Orbits approximiert. In Abb. 9.16 stellen wir die x-Koordinate dieser Orbits dar. Wenn w nicht nahe bei 1 liegt, scheint es mit steigendem a eine Art Periodenverdopplung zu geben, die in eine chaotische Dynamik mindestens für einzelne a übergeht. Geht w gegen 1, degeneriert das Bild und wir erhalten anziehende Fixpunkte. Weiterhin haben wir für $(x, y) = (2, 3)$, $a = 40$, $b \in [0, 1]$ und $w \in \{0, 0{,}2, 0{,}8, 1\}$ Orbits approximiert. In Abb. 9.17 stellen wir die x-Koordinate der Orbits dar. Hier sehen wir für ein von eins fallendes b eine Periodenverdopplung und Indizien für eine chaotische Dynamik, wenn $b \in [0{,}1, 0{,}2]$ und w nicht nahe bei 1 liegt. Auch für ein von null steigendes b scheint eine Periodenverdopplung zu existieren, wenn w nicht

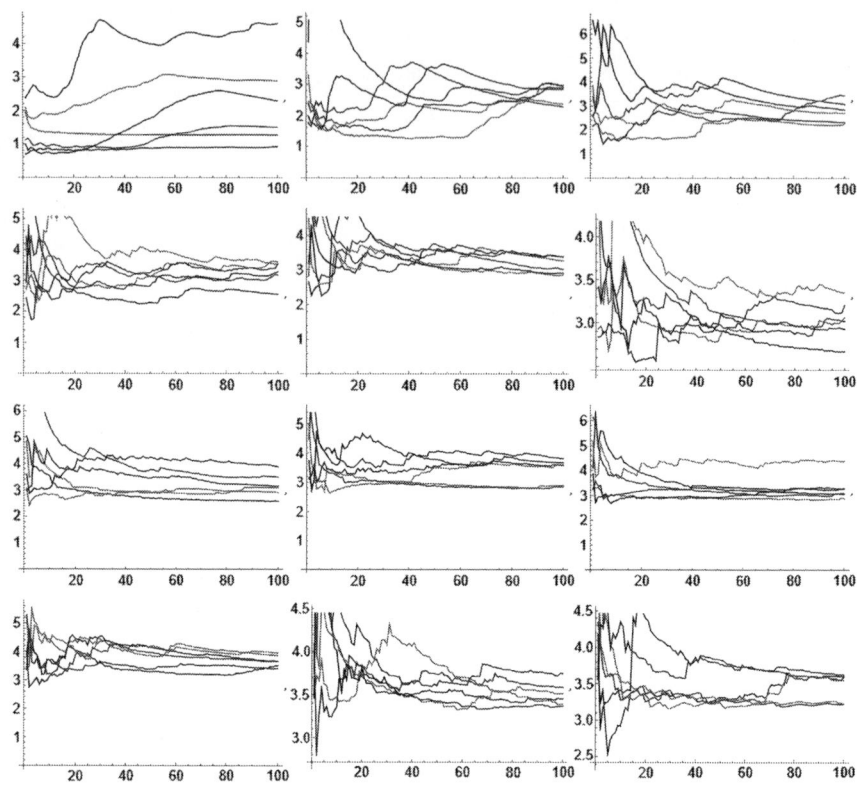

Abb. 9.15 Näherung der lokalen Lyapunov-Exponenten für f_a mit $a \in \{1/10 + 3i/10 | i = 0, \ldots, 11\}$

nahe bei 1 liegt. Mit w gegen 1 degeneriert das Bild wieder zu anziehenden Fixpunkten. Die Orbits für w und b nahe bei 1 könnten Fehler in der Approximation sein. Wir haben zusätzlich den lokalen größten Lyapunov-Exponenten des Systems für $(x, y) = (2, 3)$, $(a, b) \in [0, 50] \times [0, 1]$ und $w \in \{0, 0.2, 0.8, 1\}$ approximiert. Das Ergebnis zeigt Abb. 9.18. Die Parameter (a, b), für die der lokale größte Lyapunov-Exponent positiv zu sein scheint, weisen auf eine chaotische Dynamik des Systems hin. Diese numerischen Ergebnisse sollten allerdings nicht überbewertet werden. Wir haben bedauerlicherweise keinen Beweis der Existenz eines ergodischen Maßes mit positivem Lyapunov-Exponenten und positiver Entropie.

9.8   Paul de Grauwes Wechselkursmodell (Ökonomie)

Zum Abschluss dieses Abschnitts betrachten wir noch ein dynamisches System, das nicht aus den Naturwissenschaften stammt. De Grauwe et al. (1993) entwickeln aus wirtschaftstheoretischen Überlegungen ein Modell der Dynamik von Wechselkursen.

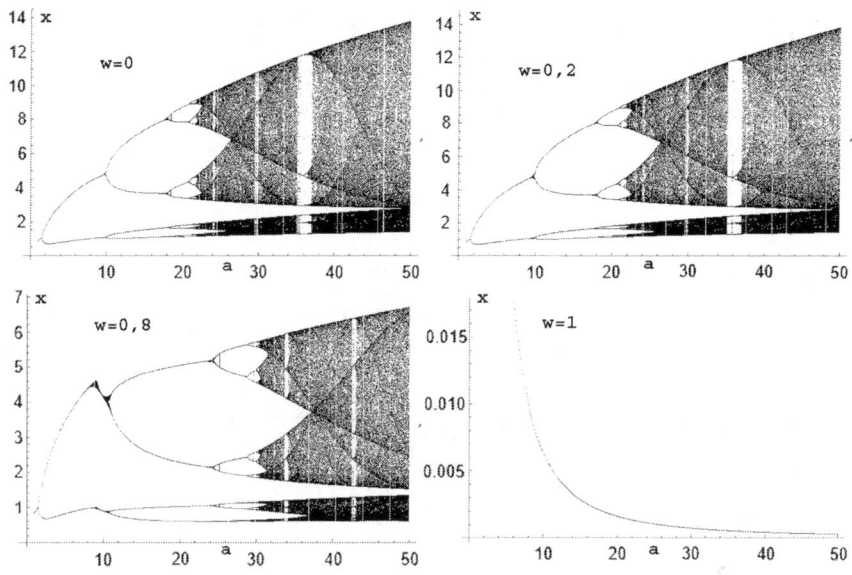

Abb. 9.16 Approximation von Orbits von f für $(x, y) = (2, 3)$, $b = 0{,}2$, $a \in [1, 50]$ und $w \in \{0, 0{,}2, 0{,}8, 1\}$

In unserer Notation hat dieses System die Form $f : (\mathbb{R}^+)^3 \to (\mathbb{R}^+)^3$ mit

$$f \begin{pmatrix} x \\ y \\ z \end{pmatrix} = \begin{pmatrix} x^{b(1+cm(x)-a(1-m(x)))} y^{-2bcm(x)} z^{bcm(x)} \\ x \\ y \end{pmatrix}$$

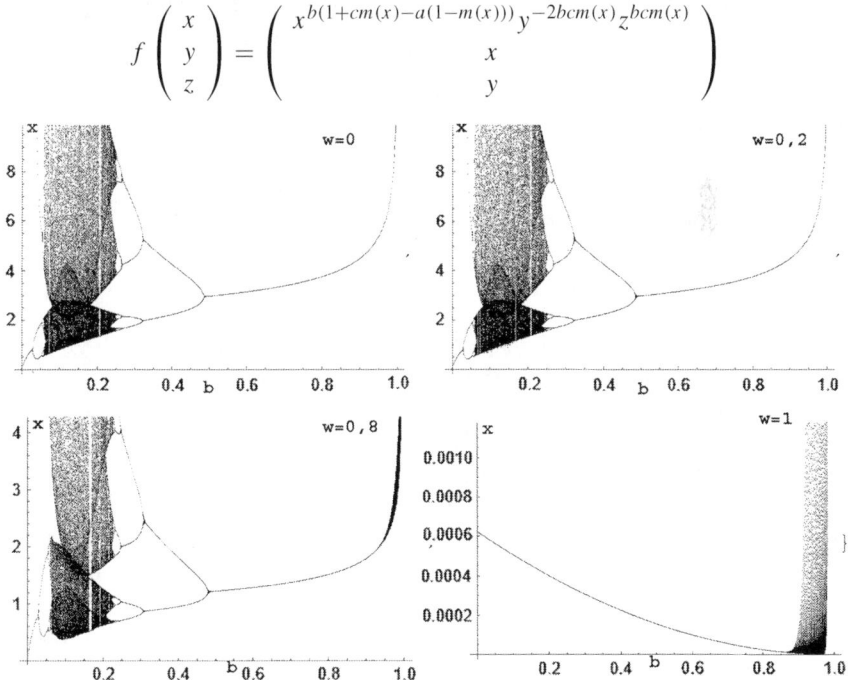

Abb. 9.17 Approximation von Orbits von f für $(x, y) = (2, 3)$, $a = 40$, $b \in [0, 1]$ und $w \in \{0, 0{,}2, 0{,}8, 1\}$

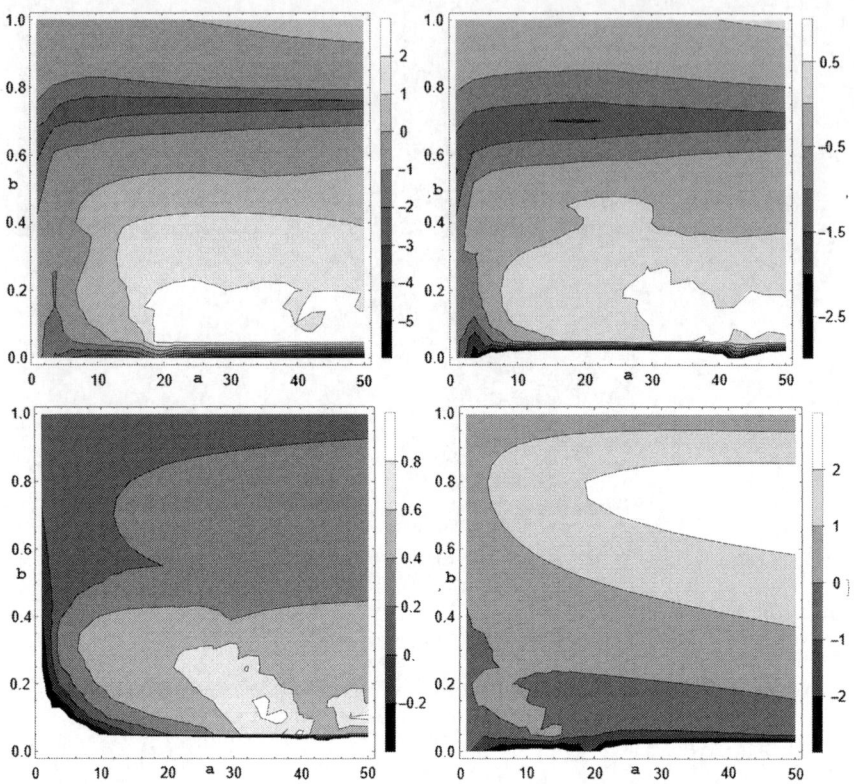

Abb. 9.18 Approximation des Lyapunov-Exponenten für $(x, y) = (2, 3)$, $(a, b) \in [0, 50] \times [0, 1]$ und $w \in \{0, 0{,}2, 0{,}8, 1\}$

mit $m(x) = 1/(1 + \tau(x - 1)^2)$. Der Wechselkurs ist durch die Variable x gegeben. y und z sind hier nur Hilfsvariablen, die notwendig sind, da das ursprüngliche System

$$x_{n+1} = x_n^{b(1+cm(x)-a(1-m(x)))} x_{n-1}^{-2bcm(x)} x_{n-2}^{bcm(x)}$$

auf drei vergangene Kurse zurückgreift. Wir erläutern nun die Parameter des Systems, soweit unser Verständnis wirtschaftlicher Zusammenhänge reicht. $a \in (0, 1)$ ist ein zeitlicher Parameter, der angibt, wie schnell die Kurse zum Erwartungswert, den manche Akteure auf dem Markt annehmen, zurückkehren soll. $c > 0$ gibt an, wie gut sich die Kurse aus Beobachtungen der Vergangenheit von anderen Akteuren, die keinen fixierten Erwartungswert annehmen, prognostizieren lassen. $m(x)$ ist eine Glockenkurve mit Maximum bei $x = 1$, die als Gewichtungsfaktor fungiert. Üblich ist es, einen großen Wert für τ, d. h. eine geringe Divergenz vom unterstellten Erwartungswert des Kurses, anzunehmen. Wir fixieren $\tau = 2000$. Zuletzt werden durch $b \in (0, 1)$ Transaktionskosten und Gewinne eingepreist. Wir fixieren hier $b = 0{,}95$. Eine rigorose vollständige Analyse des Systems ist nicht in Sicht, auch die vollständige numerische Analyse gestaltet sich aufgrund der Vielfalt der

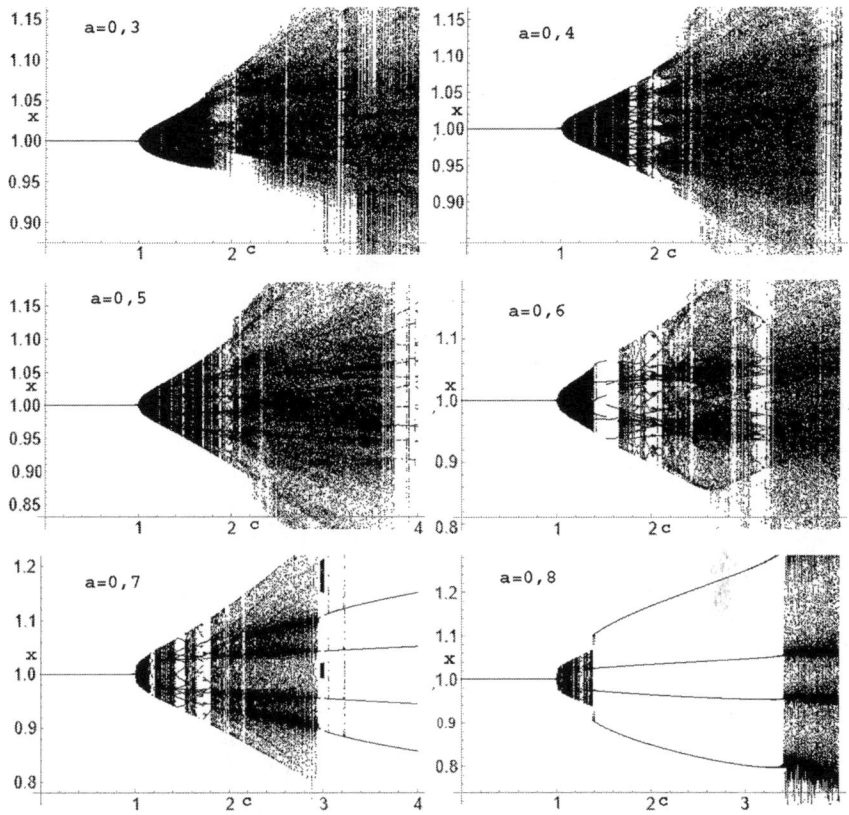

Abb. 9.19 Approximation von Wechselkursen für $c \in [0,4]$ und $a \in \{0,3,\ 0,4,\ 0,5,\ 0,6,\ 0,7,\ 0,8\}$ zu einem Anfangswert nahe des Fixpunkts

Parameter schwierig. Wir wollen hier nur einige computationale Indizien für eine chaotische Dynamik des Systems vorstellen.

Ein Fixpunkt des Systems liegt bei $(x, y, z) = (1, 1, 1)$, dieser ist anziehend für $c < b(b - 2) = 1{,}00251$. In diesem Falle pegeln sich die Wechselkurse bei 1 ein. Für größeres c erhalten wir eine vielfältige Dynamik und numerische Indizien für eine chaotische Dynamik. Wir haben Orbits von f mit dem Anfangswert $(x, y, z) = (1{,}001,\ 1,\ 1)$ nahe bei dem Fixpunkt für $c \in [0,4]$ und $a \in \{0,3,\ 0,4,\ 0,5,\ 0,6,\ 0,7,\ 0,8\}$ approximiert. Wir stellen in Abb. 9.18 den Wechselkurs, d. h. die x-Koordinate der Orbits, dar. Wir sehen in den Abbildungen sowohl anziehende periodische Orbits als auch Orbits, die auf eine chaotische Dynamik hindeuten. Empirische Beobachtungen von Wechselkursen, wie zum Beispiel des Dollar-Euro-Kurses, lassen ein Modell, das eine chaotische Dynamik zulässt, realistisch erscheinen (Abb. 9.19).

Zeitkontinuierliche dynamische Systeme

10

Inhaltsverzeichnis

10.1   Flüsse

Sei X im Folgenden ein metrischer Raum mit Metrik d. Ein Semifluss auf X ist gegeben durch eine Abbildung $\phi : X \times \mathbb{R}_0^+ \to X$ mit

$$\phi(x, s + t) = \phi(\phi(x, s), t) \text{ und } \phi(x, 0) = x$$

für alle $s, t \geq 0$ und alle $x \in X$. Nehmen wir an, dass ϕ stetig ist, so beschreibt (X, ϕ) ein zeitkontinuierliches dynamisches System. Für einen Anfangszustand $x \in X$ verstehen wir $\phi(x, t)$ als den Zustand des Systems nach der Zeit t.

Ein Fluss auf X ist gegeben durch eine Abbildung $\phi : X \times \mathbb{R} \to X$, die obige Identitäten für alle $s, t \in \mathbb{R}$ und $x \in X$ erfüllt. Ist ϕ für festes t ein Homöomorphismus, so beschreibt (X, ϕ) ein zeitkontinuierliches zeitlich invertierbares dynamisches System mit $\phi(x, -t) = \phi^{-1}(x, t)$. Einen Zeitraum t nach dem Zustand $\phi(x, -t)$ nimmt das System den Zustand x an.

Analog zum zeitdiskreten Fall lassen sich Orbits im zeitkontinuierlichen Fall definieren. Diese Orbits werden auch Trajektorien genannt.

Definition 10.1
Sei (X, ϕ) ein zeitkontinuierliches dynamisches System. Der (Vorwärts-)Orbit von

$x \in X$ ist die Menge

$$\mathcal{O}_\phi(x) = \{\phi(x,t)|t \in \mathbb{R}_0^+\}.$$

Ist das System invertierbar, so ist

$$\mathcal{O}_\phi^-(x) = \{\phi(x,-t)|t \in \mathbb{R}_0^+\}$$

der Rückwärtsorbit von x und

$$\mathcal{O}_\phi^\pm(x) = \{\phi(x,t)|t \in \mathbb{R}\}$$

ist der Gesamtorbit von x.   ◆

Für $a > 0$ betrachten wir als Beispiel den Fluss $\phi(x,t) = a^t x$ auf $\mathbb{R}$. Wir erhalten $\mathcal{O}_\phi(x) = \{a^t x|t \in \mathbb{R}_0^+\}$ und $\mathcal{O}_\phi^\pm(x) = \{\phi(x,t)|t \in \mathbb{R}\}$.

Fixpunkte bzw. Ruhelagen werden im zeitkontinuierlichen Fall wie folgt bestimmt:

Definition 10.2
$p \in X$ ist ein Fixpunkt bzw. eine Ruhelage des zeitkontinuierlichen dynamischen Systems (X, ϕ), wenn $\phi(p,t) = p$ für alle $t \geq 0$ gilt. Ein Fixpunkt $p \in X$ heißt anziehend, wenn es eine offene Umgebung O von x gibt, sodass für alle $y \in O$

$$\lim_{t\to\infty} \phi(y,t) = p.$$

Ein Fixpunkt $p \in X$ heißt abstoßend, wenn es eine offene Umgebung O von p gibt, sodass für alle $y \in O$ mit $y \neq p$ ein $t > 0$ existiert, sodass $\phi(y,t) \notin O$.   ◆

In obigem Beispiel ist 0 ein anziehender Fixpunkt, wenn $a \in (0,1)$ und ein abstoßender Fixpunkt, wenn $a > 1$. Im Falle $a = 1$ handelt es sich um den identischen Fluss.

Periodische Orbits bzw. Trajektorien werden für zeitkontinuierliche Systeme wie folgt definiert:

Definition 10.3
$p \in X$ ist ein periodischer Punkt der Periode $t > 0$ für ein zeitkontinuierliches dynamisches System (X, ϕ), wenn $\phi(p,t) = p$ gilt und $t > 0$ mit dieser Eigenschaft minimal ist. Der Orbit

$$\mathcal{O}_\phi(p) = \{\phi(p,s)|s \in [0,t]\}$$

heißt in diesem Fall periodischer Orbit. Ein periodischer Orbit heißt anziehend, wenn es eine offene Umgebung O von $\mathcal{O}_\phi(p)$ gibt, sodass für alle $y \in O$

$$\lim_{t\to\infty} \inf\{d(\phi(y,t),x)|x \in \mathcal{O}_\phi(p)\} = 0.$$

Ein periodischer Orbits heißt abstoßend, wenn es eine offene Umgebung O von $\mathcal{O}_\phi(p)$ gibt, sodass für alle $y \in O$ mit $y \neq p$ ein $t > 0$ existiert, sodass $\phi(y, t) \notin O$.

♦

Betrachten wir als Beispiel den Fluss $\phi(z, t) = z e^{it}$ auf $\mathbb{C}$. Jeder Kreis $\{z \mid |z| = c\}$ ist ein periodischer Orbit der Periode 2π und 0 ist ein Fixpunkt. Diese periodischen Orbits sind weder anziehend noch abstoßend. Parametrisieren wir $\mathbb{C}$ durch Polarkoordinaten und betrachten den Fluss

$$\phi(re^{i\alpha}, t) = (1 + (r - 1)e^{-t})e^{i(\alpha+t)},$$

so ist der Einheitskreis $\mathbb{S}^1 = \{e^{i\alpha} \mid \alpha \in [0, 2\pi)\}$ ein anziehender periodischer Orbit, da $\lim_{r \to \infty}(1 + (r - 1)e^{-t}) = 1$ für alle $r \geq 0$ gilt.

Wie im Fall diskreter Systeme lässt sich auch für Flüsse das Konzept der anziehenden und abstoßenden periodischen Orbits verallgemeinern.

Definition 10.4
Sei (X, ϕ) ein zeitkontinuierliches dynamisches System. Eine kompakte Menge $\Lambda \subseteq X$ wird anziehend genannt, wenn Λ vorwärts invariant ist, d. h., $\phi(\Lambda, t) \subseteq \Lambda$ für alle $t \geq 0$ und eine offene Umgebung O von Λ existiert, sodass

$$\lim_{t \to \infty} \inf\{d(\phi(y, t), x) \mid x \in \Lambda\} = 0$$

für alle $y \in O$ gilt. Ein minimale anziehende Menge, die keine anziehende nicht leere echte Teilmenge enthält, wird Attraktor genannt.

Eine kompakte Menge $\Lambda \subseteq X$ wird abstoßend genannt, wenn Λ vorwärts invariant ist und eine offene Umgebung O von Λ existiert, sodass für alle $y \in O \setminus \Lambda$ ein $t > 0$ existiert, sodass $\phi(y, t) \notin O$. Eine lokal maximal abstoßende Menge, die in einer Umgebung keine abstoßende Obermenge enthält, wird Repeller genannt. ♦

Der Lorenz-Attraktor aus Abschn. 9.5 ist ein Beispiel eines nicht periodischen Attraktors eines Flusses.

Zum Abschluss dieses Abschnitts zeigen wir noch, wie sich die Definition des Devaney-Chaos und des Li-York-Chaos aus Kap. 3 von zeitdiskreten auf zeitkontinuierliche Systeme übertragen lässt.

Definition 10.5
Ein zeitkontinuierliches dynamisches System (X, ϕ) ist chaotisch im Sinne von Devaney, wenn:

1. Das System ist transitiv, d. h., es gibt einen Orbit $\mathcal{O}_\phi(x)$, der dicht in X liegt.
2. Die periodischen Orbits des Systems liegen dicht in X.
3. Das System ist sensitiv, d. h., es gibt eine Konstante $c > 0$, sodass für alle $x \in X$ und jede offene Umgebung U von x ein $y \in U$ und ein $t > 0$ mit $d(\phi(x, t), \phi(y, t)) > c$ existieren. ♦

Wie im diskreten Fall ist die dritte Bedingung hier redundant. Außer X besteht aus einem einzigen periodischen Orbit, implizieren die ersten beiden Bedingungen die dritte. Die zweite Bedingung scheint manchen Mathematikern in der Definition chaotischer Flüsse zu restriktiv. Knudsen (1994) definiert chaotische zeitkontinuierliche dynamische System durch die erste und dritte Bedingung. Diese Definition scheint uns zu weit zu sein. Es gibt minimale Systeme, für die jeder Orbit dicht liegt, die chaotisch im Sinne dieser Definition sind. Man könnte allerdings die zweite Bedingung durch die Annahme ersetzen, dass das System nicht minimal ist, es also Orbits gibt, die nicht dicht liegen. Daneben steht uns für Flüsse auch die Definition einer chaotischen Dynamik von Li-York zur Verfügung, die keine dichte Menge periodischer Orbits fordert.

Definition 10.6
Ein zeitkontinuierliches dynamisches System (X, ϕ) ist chaotisch im Sinne von Li und York, wenn eine überabzählbare Menge $S \subset X$ existiert, sodass für alle $x, y \in S$ mit $x \neq y$

$$\limsup_{t \to \infty} d(\phi(x, t), \phi(y, t)) > 0$$

und

$$\liminf_{t \to \infty} d(\phi(x, t), \phi(y, t)) = 0.$$

◆

Wie im diskreten Fall folgt auch für Flüsse aus Devaney-Chaos Li-York-Chaos. Die Umkehrung gilt auch hier nicht. Die topologische Entropie und das topologische Chaos für Flüsse wird mit Hilfe der Zeit-Eins-Abbildung definiert. Wir gehen hierauf im übernächsten Abschnitt ein und kommen in diesem Abschnitt auch noch einmal auf Devaney- und Li-York-Chaos für Flüsse zurück.

10.2 Differentialgleichungen

Die Flüsse, die in der Theorie zeitkontinuierlicher dynamischer Systeme untersucht werden, sind nur in Ausnahmefällen explizit gegeben. Üblicherweise sind Flüsse implizit durch gewöhnliche Differentialgleichungen gegeben. Wir geben hier eine kurze Einführung in die Theorie der Differentialgleichungen aus Sicht der Theorie dynamischer Systeme.

Sei $U \subseteq \mathbb{R}^d$ ein offenes Gebiet und $F : U \to \mathbb{R}^d$ ein stetig differenzierbares Vektorfeld. Eine autonome gewöhnliche Differentialgleichung ist durch

$$x'(t) = F(x(t))$$

gegeben. Aus dem Existenzsatz der Lösung solcher Differentialgleichungen erhalten wir:

Satz 10.1

Für alle $x \in U$ existiert ein nicht leeres maximales Intervall I_x, das 0 enthält und eine eindeutige stetig differenzierbare Abbildung $x : I_x \to U$ mit $x'(t) = F(x(t))$ und $x(0) = x$. Die Menge

$$W = \bigcup_{x \in U} = \{x\} \times I_x$$

ist nicht leer und offen und $\phi : W \to U$, gegeben durch $\phi(x, t) = x(t)$ mit $x(0) = x$, ist ein lokaler Fluss. Wenn $W = U \times \mathbb{R}$ ist, wird das Vektorfeld F komplett genannt und ϕ ist ein invertierbarer Fluss auf U.

Ein Beweis dieser Aussage findet sich in Büchern über Differentialgleichungen, wie Teschl (2012). Der Satz zeigt, dass ein komplettes Vektorfeld auf $U \subseteq \mathbb{R}^d$, also auch auf $\mathbb{R}^d$, einen Fluss und damit ein zeitkontinuierliches, dynamisches System bestimmt. Insbesondere sind beschränkte Vektorfelder komplett, wobei ein Vektorfeld auf U beschränkt genannt wird, wenn es für jedes $x \in U$ eine kompakte Menge mit $x \in K \subset U$ gibt, sodass $x(t) \in K$ für $t \in I_x$. Die qualitative Dynamik der Flüsse solcher Vektorfelder ist das Hauptthema der Theorie zeitkontinuierlicher dynamischer Systeme.

Wir betrachten zunächst Nullstellen $p \in U$ eines vollständigen Vektorfeldes F auf U, d. h., $F(p) = 0$. Offensichtlich ist solch eine Nullstelle ein Fixpunkt bzw. eine Ruhelage des zugehören Flusses, d. h., $\phi(x, t) = x$ für alle $t \in \mathbb{R}$. Ähnlich wie im Fall zeitdiskreter Systeme lassen sich die Eigenschaften des Fixpunktes und die Dynamik in seiner Umgebung mit Hilfe der Linearisierung bestimmen. Wir zitieren hierzu den Satz von Hartman-Grobman.

Satz 10.2

Sei $p \in U$ eine Nullstelle des Flusses F. Die Jacobi-Matrix $A = DF(p)$ von F habe nur Eigenwerte mit Realteil ungleich 0. Sei ϕ der durch F erzeugte Fluss und α der durch das lineare Vektorfeld $A(x) = Ax$ gegebene Fluss. Die Flüsse ϕ und α sind lokal topologisch konjugiert, d. h., es gibt eine offene Umgebung O von p und einen Homöomorphismus $h : O \to h(O)$ mit $h(p) = 0$ und

$$\alpha(h(x), t) = h(\phi(x, t))$$

für alle $x \in O$ und alle t mit $\phi(x, t) \in O$.

Ein Beweis dieses Satzes findet sich in Teschl (2012). Wir beschreiben im Anschluss an diesen Satz den Fluss α linearer Differentialgleichungen $x'(t) = Ax(t)$ auf $\mathbb{R}^d$. Hat A einen reellen Eigenwert $\lambda \neq 0$ mit eindimensionalem Eigenraum E, so lässt sich der Fluss α auf diesem Eigenraum durch

$$\alpha(x,t) = e^{\lambda t} x$$

beschreiben. Hat A konjugiert komplexe Eigenwerte $\lambda \pm \mu i$ mit einem korrespondierenden zweidimensionalen linearen Unterraum E, so lässt sich der Fluss α durch

$$\alpha(x,t) = e^{\lambda} \begin{pmatrix} \cos(\mu t) & -\sin(\mu t) \\ \sin(\mu t) & \cos(\mu t) \end{pmatrix} x$$

beschreiben. In beiden Fällen ist 0 anziehend für den auf E eingeschränkten Fluss, wenn $\lambda < 0$, und abstoßend für den auf E eingeschränkten Fluss, wenn $\lambda > 0$. Ein Fixpunkt p eines Flusses F ist damit lokal anziehend, wenn alle Eigenwerte von $DF(p)$ negativen Realteil haben. Er ist lokal abstoßend, wenn all diese Eigenwerte positiven Realteil haben.

Nach dieser Skizze der lokalen Theorie nehmen wir nun eine globale Perspektive auf Flüsse gewöhnlicher Differentialgleichungen ein. Aus Sicht der chaotischen Dynamik sind Flüsse auf der Ebene (und damit selbstverständlich auch auf der Geraden) uninteressant, da der Satz von Poincaré-Bendixson gilt.

Satz 10.3
Sei ϕ der Fluss einer Differentialgleichung in der Ebene. Ist ein Orbit $\mathcal{O}_\phi(x)$ beschränkt, so gilt entweder $\lim_{t \to \infty} \phi(x,t) = p$, wobei p ein Fixpunkt von ϕ ist oder die Häufungspunkte von $(\phi(x,t))_{t \geq 0}$ bilden einen periodischen Orbit.

Für einen Beweis verweisen wir wieder auf Teschl (2012). Auch auf anderen Flächen existieren keine Flüsse mit einer chaotischen Dynamik im Sinne der Definitionen aus dem letzten Abschnitt.[1] Es gibt allerdings eine Vielfalt von Differentialgleichungen auf $\mathbb{R}^3$, deren Fluss chaotisch zu sein scheint. Wir hatten in Abschn. 9.5 schon darauf hingewiesen, dass Tucker (2002) mit Hilfe eines rigoros bestätigten numerischen Algorithmus zeigt, dass dies für das Lorenz-System tatsächlich der Fall ist. Hier geben wir noch einige weitere dreidimensionale Differentialgleichungen an, deren Fluss eine chaotische Dynamik aufzuweisen scheint. Das System von Rössler (1976) ist neben dem Lorenz-System das bekannteste dieser Art. Dieses System ist durch

---

[1] Auch auf der Sphäre gilt der Satz von Poincaré-Bendixson. Auf dem Torus gilt dieser Satz zwar nicht, es finden sich aber trotzdem keine Flüsse, die chaotisch im Sinne unserer Definitionen sind.

folgende Differentialgleichung gegeben:

$$x'(t) = -y(t) - z(t)$$
$$y'(t) = x(t) + ay(t)$$
$$z'(t) = b + z(t)(x(t) - c).$$

Ursprünglich war es Rösslers Ziel, ein chaotisches System, das eine chemische Reaktion beschreibt, zu finden, was aber erst später in Rössler und Ortoleva (1978) gelingt. Im Gegensatz zum Lorenz-System hat das Rössler-System keinen unmittelbaren empirischen Bezug. Wie Rössler wählen wir als Parameter $(a, b, c) = (0,2, \ 0,2, \ 5,7)$ und stellen in Abb. 10.1 den Orbit des Anfangswerts $(x, y, z) = (0, 1, 0)$ dar.[2] Zgliczynski (1997) zeigt mit der Hilfe eines rigoros abgesicherten numerischen Algorithmus, dass die Dynamik des Systems für diese Wahl der Parameter tatsächlich chaotisch ist. Im aktuellen noch nicht begutachteten Preprint von Igra (2024) findet sich eine konzeptionelle, nicht computergestützte, Argumentation für die Existenz eines chaotischen Attraktors des Rössler-Systems.

Das Nose-Hoovers-System, gegeben durch

$$x'(t) = y(t)$$
$$y'(t) = -x(t) + z(t)y(t)$$
$$z'(t) = y(t)^2 - 1,$$

ist wohl die algebraisch einfachste Differentialgleichung mit einem Fluss, der vermutlich chaotisch ist. Hoover (1985) schlägt ein vierdimensionales Modell eines einzelnen Teilchens im thermischen Gleichgewicht mit seiner Umgebung vor und Nose (1984) gibt eine dreidimensionale Vereinfachung dieses Systems an. Durch eine lineare Transformation der Variablen erhält man das System, das wir hier angeben. Dasselbe System wurde von Sprott (1994) bei der Suche nach dreidimensionalen chaotischen Systemen mit fünf Termen und zwei quadratischen Nichtlinearitäten entdeckt und ist daher auch als Sprott-A-System bekannt. Wir stellen in Abb. 10.2 den Orbit des Systems zum Anfangswert $(x, y, z) = (0, 0,3, 0,1)$ dar. Die Vermutung, dass der Fluss des Systems chaotisch ist, liegt nahe, wir finden in der Literatur allerdings weder einen rigorosen noch einen computergestützten Beweis dieser Vermutung.

Das erste physikalische Experiment, das eine chaotische Dynamik darstellt, geht auf Leon Chua zurück, siehe hierzu Matsumoto (1984). Chua entwirft eine einfache elektrische Schaltung mit einem nicht linearen Element (Chua-Diode) und erhält auf dem Bildschirm eines Oszilloskops eine augenscheinlich chaotische Dynamik.

---

[2] In Wolfram Mathematica steht zur numerischen Lösung von Differentialgleichungen der Befehl **NDSolve** zur Verfügung. Wir haben mit diesem Befehl die Orbits berechnet, die wir in diesem Kapitel abbilden.

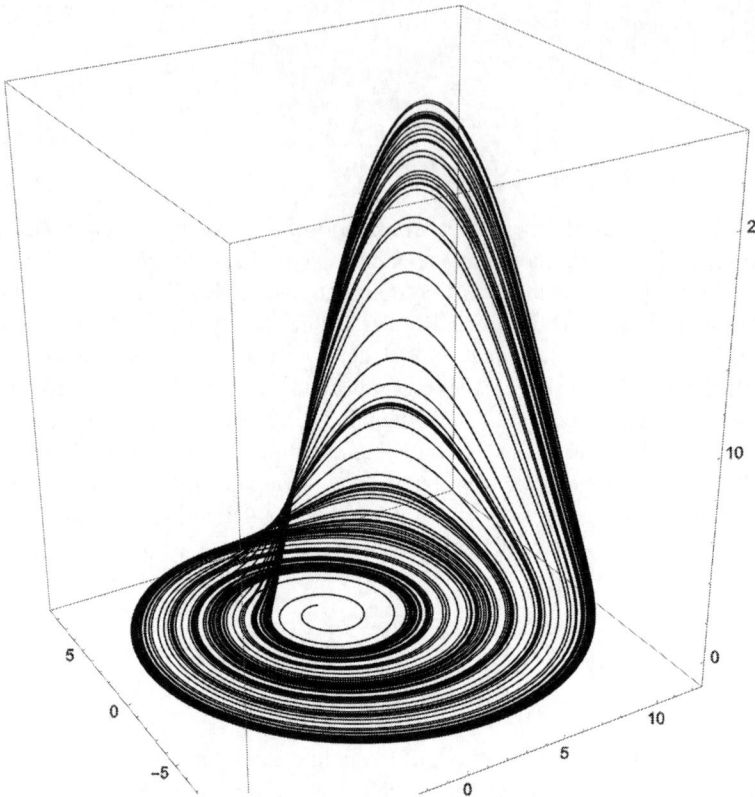

Abb. 10.1 Annäherung an den Rössler-Attraktor für $(a, b, c) = (0{,}2,\ 0{,}2\ , 5{,}7)$

Mathematisch ist das Chua-System durch die Differentialgleichung

$$x'(t) = -a(x(t) - y(t) + f(x(t)))$$
$$y'(t) = x(t) - y(t) + z(t)$$
$$z'(t) = -by(t) - cz(t)$$

gegeben. $f(x) = \lambda_1 x + (|x + 1| - |x - 1|)(\lambda_0 - \lambda_1)/2$ modelliert hier die Chua-Diode. Eine physikalische motivierte Wahl der Parameter, die wir in Kuznetsov et al. (2023) finden, ist $(a, b, c) = (8{,}41,\ 12{,}23,\ 0{,}0435)$ und $(\lambda_0, \lambda_1) = (-1{,}366,\ -0{,}17)$. Wir haben für diese Wahl der Parameter den Orbit von $(x, y, z) = (0{,}4,\ 0{,}4,\ 0{,}5)$ bestimmt. Das Ergebnis zeigt Abb. 10.3. Eine Argumentation für die Existenz einer chaotischen Dynamik im Chua-System findet sich bereits in Chua et al. (1986), diese Argumentation scheint allerdings mathematisch nicht ganz rigoros zu sein. Zum Abschluss dieses Abschnitts stellen wir noch ein System vor, das aufgrund seiner zyklischen Symmetrie von besonderem Reiz ist. Das System ist durch die Differentialgleichung

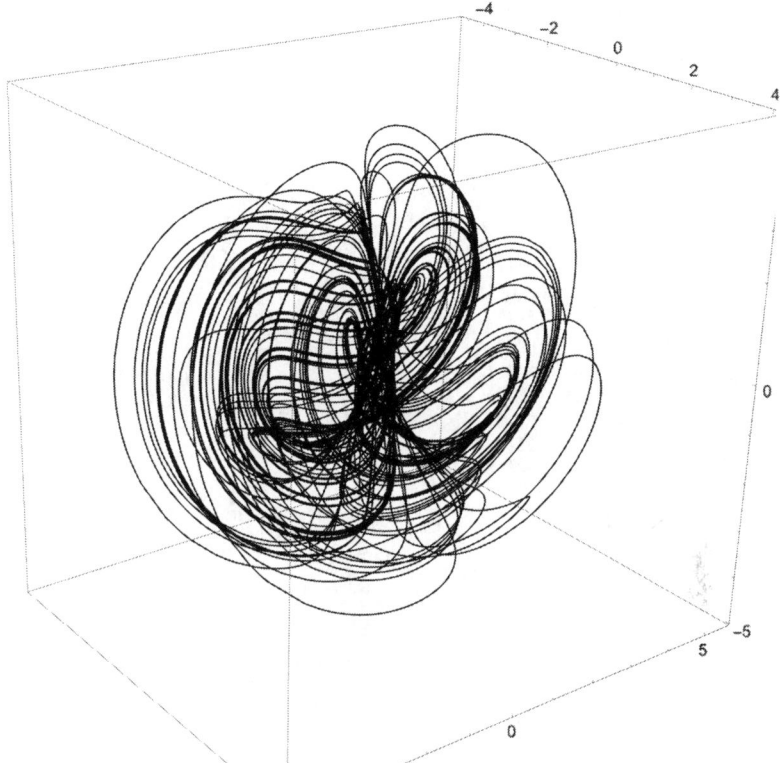

Abb. 10.2 Ein Orbit des Nose-Hoovers-Systems

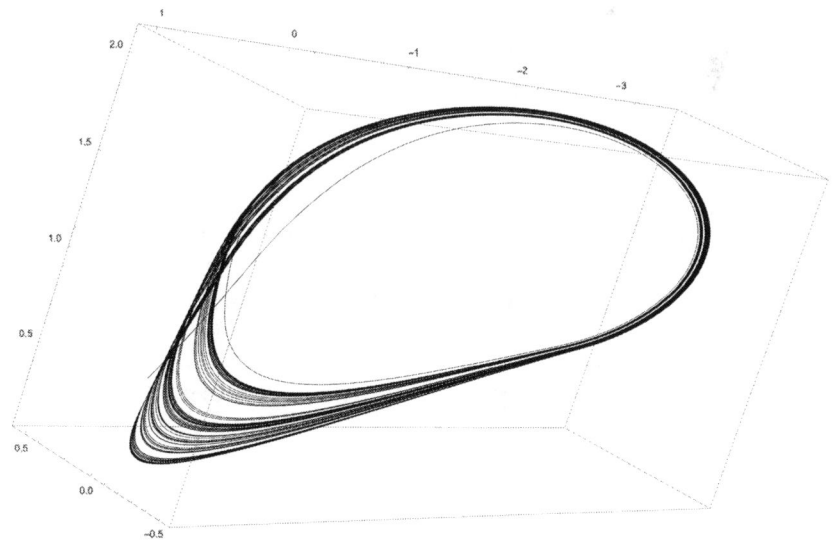

Abb. 10.3 Ein Orbit des Chua-Systems

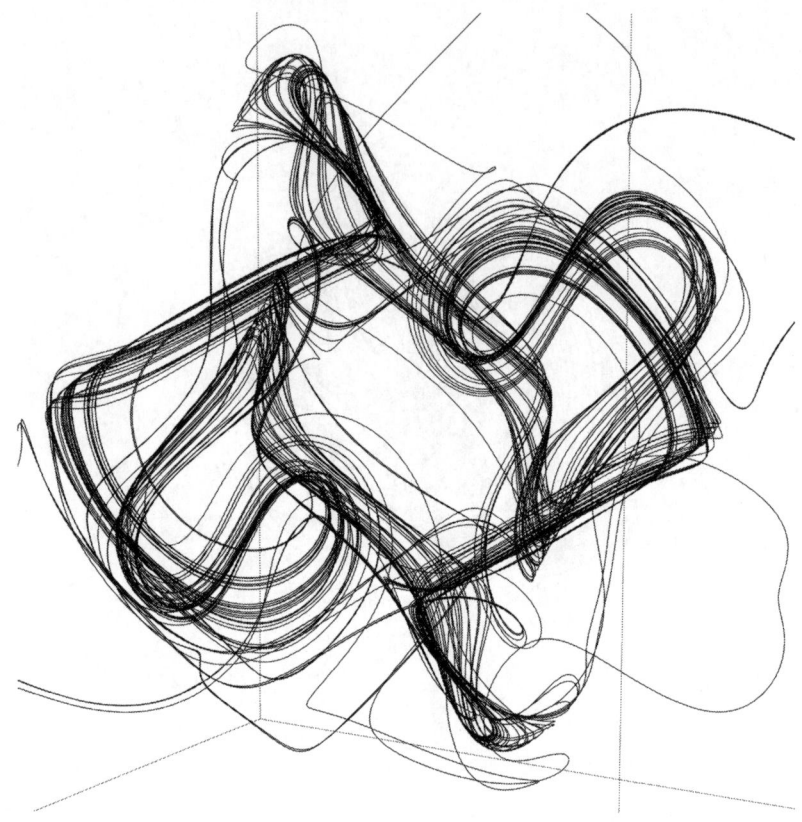

Abb. 10.4 Ein Orbit des Thomas-Systems

$$x'(t) = -ax(t) + \sin(y(t))$$
$$y'(t) = -ay(t) + \sin(z(t))$$
$$z'(t) = -ay(t) + \sin(x(t))$$

mit $a > 0$ gegeben. Wir haben für $a = 0{,}1$ und den Startwert $(x, y, z) = (2, 2, 1)$ den Orbit des Systems berechnet. Das Ergebnis zeigt Abb. 10.4. Der chaotische Attraktor, der für $a \in A \subset (0, \ 0{,}25)$ zu existieren scheint, wird Thomas-Attraktor genannt, siehe hierzu das aktuelle Preprint Sorin und Tulchinsky (2024).

10.3   Zusammenhang zeitkontinuierlicher und zeitdiskreter dynamischer Systeme

Sei (X, T) ein zeitdiskretes dynamisches System mit kompaktem Zustandsraum X und einem Homöomorphismus T. Solch ein System induziert einen Fluss auf einem erweiterten Zustandsraum. Wir setzen

$$X_T = X \times [0, 1]/\sim,$$

wobei die Äquivalenzrelation $\sim$ die Punkte $(x, 1)$ und $(T(x), 0)$ für alle $x \in X$ identifiziert. Der Suspensionsfluss auf X_T ist gegeben durch

$$\phi_T((x, t), s) = (x, s + t),$$

siehe Abb. 10.5. X_T ist ein kompakter metrischer Raum mit der Metrik, die wir nun konstruieren. Die Länge eines horizontalen Segments in X_T ist

$$d_h((x, t), (y, t)) = (1 - t)d(x, y) + td(T(x), T(y))$$

und die Länge eines vertikalen Segments in X_T zwischen zwei Punkten (x, t) und (y, s) auf einem Orbit ist

$$d_v((x, t), (y, s)) = \inf\{|r| \mid \phi((x, t), r) = (y, s)\}.$$

Den Abstand $d_T((x, t), (y, s)$ auf X_T definieren wir nun als das Infimum der Länge aller Wege zwischen (x, t) und (y, s), die aus einer endlichen Anzahl von horizontalen und vertikalen Segmenten bestehen. (X_T, ϕ_T) ist mit dieser Metrik ein zeitkontinuierliches dynamisches System. Es ist leicht zu sehen, dass sich Devaney-Chaos und Li-York-Chaos vom zeitdiskreten dynamischen System (X, T) auf das

Abb. 10.5 Der
Suspensionsfluss

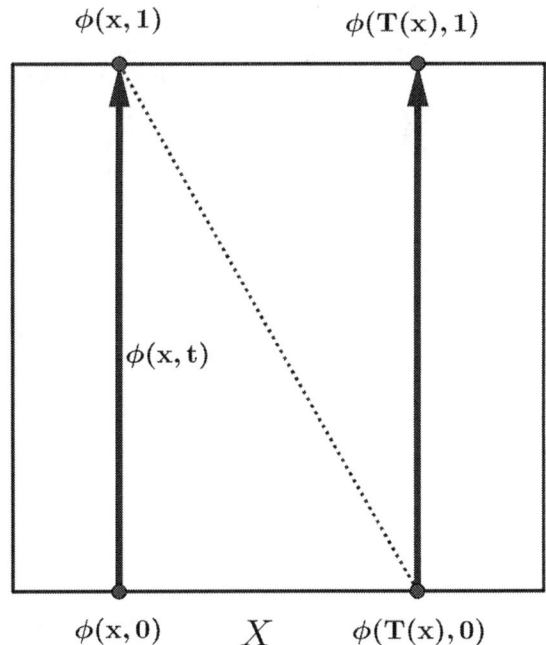

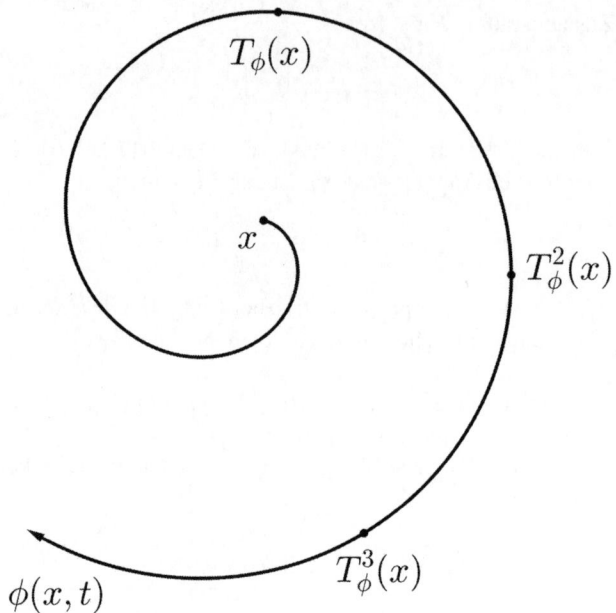

Abb. 10.6 Die Zeit-Eins-Abbildung

zeitkontinuierliche dynamische System (X_T, ϕ_T) überträgt. Wir erhalten mit dieser Konstruktion also eine Vielfalt chaotischer Flüsse. Diese haben allerdings recht wenig mit den Flüssen im $\mathbb{R}^3$, die wir im letzten Abschnitt vorgestellt haben, zu tun.

Sei nun ein zeitkontinuierliches dynamisches System (X, ϕ) gegeben. Es gibt im Wesentlichen zwei Möglichkeiten, aus solch einem System ein zeitdiskretes System zu gewinnen. Wir stellen beide Möglichkeiten hier vor.

Die Zeit-Eins-Abbildung $T_\phi : X \to X$ zu (X, ϕ) ist durch $T_\phi(x) = \phi(x, 1)$ gegeben und (X, T_ϕ) beschreibt ein zeitdiskretes dynamisches System, siehe Abb. 10.6. Die Zeit-Eins-Abbildung eines Suspensionsflusses ϕ_T ist gemäß unserer Definitionen, wie zu erwarten, T.

Betrachten wir ein einfaches Beispiel einer Zeit-Eins-Abbildung. Der Fluss der Differentialgleichung $x'(t) = ax(t)$ auf $\mathbb{R}$ ist $\phi(x, t) = xe^{at}$. Die zugehörige Zeit-Eins-Abbildung ist also $T_\phi(x) = xe^{a}$.

Ist X kompakt, so erlaubt die Zeit-Eins-Abbildung die Definition der topologischen Entropie und des topologischen Chaos für (X, ϕ).

Definition 10.7
Die topologische Entropie eines zeitkontinuierlichen dynamischen Systems (X, ϕ) mit kompaktem Raum X ist die Entropie der zugehörigen Zeit-Eins-Abbildung (X, T_ϕ):

$$h(\phi) = h(T_\phi).$$

(X, ϕ) ist topologisch chaotisch, wenn $h(\phi) = h(T_\phi) > 0$.   ◆

Flüsse von Differentialgleichungen und deren Zeit-Eins-Abbildungen sind allerdings nur in Ausnahmefällen explizit gegeben, was den Nachweis von topologischem Chaos in zeitkontinuierlichen Systemen erschwert.

Eine zweite Möglichkeit des Übergangs von zeitkontinuierlichen Systemen zu zeitdiskreten Systemen ist die Erste-Rückkehr-Abbildung, die auch Poincaré-Abbildung genannt wird. Wir stellen diese Abbildung zum Abschluss des Kapitels vor. Sei X im Folgenden $\mathbb{R}^d$ oder allgemeiner eine n-dimensionale Mannigfaltigkeit mit $n \geq 2$. S sei eine $(n-1)$-dimensionale Untermannigfaltigkeit. Oft werden $(n-1)$-dimensionale lineare Unterräume betrachtet. Σ ist ein transversaler Schnitt eines Flusses ϕ auf X, wenn der Fluss nirgends tangential zu Σ ist und jeder Orbit Σ unendlich oft schneidet. Die Wiederkehrzeit von $x \in \Sigma$ ist

$$\tau(x) = \min\{t > 0 \mid \phi(x, t) \in S\}$$

und die Erste-Rückkehr-Abbildung oder Poincaré-Abbildung $R : \Sigma \to \Sigma$ des Systems (X, Σ, ϕ) ist durch

$$R(x) = \phi(x, \tau(x))$$

gegeben, siehe Abb. 10.7. Wir betrachten als Beispiel folgende Differentialgleichung

$$x'(t) = x(t)(1 - x(t))$$
$$y'(t) = 1$$

auf $\mathbb{R}^+ \times \mathbb{S}$. Wir können den Fluss, den diese Differentialgleichung induziert, explizit angeben:

$$\phi((x, y), t) = \left(\frac{1}{1 + (1/x - 1)e^{-t}}, y + t \right).$$

Ein Schnitt Σ von ϕ ist gegeben durch $\Sigma = \mathbb{R}^+ \times \{0\}$. Parametrisieren wir $\mathbb{S}^1$ durch $[0, 1)$, so ist die Wiederkehrzeit durch $\tau(x) = 1$ gegeben. Damit ist die Poincaré-Abbildung $R : \Sigma \to \Sigma$ durch

$$R((x, 0)) = \left(\frac{1}{1 + (1/x - 1)e^{-1}}, 0 \right)$$

gegeben. Das System (Σ, R) hat einen anziehenden Fixpunkt bei $x = 1$, dem ein anziehender periodischer Orbit des Flusses ϕ korrespondiert. Die Analyse der Stabilität periodischer Orbits (und auch anderer invarianter Mengen) von Flüssen erfolgt oft mit Hilfe der Poincaré-Abbildung.

Wir haben bis hierhin globale transversale Schnitte eingeführt. Ein lokaler transversaler Schnitt lässt sich definieren, indem wir für eine offene Menge $U \subseteq S$ fordern, dass der Fluss nirgends tangential zu U ist und jeder Orbit zu $x \in U$ die Menge U unendlich oft schneidet. Man erhält durch einen lokalen transversalen

Abb. 10.7 Die
Poincaré-Abbildung

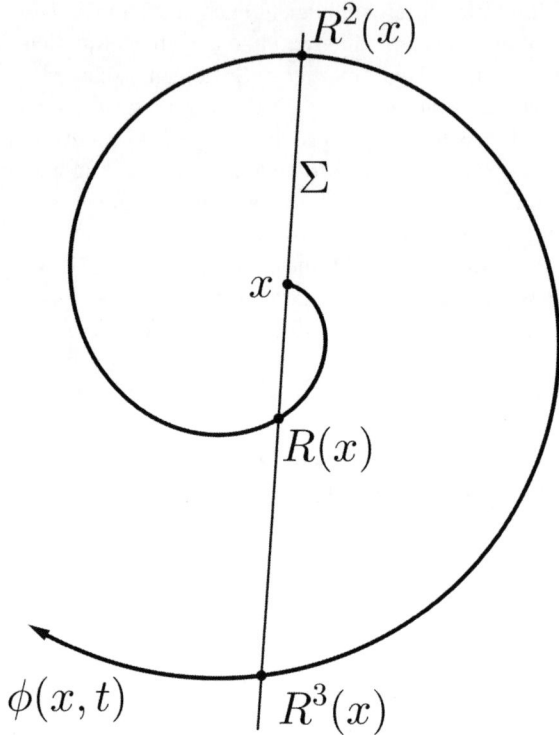

Schnitt auch eine lokale Poincaré-Abbildung $R : U \rightarrow U$. Ein lokaler zweidimen-
sionaler Schnitt und eine lokale Poincaré-Abbildung existiert zum Beispiel für das
Lorenz-System aus Abschn. 9.5. Für die Konstruktion des Schnitts und der korrespondierenden Poincaré-Abbildung verweisen wir interessierte Lesende auf Kap. 9
in Pesin und Climenhaga (2009).

Inhaltsverzeichnis

In diesem Anhang definieren wir einige mathematische Grundbegriffe, die wir in diesem Buch entweder explizit verwenden oder implizit voraussetzen. Im ersten Abschnitt rekapitulieren wir einige Notationen der linearen Algebra. Lineare Abbildungen und deren Eigenwerte sind für die Untersuchung linearer dynamischer Systeme und der Analyse von Fixpunkten und periodischen Orbits differenzierbarer Systeme entscheidend. Stetige Abbildungen auf vollständigen und speziell kompakten metrischen Räumen sind die Grundlage der topologischen Dynamik. Wir führen topologische Begriffe in Abschnitt drei ein. Im vierten Abschnitt stellen wir die Konvergenzbegriffe zusammen, die wir in diesem Buch implizit durchgängig verwenden. Im fünften Abschnitt geben wir grundlegende Definitionen der Differentialrechnung und Differentialgeometrie. Diese Begriffe sind Grundlage der differenzierbaren Dynamik. Im letzten Abschnitt geben wir eine Einführung in die Begrifflichkeit der Maß- und Integrationstheorie. Diese Begriffe sind in Kap. 6 zur Ergodentheorie und in Kap. 7 zur Dimensionstheorie dynamischer Systeme grundlegend.

11.1 Lineare Algebra

Wir bezeichnen den Körper der reellen Zahlen durchgängig mit $\mathbb{R}$ und den Körper der komplexen Zahlen mit $\mathbb{C}$. Wir erinnern daran, dass

$$\mathbb{C} = \{a + bi \,|\, a, b \in \mathbb{R}\}$$

mit $i^2 = -1$ und die Addition und die Multiplikation komplexer Zahlen durch

$$(a_1 + b_1 i) + (a_2 + b_2 i) = (a_1 + a_2 + (b_1 + b_2)i)$$
$$(a_1 + b_1 i) \cdot (a_2 + b_2 i) = (a_1 \cdot a_2 - b_1 \cdot b_2) + (a_1 \cdot b_2 + b_1 \cdot a_2)i.$$

gegeben ist.

Sei im Folgenden $\mathbb{K} = \mathbb{R}$ oder $\mathbb{K} = \mathbb{C}$, $n \in \mathbb{N}$ und $\mathbb{K}^n$ das n-fache kartesische Produkt von $\mathbb{K}$.

$$\mathbb{K}^n = \left\{ \begin{pmatrix} v_1 \\ \vdots \\ v_n \end{pmatrix} \mid v_i \in \mathbb{K}, \ i = 1, \dots, n \right\}$$

ist also die Menge der n-Tupel mit Einträgen in $\mathbb{K}$. Definieren wir eine Addition und Skalarmultiplikation koordinatenweise durch

$$\begin{pmatrix} v_1 \\ \vdots \\ v_n \end{pmatrix} + \begin{pmatrix} w_1 \\ \vdots \\ w_n \end{pmatrix} = \begin{pmatrix} v_1 + w_1 \\ \vdots \\ v_n + w_n \end{pmatrix}, \quad \lambda \cdot \begin{pmatrix} v_1 \\ \vdots \\ v_n \end{pmatrix} = \begin{pmatrix} \lambda \cdot v_1 \\ \vdots \\ \lambda \cdot v_n \end{pmatrix},$$

so bildet $(\mathbb{K}^n, +, \cdot)$ einen **Vektorraum** über dem $\mathbb{K}$. Aus Sicht der Algebra handelt es sich um eine abelsche Gruppe mit Skalarprodukt. Die Menge der $n \times m$-Matrizen mit n Zeilen und m Spalten ist durch

$$\mathbb{K}^{n \times m} = \left\{ (a_{ij})_{\substack{i=1,\dots,n \\ j=1,\dots,m}} \mid a_{ij} \in \mathbb{K}, \ i = 1, \dots, n, \ j = 1, \dots, m \right\}$$

gegeben. Formal lässt sich eine Matrix A in $\mathbb{K}^{n \times m}$ als Abbildung $A : \{1, \dots, n\} \times \{1, \dots, m\} \to \mathbb{K}$ mit $A(i, j) = a_{ij}$ auffassen. Definieren wir nun eine Addition und eine Skalarmultiplikation auf $\mathbb{K}^{n \times m}$ koordinatenweise durch

$$(A + B)(i, j) = A(i, j) + B(i, j) \quad (\lambda \cdot A)(i, j) = \lambda \cdot A(i, j),$$

so ist $(\mathbb{K}^{n \times m}, +, \cdot)$ ein Vektorraum über $\mathbb{K}$. Dieser wird der $(n \times m)$-**Matrizenraum** über dem Körper $\mathbb{K}$ genannt. Für eine beliebige Menge X ist die Menge der Abbildungen

$$F(X, V) = \{ f \mid f : X \to V \}$$

von X nach V mit der punktweise definierten Addition und Skalarmultiplikation

$$(f + g)(x) = f(x) + g(x), \quad (\lambda \cdot f)(x) = \lambda \cdot f(x)$$

für $x \in X$ und $\lambda \in \mathbb{K}$ ein Vektorraum $(F(X, V), +, \cdot)$ über $\mathbb{K}$.

Seien V und W zwei $\mathbb{K}$-Vektorräume. Eine Abbildung $f : V \to W$ heißt **linear,** wenn für alle $u, v \in V$ und alle $\lambda \in \mathbb{K}$

$$f(v + w) = f(v) + f(w) \text{ und } f(\lambda v) = \lambda f(v)$$

gilt. Eine lineare Abbildung wird auch **Vektorraumhomomorphismus** genannt. Ist f zusätzlich bijektiv, so heißt f ein **Vektorraumisomorphismus.** Existiert eine solche Abbildung, so heißen V und W isomorph. Geschrieben wird dies als $V \cong W$. Der Vektorraum aller linearen Abbildungen zwischen V und W wird mit $\mathrm{Hom}_{\mathbb{K}}(V, W)$ bezeichnet. Sei $A = (a_{ij})_{\substack{i=1,\dots,n \\ j=1,\dots,m}}$ eine Matrix aus dem Raum $\mathbb{K}^{n \times m}$. Die Matrix induziert eine lineare Abbildung $f_A : \mathbb{K}^m \to \mathbb{K}^a$ mittels

$$f_A(v) = A \cdot v := \left(\sum_{j=1}^{m} a_{ij} v_j \right)_{i=1,\dots,n},$$

wobei $v = (v_1, \dots, v_n)$. Darüber hinaus lässt sich leicht zeigen, dass die Abbildung $T : \mathbb{K}^{n \times m} \to \mathrm{Hom}_{\mathbb{K}}(\mathbb{K}^m, \mathbb{K}^n)$, gegeben durch $T(A) = f_A$, ein Vektorraumisomorphismus ist, also gilt $\mathbb{K}^{n \times m} \cong \mathrm{Hom}_{\mathbb{K}}(\mathbb{K}^m, \mathbb{K}^n)$.

Die **Determinante** einer Matrix $A = (a_{ij})_{i,j=1,\dots,n} \in \mathbb{R}^{n \times n}$ ist gegeben durch

$$\det(A) := \sum_{\pi} \mathrm{sgn}(\pi) \prod_{i=1}^{n} a_{i\pi(i)},$$

wobei die Summe über alle Permutationen π von $\{1, \dots, n\}$ geht. $\mathrm{sgn}(\pi)$ ist das Signum der Permutation

$$\mathrm{sgn}(\pi) = \prod_{1 \leq k, l \leq n} \frac{\pi(k) - \pi(l)}{k - l} \in \{1, -1\}.$$

Die Determinante ist die eindeutig bestimmte alternierende n-Multilinearform auf den Spaltenvektoren der Matrix, die $\det(I_n) = 1$ erfüllt. I_n ist hierbei die Matrix, die der identischen Abbildung entspricht.

Sei $f : \mathbb{K}^n \to \mathbb{K}^n$ linear. $\lambda \in \mathbb{K}$ ist ein **Eigenwert** von f, wenn

$$f(v) = \lambda v$$

für ein $v \in V$ mit $v \neq 0$ gilt. Ein solcher Vektor V wird **Eigenvektor** zum Eigenwert λ genannt. Der Unterraum

$$E_\lambda(f) = \{v \in V \mid f(v) = \lambda v\}$$

von V ist der **Eigenraum** zum Eigenwert λ. Die Dimension des Unterraumes ist die **geometrische Vielfachheit** des Eigenwertes λ. Ist $f(x) = Ax$ für $A \in \mathbb{K}^n$, so ist

$$\Xi_f(\lambda) = \det(A - \lambda \cdot E_n)$$

für $\lambda \in \mathbb{K}$ das **charakteristische Polynom** von f. Man zeigt, dass die Nullstellen des charakteristischen Polynoms gerade die Eigenwerte von f sind. Die Vielfachheit einer solchen Nullstelle wird **algebraische Vielfachheit** des Eigenwertes λ genannt. Ist $\lambda \in \mathbb{K}$ ein Eigenwert von f mit algebraischer Vielfachheit r, so wird der Raum

$$H_\lambda(f) = \{x \in \mathbb{K}^n \mid (A - \lambda \cdot E_n)^r x = 0\}$$

verallgemeinerter Eigenraum von f zum Eigenwert λ genannt.

Das **Standardskalarprodukt** auf $\mathbb{R}^n$ ist gegeben durch

$$\langle x, y \rangle = \sum_{i=1}^{n} x_i y_i$$

und das Standardskalarprodukt auf $\mathbb{C}^n$ ist gegeben durch

$$\langle x, y \rangle = \sum_{i=1}^{n} \overline{x}_i y_i.$$

Allgemein ist ein Skalarprodukt im Falle $\mathbb{K} = \mathbb{R}$ eine positive definite **symmetrische Bilinearform,** d. h.:

1. $\langle x + y, z \rangle = \langle x, z \rangle + \langle y, z \rangle$ und $\langle x, \lambda y \rangle = \lambda \langle x, y \rangle$
2. $\langle x, y \rangle = \langle y, x \rangle$
3. $\langle x, x \rangle \geq 0$ und $\langle x, x \rangle = 0$ genau dann, wenn $x = 0$

Im Falle $\mathbb{K} = \mathbb{C}$ handelt es sich um positive definite **hermitische Sesquilinearform** d. h.:

1. $\langle x + y, z \rangle = \langle x, z \rangle + \langle y, z \rangle$ und $\langle x, y + z \rangle = \langle x, y \rangle + \langle x, z \rangle$
2. $\langle \lambda x, y \rangle = \overline{\lambda} \langle x, y \rangle$ und $\langle x, \lambda y \rangle = \lambda \langle x, y \rangle$
3. $\langle x, y \rangle = \overline{\langle y, x \rangle}$
4. $\langle x, x \rangle \geq 0$ und $\langle x, x \rangle = 0$ genau dann, wenn $x = 0$

11.2 Topologie

Sei X eine nicht leere Menge und $d : X \times X \to \mathbb{R}$ eine Abbildung. (X, d) ist ein **metrischer Raum,** wenn

1. Positivität: $d(x, y) \geq 0$,
2. Definitheit: $d(x, y) = 0$ genau dann, wenn $x = y$,
3. Symmetrie: $d(x, y) = d(y, x)$,
4. Dreiecksungleichung: $d(x, z) \leq d(x, y) + d(y, z)$

für alle $x, y, z \in X$ gilt. Die Abbildung d wird **Metrik** oder **Abstand** genannt. Auf $\mathbb{R}^n$ oder $\mathbb{C}^n$ gibt

$$d(x, y) = \sqrt{\sum_{i=1}^{n} |x_i - y_i|^2}$$

die **euklidische Metrik.**

Ist (X, d) ein metrischer Raum, x in X und $\epsilon > 0$, so ist

$$B_\epsilon(x) = \{y \in X | d(x, y) < \epsilon\}$$

die **offene Kugel** mit Radius ϵ um x und

$$\overline{B}_\epsilon(x) = \{y \in X | d(x, y) \le \epsilon\}$$

die **abgeschlossene Kugel** mit Radius ϵ um x. Eine Menge $O \subseteq X$ ist offen genau dann, wenn es für alle $x \in O$ ein $\epsilon > 0$ gibt, sodass $B_\epsilon(x) \subseteq O$. Eine Menge $A \subseteq X$ heißt **abgeschlossene Menge,** wenn sie das Komplement einer offenen Menge ist, $A = X \backslash O$. Die durch diese Mengen gegebene Topologie auf X wird **metrische Topologie** genannt.

Sei B eine Teilmenge eines metrischen Raumes X. Der **Abschluss** $\overline{B}$ von B ist der Schnitt aller abgeschlossenen Obermengen von B in X,

$$\overline{B} = \bigcap_{B \subseteq A \text{ abgesch.}} A.$$

$x \in X$ ist ein **Häufungspunkt** von B, wenn $x \in \overline{B \backslash \{x\}}$. Die Menge aller Häufungspunkte von B wird mit B' bezeichnet. Die Punkte in $B \backslash B'$ sind die **isolierten Punkte** von B. Das **Innere** B° einer Teilmenge eines topologischen Raumes ist die Vereinigung aller offenen Teilmengen von B,

$$A^\circ = \bigcup_{O \supseteq B \text{ offen}} O.$$

Die Punkte in dieser Menge werden **innere Punkte** genannt. Der **Rand** von A ist die Menge $\partial A = \overline{A} \backslash A^\circ$, die Punkte in dieser Menge heißen **Randpunkte.** Eine Teilmenge D von X heißt **dicht,** wenn ihr Abschluss der ganze Raum ist, $\overline{D} = X$ und der Raum ist X ist **separabel,** wenn er eine abzählbare dichte Teilmenge hat.

Ein metrischer Raum (X, d) heißt **kompakt,** wenn jede offene Überdeckung von X eine endliche Teilüberdeckung hat. Der Satz von Heine-Borel besagt, dass eine Teilmenge K des euklidischen Raumes genau dann ein kompakter Raum ist, wenn sie abgeschlossen und beschränkt ist. Letzteres heißt $K \subseteq B_\epsilon(0)$ für ein $\epsilon > 0$. Allgemeiner gilt, dass ein metrischer Raum genau dann kompakt ist, wenn er abgeschlossen und total beschränkt ist. Letzteres heißt, dass die Überdeckung $\{B_\epsilon(x) | x \in X\}$ für jedes $\epsilon > 0$ eine endliche Teilüberdeckung besitzt.

Ein metrischer Raum (X, d) ist **zusammenhängend,** wenn die einzigen offenen und abgeschlossenen Mengen in X die leere Menge und der ganze Raum sind. Der euklidische Raum $\mathbb{R}^n$ ist selbstverständlich zusammenhängend. Einen kompakten zusammenhängenden Raum nennen wir **Gebiet.** Insbesondere sind beschränkte, abgeschlossene zusammenhängende Teilmengen von $\mathbb{R}^n$ und $\mathbb{C}^n$ Gebiete.

Wir definieren nun eine Äquivalenzrelation $\sim$ auf X durch $x \sim y$ genau dann, wenn eine zusammenhängende Menge $C \subset X$ mit $x, y \in C$ existiert. Die Äquivalenzklassen $C_x = \{y \in X \mid y \sim x\}$ heißen **Zusammenhangskomponenten.** Sie bilden eine Partition von X. Sind alle Zusammenhangskomponenten einelementig, ist der Raum total unzusammenhängend. Die klassische Cantor-Menge, C, gegeben durch

$$C = \left\{ \sum_{i=1}^{\infty} s_i 3^{-i} \mid s_i \in \{0, 2\} \right\} \subseteq \mathbb{R},$$

ist total unzusammenhängend, kompakt und hat keine isolierten Punkte. Mehr noch, sie ist mit diesen Eigenschaften bis auf Homöomorphie eindeutig bestimmt.

Seien nun (X, d_X) und (Y, d_Y) zwei metrische Räume. Eine Abbildung $f : X \to Y$ ist **stetig** in $x \in X$ genau dann, wenn für alle $\epsilon > 0$ ein $\delta > 0$ existiert, sodass

$$f(B_\delta(x)) \subseteq B_\epsilon(f(x)).$$

Die Abbildung f ist stetig auf X, wenn sie für alle $x \in X$ stetig ist. Alternativ können wir fordern, dass das Urbild jeder in Y offenen Menge offen in X ist. Die Abbildung f wird **offene Abbildung** genannt, wenn das Bild jeder in X offenen Menge offen in Y ist. Eine stetige offene Bijektion ist ein **Homöomorphismus.** Existiert ein Homöomorphismus zwischen zwei Räumen (X, d_X) und (Y, d_Y), so heißen diese **homöomorph.** Im euklidischen Raum $\mathbb{R}^n$ sind zwei offene Kugeln homöomorph, das Gleiche gilt für zwei abgeschlossene Kugeln.

Ein separabler Raum (M, d) heißt n-dimensionale **topologische Mannigfaltigkeit,** wenn jeder Punkt $x \in M$ eine offene Umgebung hat, die homöomorph zu einer offenen Teilmenge des $\mathbb{R}^n$ ist. Eine zweidimensionale topologische Mannigfaltigkeit wird **topologische Fläche** genannt. Insbesondere sind die n-Sphäre

$$\mathbb{S}^n = \{x \in \mathbb{R}^{n+1} \mid d(x, 0) = 1\} \subseteq \mathbb{R}^{n+1}$$

und der n-Torus

$$\mathbb{T}^n = \underbrace{\mathbb{S}^1 \times \cdots \times \mathbb{S}^1}_{n \text{ mal}} \subseteq \mathbb{R}^{n+1}$$

n-dimensionale kompakte topologische Mannigfaltigkeiten. Die Sphäre $\mathbb{S}^2$ und der Torus $\mathbb{T}^2$ sind kompakte topologische Flächen.

11.3 Konvergenz

Sei (X, d) ein metrischer Raum. Eine Folge $(x_n)_{n \in \mathbb{N}}$ in X **konvergiert** gegen $x \in X$, $x_n \to x$, genau dann, wenn für alle $\epsilon > 0$ ein n_0 existiert, sodass $d(x_n, x) \leq \epsilon$ für alle $n \geq n_0$. Gilt $d(x_n, x) \leq \epsilon$ für unendlich viele $n \in \mathbb{N}$, so ist x ein **Häufungspunkt der Folge.** Ist $f : X \to Y$ stetig in $x \in X$ und $x_n \to x$, so folgt $f(x_n) \to f(x)$.

Eine Folge von reellen Zahlen (x_n) **divergiert** gegen ∞, wenn es für alle $M > 0$ ein n_0 gibt, sodass $x_n > M$ für alle $n \geq n_0$; die Folge gegen $-\infty$, wenn es für alle $M < 0$ ein $n_0 > 0$ gibt, sodass $x_n < M$ für alle $n \geq n_0$. Man spricht in diesen Fällen auch von **bestimmter Divergenz** oder **uneigentlicher Konvergenz.**

Der **Limes superior** einer reeller Folge ist ihr größter Häufungspunkt und der **Limes inferior** ist ihr kleinster Häufungspunkt, wobei wir Häufungspunkte in $\mathbb{R} \cup \{-\infty, \infty\}$ betrachten. Der Satz von Bolzano-Weierstraß besagt, dass für beschränkte Folgen reeller Zahlen ein größter und ein kleinster Häufungspunkt in $\mathbb{R}$ existiert. Unbeschränkte Folgen haben gemäß unserer Definition mindestens einen der Häufungspunkte ∞ und $-\infty$. Der Limes superior bzw. Limes inferior einer Folge (x_n) wird mit

$$\limsup_{n \to \infty} x_n \quad \text{bzw.} \quad \liminf_{n \to \infty} x_n$$

bezeichnet.

Eine Folge (x_n) in einem metrische Raum (X, d) heißt **Cauchy-Folge,** wenn es für alle $\epsilon > 0$ ein $n_0 > 0$ gibt, sodass

$$d(x_n, x_m) < \epsilon$$

für alle $n, m \geq n_0$. Ein metrischer Raum (X, d) heißt **vollständig,** wenn jede Cauchy-Folge in X gegen einen Grenzwert $x \in X$ konvergiert. Man zeigt in der Analysis, dass $\mathbb{R}$ und damit $\mathbb{C}$ sowie $\mathbb{R}^n$ und $\mathbb{C}^n$ vollständige Räume sind. Jede abgeschlossene Teilmenge eines vollständigen metrischen Raumes ist selbst vollständig, daneben sind auch alle kompakten metrischen Räume vollständig.

Seien X_1 und X_2 nun zwei metrische Räume, $D \subseteq X_1$, $f : D \to X_2$ eine Funktion und $y \in X_1$ ein Häufungspunkt von D. Wenn für jede Folge (x_n) in D mit $x_n \neq y$, die gegen y konvergiert, die Folge der Werte $(f(x_n))$ gegen $b \in X_2$ konvergiert, so nennen wir b den **Grenzwert der Funktion** f für $x \to y$ und schreiben

$$\lim_{x \to y} f(x) = b.$$

Eine Funktion $f : D \to X_2$ ist stetig in $y \in D$ genau dann, wenn

$$\lim_{x \to y} f(x) = f(y).$$

Sei X ein metrischer Raum, $D \subseteq X$, $f : D \to \mathbb{R}$ eine Funktion und $y \in X$ ein Häufungspunkt von D. Wenn für jede Folge (x_n) in D, die gegen y konvergiert, die Folge der Werte $(f(x_n))$ bestimmt gegen ∞ divergiert, so **divergiert die Funktion** f für $x \to y$ bestimmt gegen ∞ und wir schreiben

$$\lim_{x \to y} f(x) = \infty.$$

In gleicher Weise definieren wir die bestimmte Divergenz von f gegen $-\infty$ für $x \to y$,

$$\lim_{x \to y} f(x) = -\infty.$$

Sei nun $f : [a, \infty) \to X$ eine Funktion. Wenn für jede Folge (x_n) in $[a, \infty)$, die gegen ∞ konvergiert, die Folge der Werte $(f(x_n))$ gegen $b \in X$ konvergiert, so nennen wir b den **uneigentlichen Grenzwert der Funktion** f für $x \to \infty$ und schreiben

$$\lim_{x \to \infty} f(x) = b.$$

In gleicher Weise definieren wir

$$\lim_{x \to -\infty} f(x) = b$$

für eine Funktion $f : (-\infty, a] \to X$.

Sei A nun eine beliebige Menge und (X, d) ein metrischer Raum. Seien f_n für $n \in \mathbb{N}$ und f Funktionen von A nach X; $f_n : A \to X$. Die Funktionsfolge (f_n) **konvergiert punktweise** gegen f, wenn $d(f_n(x), f(x)) \to 0$ für alle $x \in A$. Die Funktionsfolge **konvergiert gleichmäßig** gegen f, wenn

$$d_n = \sup\{d(f_n(x), f(x)) \mid x \in A\}$$

für alle $n \in \mathbb{N}$ endlich ist und mit $n \to \infty$ gegen 0 konvergiert. Ist A ein metrischer Raum, so konvergiert (f_n) **lokal gleichmäßig** gegen f, wenn es zu jedem $x \in A$ eine offene Umgebung $U(x)$ gibt, sodass die Funktionenfolge auf $U(x)$ gleichmäßig gegen f konvergiert. (f_n) **konvergiert kompakt** gegen f, wenn die Funktionsfolge auf jeder kompakten Menge $K \subseteq A$ gleichmäßig gegen f konvergiert. Es sei angemerkt, dass lokal gleichmäßige Konvergenz kompakte Konvergenz impliziert. Hat jeder Punkt eine kompakte Umgebung in einem Raum, gilt sogar die Umkehrung, und die Begriffe der kompakten und lokal gleichmäßigen Konvergenz fallen zusammen. Seien X, Y vollständige metrische Räume und F eine Menge von stetigen Funktionen $f : X \to Y$. F wird **normale Familie** genannt, falls jede Folge von Funktionen in F eine Teilfolge hat, die kompakt gegen eine stetige Funktion von X nach Y konvergiert.

11.4 Differentiation

Sei $O \subseteq \mathbb{R}$ offen, $f : O \to \mathbb{R}$ eine Funktion und $x \in O$. f heißt **differenzierbar** in x, wenn der Grenzwert

$$f'(x) := \lim_{y \to x} \frac{f(x) - f(y)}{x - y} = \lim_{h \to 0} \frac{f(x) - f(x + h)}{h}$$

existiert, $f'(x)$ heißt **erste Ableitung** von f in x. f heißt differenzierbar auf O, wenn f für alle x in O differenzierbar ist und die Funktion $f' : O \to \mathbb{R}$ wird in diesem Falle **Ableitung** genannt. Ist f' stetig, so heißt f **stetig differenzierbar;** man schreibt hierfür $f \in C^1(O)$. Ist $f' : O \to \mathbb{R}$ differenzierbar in $x \in O$, so nennen wir f zweimal differenzierbar und $f''(x) := (f'(x))'$ heißt zweite Ableitung von f in x. Gilt dies für alle $x \in O$, so heißt f **zweimal differenzierbar** auf O und die Funktion $f'' : O \to \mathbb{R}$ wird **zweite Ableitung** genannt. Ist f'' stetig, so heißt f **zweimal stetig differenzierbar,** $f \in C^2(O)$. In gleicher Weise definieren wir induktiv die n-**fache Differenzierbarkeit** sowie die n-**te-Ableitung** $f^{(n)} : O \to \mathbb{R}$. $f \in C^n(O)$ bedeutet, dass f n-**mal stetig differenzierbar** auf O ist und $f \in C^\infty(O)$ heißt, dass f beliebig oft differenzierbar ist. Man nennt eine solche Funktion auch **glatt.**

Sei nun $U \subseteq \mathbb{C}$ eine offene Menge und $f : U \to \mathbb{C}$ eine Abbildung. f ist **komplex differenzierbar** in $z_0 \in U$, wenn der Grenzwert

$$f'(z_0) := \lim_{z \to z_0, z \neq z_0} \frac{f(z) - f(z_0)}{z - z_0}$$

in $\mathbb{C}$ existiert. $f'(z)$ heißt komplexe Ableitung von f in z_0. Die Funktion f heißt **holomorph** auf U, falls sie für alle $z_0 \in U$ komplex differenzierbar ist. Eine auf ganz $\mathbb{C}$ holomorphe Funktion nennt man **ganze Funktion.** Ganzrationale Funktionen, Exponentialfunktionen sowie trigonometrische und hyperbolische Funktionen sind ganze Funktionen. Ganze Funktionen sind eingeschränkt auf $\mathbb{R}$ glatt. Gebrochen rationale Funktionen sind auf ihrem Definitionsbereich holomorph und glatt.

Sei $O \subseteq \mathbb{R}^n$ offen, $f : O \to \mathbb{R}$ eine Funktion und $a = (a_1, \ldots, a_n) \in O$. f heißt **partiell differenzierbar** am Punkt a in Richtung x_i für $i = 1, \ldots, n$, falls die **partielle Ableitung**

$$\frac{\partial f}{\partial x_i}(a) := \lim_{h \to 0} \frac{f(a) - f(a_1, \ldots, a_i + h, \ldots, a_n)}{h}$$

existiert. Die Funktion f heißt partiell differenzierbar, wenn die partiellen Ableitungen in jedem $a \in O$ in alle Richtungen x_i für $i = 1, \ldots, n$ existieren. Sind die partiellen Ableitungen stetig, so spricht man davon, dass f **stetig partiell differenzierbar** ist und schreibt hierfür $f \in C^1(O)$. Die ersten partiellen Ableitungen werden im **Gradienten** zusammengefasst

$$\operatorname{grad}(f) = \left(\frac{\partial f}{\partial x_1}, \ldots, \frac{\partial f}{\partial x_n} \right)^T.$$

Ist die Funktion $\partial f / \partial x_i$ partiell differenzierbar am Punkt a in Richtung x_j, so ist die **zweite partielle Ableitung** gegeben durch

$$\frac{\partial^2 f}{\partial x_j \partial x_i}(a) := \frac{\partial}{\partial x_j}\left(\frac{\partial f}{\partial x_i}\right)(a).$$

f heißt **zweimal partiell differenzierbar,** wenn die zweiten partiellen Ableitungen in jedem $a \in O$ in alle Richtungen x_i und x_j für $i, j = 1, \ldots, n$ existieren. Sind die zweiten partiellen Ableitungen alle stetig, so nennt man die Funktion **zweimal stetig partiell differenzierbar,** $f \in C^2(O)$. Höhere partielle Ableitungen werden induktiv bestimmt. In $C^n(O)$ befinden sich alle n-mal stetig partiell differenzierbaren Funktionen $f : O \to \mathbb{R}$ und in $C^\infty(O)$ die beliebig oft stetig partiell differenzierbaren Funktionen.

Eine Funktion $f : O \to \mathbb{R}^m$ heißt in a **total differenzierbar,** wenn eine Matrix in $J_f(a) \in \mathbb{R}^{m \times n}$ existiert, sodass

$$\lim_{x \to a} \frac{f(x) - f(a) - J_f(a)(x - a)}{||x - a||} = \lim_{h \to 0} \frac{f(x + h) - f(x) - J_f(a)h}{||h||} = 0.$$

Die Matrix $J_f(a)$ wird **Jacobi-Matrix** oder **Differential** genannt und auch mit $Df(a)$ bezeichnet. Ist $f = (f_1, \ldots, f_m)^T$ total differenzierbar in a, so sind die Koordinatenfunktionen f_i partiell differenzierbar in a für $i = 1, \ldots, m$ und es gilt

$$J_f(a) = \left(\frac{\partial f_i}{\partial x_j}(a)\right)_{i=1,\ldots,m, \quad j=1,\ldots,n}.$$

Für $m = 1$ stimmt die Jacobi-Matrix mit dem transponierten Gradienten überein $J_f(a) = (\mathrm{grad} f(a))^T$. Sind die Koordinatenfunktionen f_i für $i = 1, \ldots, m$ stetig partiell differenzierbar auf O, so folgt, dass f für alle $a \in O$ total differenzierbar ist.

Wir führen nun noch einige Begriffe der Differentialgeometrie, die wir in diesem Buch verwenden, ein. Sei $n, N \in \mathbb{N}$ und $n < N$ sowie $k \in \mathbb{N} \cup \{\infty\}$. $M \subseteq \mathbb{R}^N$ heißt n-dimensionale C^k-**Mannigfaltigkeit** oder kurz **differenzierbare Mannigfaltigkeit,** falls es für alle $p \in M$ eine offene Umgebung $U \subseteq M$, eine Menge $\tilde{U} \subseteq \mathbb{R}^n$ und einen Homöomorphismus $\phi : \tilde{U} \to U$ gibt, sodass ϕ als Abbildungen in den $\mathbb{R}^N$ k-mal stetig differenzierbar und die Jacobi-Matrix $D\phi(u)$ für alle $u \in U$ invertierbar ist. Eine C^∞-Mannigfaltigkeit heißt **glatte Mannigfaltigkeit.** Eine zweidimensionale C^k-Mannigfaltigkeit wird auch C^k-**Fläche** genannt. Eine C^∞-Fläche ist eine **glatte Fläche.** Insbesondere sind die n-Sphären $\mathbb{S}^n$ und der n-Torus $\mathbb{T}^n$ wie $\mathbb{R}^n$ selbst glatte n-dimensionale Mannigfaltigkeiten und $\mathbb{S}^2$ sowie $\mathbb{T}^2$ glatte Flächen.

Sei $M \subseteq \mathbb{R}^N$ eine C^k-Mannigfaltigkeit und $p \in M$

$$T_p M = \{X \in \mathbb{R}^N \mid \text{Es gibt eine differenzierbare Kurve}$$
$$\gamma : (-\epsilon, \epsilon) \to M \text{ mit } \gamma(0) = p, \gamma'(0) = X\}$$

heißt **Tangentialraum** an M in p. Es handelt sich um einen N-dimensionalen Unterraum des $\mathbb{R}^n$. Die Elemente des Tangentialraumes heißen **Tangentenvektoren.**

$$TM = \{(p, X) \mid p \in M, X \in T_p M\}$$

wird **Tangentialbündel** von M genannt und ist eine $2N$-dimensionale Mannigfaltigkeit. Eine C^k-Mannigfaltigkeit mit einer differenzierbaren Funktion g, die jedem Punkt $p \in M$ ein Skalarprodukt $g_p : T_p M \times T_p M \to \mathbb{R}$ zuordnet, heißt **riemannsche Mannigfaltigkeit.** g wird **riemannsche Metrik** genannt. Für differenzierbare Kurven $\gamma : [0, 1] \to M$ definiert g ein **Längenfunktional**

$$L(\gamma) = \int_0^1 \sqrt{g_{\gamma(t)}(\gamma'(t), \gamma'(t))}\, dt.$$

Mit Hilfe des Längenfunktionals definieren wir den **geodätischen Abstand** auf M durch

$$d_g(x, y) = \inf\{L(\gamma) \mid \gamma : [0, 1] \to M \text{ differenzierbar mit } \gamma(0) = x, \gamma(1) = y\}.$$

(M, d_g) bildet mit dieser Definition einen metrischen Raum.

Sind $\{b_1(p), \ldots, b_n(p)\}$ Basen der Unterräume $T_p M$ in $\mathbb{R}^N$, so induziert das Standardskalarprodukt $\langle \cdot, \cdot \rangle$ auf $\mathbb{R}^N$ eine riemannsche Metrik auf M durch

$$g_p(X, Y) = \sum_{i,j=1\ldots n} g_{i,j}(p) X_i Y_j$$

mit $g_{ij}(p) = \langle b_i(p), b_j(p) \rangle$. Zum Beispiel erhält man für die Einheitssphäre $\mathbb{S}^2 \subseteq \mathbb{R}^3$ eine riemannsche Metrik mit

$$g_{11} = 1 + \frac{x^2}{z^2}, \quad g_{22} = 1 + \frac{y^2}{z^2}, \quad g_{21} = g_{12} = \frac{xy}{z^2}$$

für $z \neq 0$. Für $z = 0$ erhält man

$$g_{11} = 1, \quad g_{22} = 1, \quad g_{21} = g_{12} = 0.$$

Seien M_1, M_2 zwei n_1- bzw. n_2-dimensionale C^k-Mannigfaltigkeiten und $i \leq k$. $f : M \to N$ ist i-mal stetig differenzierbar, wenn für alle lokalen Karten $\phi_1 : \tilde{U}_1 \to U_1 \subseteq M_1$ und $\phi_2 : \tilde{U}_2 \to U_2 \subseteq M_2$ die Abbildung $\bar{f} = \phi_2^{-1} \circ f \circ \phi_1 : \tilde{U}_1 \to \tilde{U}_2$ i-mal stetig differenzierbar ist. Das **Differential** von f in p ist die Abbildung $Df(p) : T_p M_1 \to T_{f(p)} M_2$, gegeben durch $Df(p) X = \partial(f \circ \gamma)/\partial t(0)$, wobei $\gamma(0) = p$, $\gamma'(0) = X$ und $f \circ \gamma(0) = f(p)$. f ist ein C^i-**Diffeomorphismus,** wenn f bijektiv ist und sowohl f als auch f^{-1} i-mal stetig differenzierbar sind. Existiert ein Diffeomorphismus, werden M_1 und M_2 **diffeomorph** genannt. Betrachten wir $\mathbb{R}^n$ und $\mathbb{R}^m$ als glatte Mannigfaltigkeiten, so ist das Differential einer Abbildung $f : \mathbb{R}^n \to \mathbb{R}^m$ durch die Jacobi-Matrix gegeben.

11.5   Maß und Integration

Sei X eine Menge. Eine σ-**Algebra** $\mathfrak{S}$ ist eine Menge von Teilmengen von X mit

1. $\emptyset, X \in \mathfrak{S}$,
2. $A \in \mathfrak{S} \Rightarrow X \backslash A \in \mathfrak{S}$,
3. $A_i \in \mathfrak{S}, \ i \in \mathbb{N} \Rightarrow \bigcup_{i=1}^{\infty} A_i \in \mathfrak{S}$.

$(X, \mathfrak{S})$ wird **Messraum** genannt und die Mengen in $\mathfrak{S}$ heißen messbar. Eine Abbildung $T : X \to X$ ist **messbar,** wenn das Urbild $T^{-1}(S) = \{x \in X \,|\, T(x) \in S\}$ jeder messbaren Menge S messbar ist. Ist X ein metrischer Raum, so ist die **Borel-σ-Algebra** $\mathfrak{B}(X)$ die kleinste σ-Algebra, die alle offenen Teilmengen von X enthält. Sie ist der Schnitt aller σ-Algebren, die diese Mengen enthalten. Die Mengen in dieser σ-Algebra werden **Borel-Mengen** genannt und eine Abbildung $T : X \to X$ ist **Borel-messbar,** wenn das Urbild $T^{-1}(B) = \{x \in X \,|\, T(x) \in B\}$ jeder Borel-Menge B eine Borel-Menge ist. Jede stetige Abbildung auf einem metrischen Raum ist Borel-messbar, nicht alle Borel-messbaren Abbildungen sind aber stetig. Zum Beispiel sind stückweise stetige Abbildungen im Allgemeinen Borel-messbar, aber nicht auf ihrem ganzen Definitionsbereich stetig.

Sei $(X, \mathfrak{S})$ ein Messraum. Ein **Maß** ist eine Abbildung

$$\mu : \mathfrak{S} \to \mathbb{R}_{\infty}^{+} := \{x \in \mathbb{R} \,|\, x \geq 0\} \cup \{\infty\},$$

wobei gilt:

1. $\mu(\emptyset) = 0$.
2. Wenn $A_i \in \mathfrak{S}$ für $i \in \mathbb{N}$ disjunkt sind, so gilt:

$$\mu \left(\bigcup_{i \in \mathbb{N}} A_i \right) = \sum_{i \in \mathbb{N}} \mu(A_i).$$

Das Maß ist endlich, wenn $\mu(X) < \infty$, und ein **Wahrscheinlichkeitsmaß,** wenn $\mu(X) = 1$. $(X, \mathfrak{S}, \mu)$ heißt Maßraum. Eine Menge $A \in \mathfrak{S}$ mit $\mu(A) = 0$ wird Nullmenge genannt. Gilt eine Aussage für alle $x \in X \backslash A$ und A ist eine Nullmenge, so sagt man, dass die Aussage für fast alle $x \in X$ gilt. Ist (X, d) ein metrischer Raum und $\mathfrak{S} = \mathfrak{B}(X)$ die Borel-σ-Algebra, so spricht man von Borel-Maßen bzw. borelschen Wahrscheinlichkeitsmaßen. Die Menge der borelschen Wahrscheinlichkeitsmaße auf einem metrischen Raum X bezeichnen wir mit $\mathcal{M}(X)$. $\mathcal{M}(X)$ ist metrisierbar und vollständig, wenn X vollständig und separabel ist. Der Raum ist kompakt, wenn X kompakt ist.

Ein Beispiel eines Borel-Maßes ist das n-dimensionale **Lebesgue-Maß** auf dem $\mathbb{R}^n$

$$\ell^n(B) = \inf\left\{ \sum_{i=1}^{\infty} \mathrm{Vol}^n(Q_i) \mid B \subseteq \bigcup_{i=1}^{\infty} Q_i, \ Q_i \text{ Quader in } \mathbb{R}^n \right\},$$

wobei Vol^n das n-dimensionale Volumen eines Quaders $Q \subseteq \mathbb{R}^n$ ist.[1] Ist $X \subseteq \mathbb{R}^n$ eine Borel-Menge mit $0 < \ell^n(X) < \infty$, so können wir ein Wahrscheinlichkeitsmaß auf X durch

$$\mu(B) = \ell^n(B)/\ell^n(X)$$

auf der σ-Algebra $\mathfrak{B}(X)$ definieren.

Wir kommen nun zur **Integration.** Sei $(X, \mathfrak{S}, \mu)$ ein Maßraum und $A_1, A_2, \ldots,$ $A_n \in \mathfrak{S}$. Eine einfache Funktion $f : X \to \mathbb{R}$ ist gegeben durch

$$f(x) = \sum_{i=1}^{n} a_i \chi_{A_i}(x),$$

wobei $a_i \geq 0$ und χ_A die Indikatorfunktion von A ist, d.h., $\chi_A(x) = 1$ für $x \in A$ und $\chi_A(x) = 0$ sonst. Das Integral von f ist definiert durch

$$\int f d\mu = \int_X f(x) d\mu(x) = \sum_{i=1}^{n} a_i \mu(A_i).$$

Sei nun $f : X \to \mathbb{R} \cup \{\infty\}$ eine Abbildung mit $f \geq 0$. Das Integral von f über X bezüglich μ ist gegeben durch

$$\int f d\mu = \int_X f(x) d\mu(x) = \sup\left\{ \int_X g(x) d\mu(x) \mid 0 \leq g \leq f, \ g \text{ ist einfach} \right\}.$$

Für eine beliebige Funktion $f : X \to \mathbb{R} \cup \{-\infty, \infty\}$ betrachten wir den positiven Teil $f^+(x) = \max\{f(x), 0\}$ und den negativen Teil $f^-(x) = \max\{-f(x), 0\}$ von f. Das Integral von f über X bezüglich μ ist in diesem Falle

$$\int f d\mu = \int_X f(x) d\mu(x) = \int_X f^+(x) d\mu(x) - \int_X f^-(x) d\mu(x).$$

Die Funktion f ist **integrierbar,** wenn das Integral über den positiven Teil und das Integral über den negativen Teil von f endlich sind. Ist $A \in \mathfrak{S}$, so ist f integrierbar

---

[1] Hier ist anzumerken, dass sich das Lebesgue-Maß auch auf der größeren σ-Algebra $\mathfrak{L}(\mathbb{R}^n)$ der **Lebesgue-messbaren Mengen** L definieren lässt, die durch die Bedingung $\mathcal{L}^n(T) = \mathcal{L}^n(T \cap L) + \mathcal{L}^n(T \cap (\mathbb{R}^n \backslash L))$ für alle $T \subseteq \mathbb{R}^n$ bestimmt sind.

über A in Bezug auf μ, wenn $f \cdot \chi_A$ Lebesgue-integrierbar über X ist. Das Integral von f über A bezüglich μ ist

$$\int_A f d\mu = \int_A f(x)d\mu(x) = \int_X f(x) \cdot \chi_A(x)d\mu(x).$$

Diese Definition gilt insbesondere für den Maßraum $(X, \mathfrak{B}(X), \mu)$, bei dem X ein metrischer Raum $\mathfrak{B}(X)$ die Borel-σ-Algebra und μ ein Borel-Maß ist.

Betrachten wir das Lebesgue-Maß ℓ^n auf dem $\mathbb{R}^n$, so setzt man üblicherweise

$$\int_B f(x)dx = \int_B f(x)d\ell^n(x)$$

und berechnet das Integral über einen Quader $Q = [a_1, b_1] \times \cdots \times [a_n, b_n]$ mit dem Satz von Fubini

$$\int_Q f(x)dx = \int_{a_1}^{b_1} \cdots \int_{a_n}^{b_n} f(x_1, \ldots, x_n)dx_n \ldots dx_1.$$

Ist $f : [a, b] \to \mathbb{R}$ in Bezug auf das Lebesgue-Maß integrierbar und besitzt eine Stammfunktion F auf $[a, b]$, so gibt der Hauptsatz der Differential- und Integralrechnung

$$\int_a^b f(x)dx = F(b) - F(a).$$

Ist eine Funktion $f : \mathbb{R}^n \to \mathbb{R}$ gegeben, die in Bezug auf das Lebesgue-Maß integrierbar ist, so definiert sie durch

$$\mu(B) = \int_B f(x)dx$$

ein Borel-Maß μ auf $\mathbb{R}^n$. Die Funktion f wird in diesem Fall **Dichte** des Maßes genannt. Ist μ ein Wahrscheinlichkeitsmaß, so spricht man von einer **Wahrscheinlichkeitsdichte.**

Zuletzt betrachten wir hier noch die Räume der zur p-ten Potenz in Bezug auf ein Borel-Maß μ integrierbaren Funktionen auf einem metrischen Raum X,

$$L^p(X, \mu) = \left\{ f : X \to \mathbb{R} \mid f \text{ messbar mit } \int |f(x)|^p d\mu(x) < \infty \right\}.$$

In diesem Raum identifizieren wir zwei Funktionen miteinander, wenn diese sich nur auf einer Menge vom Maß null unterscheiden. Durch

$$d(f, g) = \sqrt[p]{\int |f(x) - g(x)|^p d\mu(x)}$$

wird $L^p(X, \mu)$ so zu einem vollständigen metrischen Raum. Da $L^p(X, \mu)$ auch ein Vektorraum ist und die Metrik durch die Norm

$$||f||_p = \sqrt[p]{\int |f(x)|^p d\mu(x)}$$

induziert wird, handelt es sich um einen Banachraum. Im Falle $p = 2$ handelt es sich sogar um einen Hilbertraum, da die Norm durch das Skalarprodukt

$$< f, g >= \int f(x)g(x)d\mu(x)$$

gegeben ist.

Literatur

Adler, R.L., Konheim, A.G., McAndrew, M.H.: Topological entropy. Trans. Am. Math. Soc. **114**(2), 309–319 (1965)

Adler, R.L., Weiss, B.: Similarity of automorphisms of the torus, p. 98. Soc, Mem. Am. Math (1970)

Alaoglu, L.: Weak topologies of normed linear spaces. Ann. Math. **2**(41), 252–267 (1940)

Andrecut, M., Kauffman, S.: Chaos in a discrete model of a two-gene system. Phys. Lett. A **367**, 281–287 (2007)

Albano, A.M., Tufillaro, N.B.: Chaotic dynamics of a bouncing ball. Am. J. Phys. **54**, 939–944 (1986)

Assif, D., Gadbois, S.: Letters: Definition Of Chaos. Am. Math. Mon. **99**, 865 (1992)

Baker, I.N., Stallard, G.M.: Error estimates in a calculation of Ruelle. Complex Variables Theory Appl. **29**(2), 141–159 (1996)

Balibrea, F., Snoha, L.: Topological entropy of Devaney chaotic maps. Topology Appl. **133**(3), 225–239 (2003)

Banks, J., Brooks, J., Cairns, G., et al.: On Devaneys Definition of Chaos. Am. Math. Mon. **99**(4), 332–334 (1992)

Bauer, H.: Maß- und Integrationstheorie. de Gruyter Lehrbuch, Berlin (1992)

Belykh, V.P.: Models of discrete systems of phase synchronization, in systems of phase synchronization. Shakhildyan, V.V., Belynshina, L.N. (eds.) , pp. 61–176. Radio i Svyaz, Moscow. (1982)

Benedicks, M., Young, L.-S.: Sinai-Bowen-Ruelle-measure for certain Henon-maps. Invent. Math. **112**, 541–576 (1993)

Birkhoff, G.D.: Proof of the ergodic theorem. Proc. Natl. Acad. Sci. U.S.A. **17**, 656–660 (1931)

Li, B., Chen, Y.-C.: Chaotic and topological properties of β-transformations. J. Math. Anal. Appl. **383**(2), 585–596 (2011)

Blackmore, D., Chen, J., Perez, J., Savescu, M.: Dynamical properties of discrete Lotka-Volterra equations. Chaos, Solitons Fractals **12**(13), 2553–2568 (2001)

Blanchard F., Maass A., Nogueira, A.: Topics in symbolic dynamics and applications. London Mathematical Society Lecture Note Series. 279. Cambridge University Press, Cambridge (2000)

Blanchard, F., Glasner, E., Kolyada, S., Maass, A.: On Li-Yorke-pairs. J. Reine Angew. Math. **547**, 51–68 (2002)

Bogoliubov, N.N., Krylov, N.M.: La théorie générale de la mesure dans son application à l'étude de systémes dynamiques de la mécanique non-linéaire. Ann. Math. **38**, 65–113 (1937)

Bosch, S.: Lineare Algebra. Springer, Berlin (2014)

Bothe, H.G.: The Hausdorff dimension of certain solenoids. Ergodic Theory Dyn. Syst. **15**(3), 449–474 (1995)

© Der/die Herausgeber bzw. der/die Autor(en), exklusiv lizenziert an
Springer-Verlag GmbH, DE, ein Teil von Springer Nature 2026
J. Neunhäuserer, *Chaotische dynamische Systeme*,
https://doi.org/10.1007/978-3-662-72389-0

Bowen, R.: Topological entropy for noncompact sets. Trans. Amer. Math. Soc. **184**, 125–136 (1973)

Buin H.: Topological and ergodic theory of symbolic dynamics. Graduate Studies in Mathematics 228, American Mathematical Society, Providence (2022)

Chialvo, D.R.: Generic excitable dynamics on a two-dimensional map. Chaos, Solitons Fractals **5**(3–4), 461–479 (1995)

Chirikov, R.V., Vecheslavov, V.V.: Chaotic dynamics of Comet Halley. Astron. Astrophys. **221**(1), 145–154 (1989)

Christiansen, F., Cvitanovic, P., Rugh, H.H.: The spectrum of the period-doubling operator in terms of cycles. J. Phys. A **23**, 713–717 (1990)

Chua, L., Komuro, M., Matsumoto, T.: The double scroll family. IEEE Trans. Circuits Syst **11**, 1072 (1986)

de Faria E., Guarino P.: Dynamics of Circle Mappings. Paper from the 33rd Brazilian mathematics colloquium, IMPA, Rio de Janeiro (2021)

Devaney, R.: Chaotic Dynamical Systems, 2d edn. Addison-Wesley, New York (1989)

Epstein, H.: New proofs of the existence of the Feigenbaum functions. Commun. Math. Phys. **106**, 395–426 (1986)

Feigenbaum, M.J.: Quantitative universality for a class of nonlinear transformations. J. Stat. Phys. **19**(1), 25–52 (1978)

Graczyk, J., Swiatek, G.: Generic hyperbolicity in the quadratic family. Ann. of Math. **146**, 1–52 (1997)

De Grauwe, P., Dewachter, H., Embrechts, M.: Exchange Rate Theory: Chaotic Models of Foreign Exchange Markets. Blackwell, Oxford (1993)

Falconer, K.: Fractal Geometry – Mathematical Foundations and Applications. Wiley, New York (2014)

Feigenbaum, M.J.: Presentation functions, fixed points and a theory of scaling function dynamics. J. Stat. Phys. **52**, 527–569 (1988)

Hochman, M.: On self-similar sets with overlaps and inverse theorems for entropy. Ann. Math. **180**(2), 773–822 (2014)

Holmes, P.J.: The dynamics of repeated impacts with a sinusoidally vibrating table. J. Sound Vib. **84**, 173–189 (1982)

Hoover, W.G.: Canonical dynamics: equilibrium phase-space distributions. Phys. Rev. A **31**, 1695–1697 (1985)

Huang, W., Ye, X.: Devaneys chaos or 2-scattering implies Li-Yorkes chaos. Topology Appl. **117**(3), 259–272 (2002)

Huchinson, J.E.: Fractals and Self-Similarity. Indiana Univ. J. Math. **30**, 713–747 (1981)

Igra E.: One Dimensional Dynamics and the Rössler-attractor. http://arxiv.org/abs/2312.13840v2 (2024)

Jakobson, M.: Absolutely continuous invariant measures for one parameter families of one dimensional maps. Comm. Math. Phys. **81**, 39–88 (1981)

Kac, M.: On the notion of recurrence in discrete stochastic processes. Bull. Amer. Math. Soc. **53**, 1002–1010 (1947)

Kakutani K., Yosida, S.: Operator-theoretical treatment of Markoffs process and mean ergodic theorem. Ann. Math. **42**(2), 188–228 (1941)

Khinchin, A.Y.: Continued Fractions. The University of Chicago Press, Chicago and London (1964)

Knudsen, C.: Chaos without nonperiodicity. Amer. Math. Monthly **101**, 563–565 (1994)

Krein, M., Milman, D.: On extreme points of regular convex sets. Stud. Math. **9**, 133–138 (1940)

Kuznetsov, et al.: Hidden attractors in Chua circuit: Mathematical theory meets physical experiments. Nonlinear Dyn. **111**, 5859–5887 (2023)

Landau, S., Miller, G.: Solvability by radicals is in polynomial time. J. Comput. Syst. Sci. **30**(2), 179–208 (1985)

Lasota, A., Yorke, J. A.: On the existence of invariant measures for piecewise monotonie transformations. Trans. Amer. Math. Soc. **186**, 481–488

Li, T.Y.: Finite approximation for the Frobenius-Perron operator. A solution to Ulams conjecture. J. Approx. Theory **17**, 177–186 (1976)

Li, T.Y., Yorke, J.A.: Period three implies chaos. Am. Math. Mon. **82**(10), 985–992 (1977)

Lorenz, E.N.: Deterministic nonperiodic flow. J. Atmos. Sci. **20**(2), 130–141 (1963)

Lotka, A.J.: Elements of Physical Biology. Williams and Wilkins, Baltimore (1925)

Lu, T., Zhu, P., Wu, X.: The retentivity of chaos under topological conjugation, p. 4. Math, Probl. Eng. (2013)

Lyubich, M.: Feigenbaum-Coullet-Tresser Universality and Milnor's Hairiness Conjecture. Ann. Math. **149**, 319–420 (1999)

Lyubich, M.: Almost every quadratic map is either regular or stochastic. Ann. Math. **156**(2002), 1–78 (2002)

Manning, A.: A Markov partition that reflects the geometry of a hyperbolic toral automormism. Trans. Am. Math. Soc. **354**(7), 2849–2863 (2002)

Matsumoto, T.: A chaotic attractor from Chua circuit. IEEE Trans. Circuits Syst. **31**, 1055 (1984)

Marotto, F.R.: Chaotic behavior in the Henon mapping. Comm. Math. Phys. **68**(2), 187–194 (1979)

May, R.: (1976) Simple mathematical models with very complicated dynamics. Nature **261**, 459–67 (1976)

McMullen, C.T.: Hausdorff-dimension and Conformal Dynamics, III: Computation of Dimension. Am. J. Math. **120**(4), 691–721 (1998)

Milnor, J.: Dynamics in One Complex Variable, 3rd edn. Princeton University Press, Princeton (2006)

Minc, H.: Nonnegative Matrices. Wiley, New York (1988)

Mizera, I.: Generic properties of one-dimensional dynamical systems. In: Krengel, U., Richter, K., Warstat, V. (eds.) Ergodic Theory and Related Topics III, pp. 163–173. Springer-Verlag, Berlin (1992)

Murray, R.: Approximation error for invariant density calculations. Discrete Contin. Dyn. Syst. **4**(3), 535–557 (1998)

Neher M.: Numerical mathematics. A clear modular introduction. (Numerische Mathematik. Eine anschauliche modulare Einführung). Springer Spektrum, Berlin (2024)

Neunhäuserer, J.: Number theoretical peculiarities in the dimension theory of dynamical systems. Israel J. Math. **128**, 267–283 (2002)

Nose, S.: A unified formulation of the constant temperature molecular-dynamics methods. J. Chem. Phys. **81**, 511–519 (1984)

Katok, A., Hasselblatt, B.: Introduction to Modern Theory of Dynamical Systems. Cambridge University Press, Cambridge (1995)

Oseledets, I.: (1968) A multiplicative ergodic theorem: Lyapunov characteristic numbers for dynamical systems. Trans. Moscow Math. Soc. **19**, 197–231 (1968)

Parry, W.: On the β-expansions of real numbers. Acta Math. Acad. Sci. Hung. **11**, 401–416 (1960)

Perterson, K.E.: A topologically strongly mixing symbolic minimal set. Trans. Amer. Math. Soc. **148**, 603–612 (1970)

Persson, T.: Absolutely continuous invariant measures for some piecewise hyperbolic affine maps. Ergodic Theory Dyn. Syst. **28**(1), 211–228 (2008)

Pesin Ya, B.: Dynamial systems with generalized hyperbolic attractors. Ergod. Th. a. Dynam. Sys. **12**, 123–151 (1992)

Pesin Y.: Dimension Theory in Dynamical Systems – contemporary views and applications. University of Chicago Press, Chicago

Pesin, Ya. B., Climenhaga V.: Lectures on fractal geometry and dynamical systems. Student Mathematical Library 52. Providence (2009)

Pilyugin, S.Y., Plamenevskaya, O.B.: Shadowing is generic. Topology Appl. **97**(3), 253–266 (1999)

Poincaré, H.: Sur le probleme des trois corps et les équations de la dynamique. Acta Math. **13**, 1–270 (1890)

Jenkinson, O., Pollicott, M.: Calculating Hausdorff dimension of Julia Sets and Kleinian Limit Sets. Am. J. Math. **124**(3), 495–545 (2002)

Remmert, R.: Funktionentheorie 2. Springer Verlag, Berlin/Heidelberg (2007)

Rössler, O.E.: An equation for continuous chaos. Phys. Lett. A **57**, 397–398 (1976)

Rössler, O.E., Ortoleva, P.J.: Strange attractors in 3-variable reaction systems. Lect. Notes Biomath. **21**, 67–73 (1978)

Ruelle, D.: A measure associated with axiom A attractors. Am. J. Math. **98**(3), 619–654 (1976)

Ruelle, D.: Repellers for real analytic maps. Ergod. Theory Dyn. Syst. **2**, 99–108 (1982)

Ruette, S.: Chaos on the Interval. AMS, Providence (2017)

Robinson C.: Dynamical systems: Stability, symbolic dynamics, and chaos. Studies in Advanced Mathematics. Boca Raton, FL: CRC Press (1995)

Sataev, E.A.: Invariant measures for hyperbolic maps with singularities. Russian Math. Surveys **47**, 191–251 (1992)

Simon, K.: The Hausdorff dimension of the Smale-Williams solenoid with different contraction coefficients. Proc. Am. Math. Soc. **125**(4), 1221–1228 (1997)

Sinai, Y.G.: Gibbs measures in ergodic theory. Russ. Math. Surv. **27**(4), 21–69 (1972)

Schmeling J., Troubetzkoy S.: Dimension and invertibility of hyperbolic endomorphisms with singularities. Ergod. Th. a. Dynam. Sys. **18**, 1257–1282

Shmerkin P.: On Furstenberg's intersection conjecture, self-similar measures, and the L^q norms of convolutions. Ann. of Math. **189**(2), 319–391 (2019)

Shevchenko I.: The Kepler map in the three-body problem. New Astron. **16**(2), 94–99

Smale, S.: Differentiable dynamical systems. Bull. Am. Math. Soc. **73**, 747–817 (1967)

Smital, J.: Chaotic functions with zero topological entropy. Trans. Am. Math. Soc. **297**, 269–282 (1986)

Sorin I., Tulchinsky M.: Infinite Bifurcations in Thomas-system. http://arxiv.org/abs/2408.09525 (2024)

Sprott, J.C.: Some simple chaotic flows. Phys. Rev. E **50**, 647–65 (1994)

Teschl, G.: Ordinary Differential Equations and Dynamical Systems. American Mathematical Society, Providence (2012)

Thunberg, H.: Periodicity versus chaos in one-dimensional dynamics. SIAM Rev. **43**(1), 3–30 (2001)

Trujillo, F.L., Signerska-Rynkowska, J., Bartlomiejczyk, P.: Periodic and chaotic dynamics in a map-based neuron model. Math. Methods Appl. Sci. **46**(11), 11906–11931 (2023)

Tucker, W.: A Rigorous ODE Solver and Smale's 14th Problem. Found. Comput. Math. **2**, 53–117 (2002)

Vellekoop, M., Berglund, R.: On Interval, Transitivity = Chaos. Am. Math. Mon. **101**(4), 353–355 (1994)

Volterra, V.: Fluctuations in the abundance of a species considered mathematically. Nature **118**, 558–560 (1926)

Walters P.: An introduction to ergodic theory. Graduate Texts in Mathematics. 79. Springer, New York (2000)

Weiss, B.: Topological transitivity and ergodic measures. Math. Systems Th. **5**, 71–75 (1971)

Zgliczynski, P.: Computer assisted proof of chaos in the Rössler equations and in the Henon map. Nonlinearity **10**(1), 243–252 (1997)

Stichwortverzeichnis

© Der/die Herausgeber bzw. der/die Autor(en), exklusiv lizenziert an
Springer-Verlag GmbH, DE, ein Teil von Springer Nature 2026
J. Neunhäuserer, *Chaotische dynamische Systeme*,
https://doi.org/10.1007/978-3-662-72389-0

Personenregister

Zeitfracht Medien GmbH
Ferdinand-Jühlke-Straße 7
99095 Erfurt, Deutschland
produktsicherheit@kolibri360.de